高耸结构风重耦合效应研究

钟振宇　著

科学出版社

北　京

内 容 简 介

本书主要阐述了高耸结构的风重耦合效应，包括由问题产生、机理分析、计算方法到规律研究。研究内容包括顺风向、横风向和三维风振响应分析，同时还介绍了风重耦合效应的计算方法、等效风荷载及高耸结构液态调谐阻尼器的减振效果等。

本书可以作为结构风工程方向研究生的学习用书，也可以供各类相关专业人员学习参考。

图书在版编目（CIP）数据

高耸结构风重耦合效应研究/钟振宇著.—北京：科学出版社，2020.6
ISBN 978-7-03-063741-3

Ⅰ.①高⋯　Ⅱ.①钟⋯　Ⅲ.①高耸建筑物－抗风结构－研究
Ⅳ.①TU761.3

中国版本图书馆CIP数据核字（2019）第283121号

责任编辑：万瑞达　李　雪/责任校对：马英菊
责任印制：吕春珉/封面设计：曹　来

科学出版社 出版
北京东黄城根北街16号
邮政编码：100717
http://www.sciencep.com

三河市骏杰印刷有限公司 印刷
科学出版社发行　各地新华书店经销

*

2020年6月第 一 版　　开本：787×1092　1/16
2020年6月第一次印刷　　印张：12 1/2
字数：296 000
定价：89.00元
（如有印装质量问题，我社负责调换〈骏杰〉）

销售部电话 010-62136230　编辑部电话 010-62130874（VA03）

前　　言

以横向荷载作为主要效应的高耸结构，直接面临的问题是横向荷载和竖向荷载的叠加效应，两者都使结构产生整体弯矩，从而导致变形增加，这种效应对于长细比较大的高耸结构尤为显著，成为这类结构非线性分析必须解决的问题。

高耸结构风工程是结构工程领域一个比较复杂的研究方向，风重耦合效应就是其中之一。本书以风重耦合效应分析为主线，分析了高耸结构顺风向、横风向和包括扭转向在内的三维风振响应计算方法和影响因素，提出了考虑风重耦合效应的条件因素，并给出了减振措施。

本书内容在研究方法上主要利用随机振动理论来求解结构响应，由于涉及结构弱非线性问题，在结构振动方程的处理上采取了拟线性的方法，由此有效解决了风重耦合效应计算中的关键问题。

本书内容分为八章，具体包括以下内容。

第1章主要回顾了高层建筑的等效风荷载的计算理论发展过程，阐述了风重耦合效应的基本概念，指出了本书的研究意义所在。

第2章在考虑结构几何大变形情况下，建立高耸结构的动力微分方程，给出差分算法，计算分析结构在顺风向风荷载作用下的时程动力响应。

第3章提出顺风向结构响应的计算方法，在频域分析风重耦合效应大小，给出风重耦合效应的规律以及风荷载和结构参数的影响规律。

第4章是在前述内容的基础上，利用位移等效原则推导风重耦合效应下高耸结构等效静力风荷载的计算方法，给出风振系数中风重耦合效应的变化规律。

第5章计算分析了风重耦合效应下横风向结构响应规律和横风向等效静力风荷载，分析其与结构参数、地貌和风速等因素的关系。

第6章推导了考虑扭转和两个水平方向运动的一般超高层建筑的有限元方程，并提出了计算方法，对不同偏心情况下的结构进行了计算，分析三维风振响应情况下风重耦合效应的影响程度。

第7章计算分析了设置顶部U型水箱结构的减振问题，给出减振器和主结构参数的影响规律，并分析了风重耦合效应对减振率的影响。

第8章总结了本书内容研究的成果和创新点，并指出了后续工作方向。

本书的主要内容基于著者在攻读博士阶段的研究成果，衷心感谢浙江大学楼文娟教授的悉心指导和帮助。

著　者

2019年9月

目　录

第1章 绪 论

1.1 引 言

在土木工程中,高耸结构通常是指高而细的竖直结构,如高塔、桅杆等,一般不把高层建筑的结构包括在高耸结构范围内。但近年来,随着高层建筑高度纪录不断被刷新,形状也越来越接近细而高的样式,并且高层建筑主体结构受力状况与高耸结构一致,因此本书把高层建筑主体结构纳入高耸结构的范畴。

高层建筑的结构在高耸结构中占有重要地位,高层建筑的出现是现代城市发展的一个重要里程碑。首先我们来回顾一下高层建筑的简史。1885年在美国芝加哥建成的10层高的家庭生命保险大厦,被认为是世界上第一栋高层建筑。1889年在法国巴黎建成的埃菲尔铁塔(见图1.1.1),总高324m。我国现存最早的高耸结构可以追溯到1000多年前的嵩岳寺塔(见图1.1.2),此塔位于今河南省登封市,高40m,为砖结构。新中国成立十周年之际,作为"十大建筑"之一的北京民族饭店高14层,是国内设计施工的第一栋高层建筑。改革开放后,全国各地的高层建筑和高耸结构如雨后春笋般拔地而起,尤其是近年来不少城市建成的超高层建筑(无论是高度还是技术水平)都可以称为世界标志性建筑。

图1.1.1 埃菲尔铁塔

图1.1.2 嵩岳寺塔

超高层建筑一般是指层数超过 40 层、高度超过 100m 的高层建筑。21 世纪以来，建筑物的高度不断被刷新。2010 年，迪拜塔（见图 1.1.3）创造了世界超高层建筑的新纪录，建筑物共 160 层，全楼加天线高达 828m；2012 年建成的东京天空树高达 634m。我国经济发展迅速，各地的超高层建筑也不断涌现：2008 年竣工的上海环球金融中心楼高 492m，其中地上 101 层；2010 年建成的广州塔（见图 1.1.4）高达 600m，为世界第二高塔；2015 年，深圳平安金融中心落成，总高度为 592m；2016 年完工的上海中心大厦高达 632m；2018 年建成的北京中信大厦，又称中国尊，总高度达 528m。

图 1.1.3　迪拜塔

图 1.1.4　广州塔

超高层建筑的出现，给结构设计提出了很多新课题。由于超高层建筑的高度比一般高层建筑高很多，结构自身特性和所受的荷载有很大变化。为了减轻结构的自重，高耸结构一般采用高强轻质材料（如钢等金属材料），因此结构刚度较小，在动力特性上表现为自振频率较低。又由于高度的增加，结构所受的水平作用力也会发生变化：就风荷载的特性来说，随着建筑高度的增加，平均风速增加，紊流减少；对地震荷载而言，由于高度增加，高耸结构的波动效应逐步显现，地震荷载的计算方法需要改进。同时，由于结构整体刚度减小，结构自身的动力特性发生了根本变化。因此，对一些高耸结构来说，横向主控荷载已经是风荷载了，结构风工程课题在高耸结构设计中占有重要的地位。

目前，风工程研究主要有实验和理论两个方面：实验方面有现场实测和边界层风洞试验两种方法；理论方面有数值计算方法和随机振动的分析方法。这些方法各具特点：现场实测可以提供经验性数据，边界层风洞试验为具体工程提供设计依据，数值计算可以低成本得到边界层风洞试验的数据，而随机振动理论分析风振问题是研究等效静力风荷载的基础[1]。

本书主要研究高耸结构在风重耦合效应下结构等效静力风荷载的问题。所谓风重耦合效应(wind-gravity coupling effect, WGCE),是指高耸结构在风荷载作用下产生横向位移,由于重力的存在,弯矩加大,从而使横向位移进一步加大,这种现象改变了结构的动力特性,使高耸结构在脉动风作用下响应发生了变化。

在高耸结构的工程实践中,风重耦合效应已经成了不可忽略的因素。图1.1.5是天津高银117大厦效果图和平面图,建筑物总高597m,共117层,高宽比达到9.5,结构基频达到9.06s,该建筑结构是典型的高耸结构,刚重比计算达到了1.44,而据工程设计分析表明刚重比成了结构设计的主要因素之一[2]。作者利用本书介绍的方法进行风振计算,是否考虑风重耦合效应对顶部位移来说其差异已经达到11%。

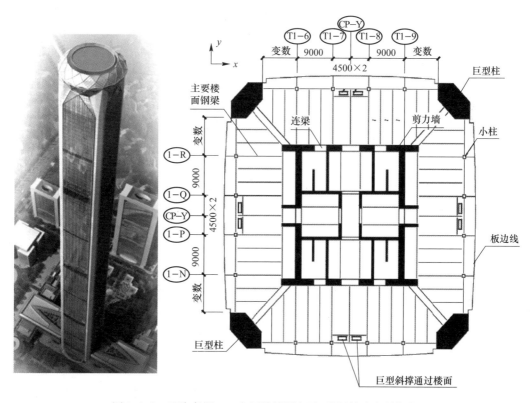

图1.1.5 天津高银117大厦效果图和平面图(摘自文献[3])

本书研究高耸结构在风重耦合效应下结构响应及等效静力风荷载的问题,主要采用随机振动理论的方法,求解结构方程,利用现成的风速功率谱密度函数得到结构响应值,从而获得等效静力荷载值。下面简单回顾半个世纪以来人们在结构风工程和高耸结构重力二阶效应方面的研究。

1.2　高耸结构风荷载计算理论的发展与现状

大气流动形成风，风对建筑的作用是最常见的结构作用荷载，随着建筑高度和跨度不断增加，风荷载作用于结构的效应愈加明显。现代对风的研究始于近地风的实测记录。风的大小由风速来标定，记录的风速是一个随机量，其起伏与时间尺度相关。风速还与地面粗糙度有关，城市区域的风速不同于旷野的风速。在实际工程应用中，为了简化处理问题的方式，将风分解为平均风和脉动风[3]。平均风引起结构的变形，脉动风引起结构的振动。

风作用于结构可能引起结构的变形和振动，并可能引起结构的整体和局部的破坏。风对结构的作用称为风荷载，风荷载对结构的作用性质可以分为静荷载和动荷载，两者对结构作用产生不同的效应。

1.2.1　高耸结构顺风向响应

风速由平均风速和脉动风速组成，即

$$V(z,\ t) = \overline{V}(z) + v'(z,\ t) \tag{1.2.1}$$

式中，V 为风速；$\overline{V}$ 为平均风速；z 为离地高度；v' 为脉动风速；t 为时间。

大部分高耸结构由于刚度很大，在结构计算时完全可以忽略风致共振效应，因此，脉动风响应可以按静荷载方法计算。高耸结构物表面某点的风压 p 与风速及表面特征有关，可以用式(1.2.2)表示。

$$p = \frac{1}{2}\rho C_d(z) B(z) (\overline{V}(z) + v'(z,\ t))^2 = \overline{p} + p' \tag{1.2.2}$$

式中，ρ 为空气密度；$C_d(z)$ 为压力系数，可以根据风洞试验方法测得；$B(z)$ 为迎风面宽度；$\overline{p} = \frac{1}{2}\rho C_d(z) B(z) \overline{V}^2(z)$，指平均风压；$p' = \frac{1}{2}\rho C_d(z) B(z) (2\overline{V}(z)v'(z,\ t) + v'(z,\ t)^2)$，指脉动风压，对于小湍流度，后一项可以忽略。

式(1.2.1)和式(1.2.2)可以应用于刚度大的结构物，但是对于柔性高耸结构，其在脉动风荷载作用下会引起振动，因此，必须考虑结构的动力效应。设一个多自由度系统线性的动力方程为

$$M\ddot{U} + C\dot{U} + KU = P \tag{1.2.3}$$

式中，M 为质量矩阵；C 为阻尼矩阵；K 为刚度矩阵；U 为位移向量；P 为横向荷载

向量。

利用模态分解法，位移响应可以写成各模态总和，即

$$u(z,t) = \sum q_i(t)\varphi_i(z) \tag{1.2.4}$$

方程(1.2.3)分解后可以得到每个模态坐标方程，即

$$M_j^* \ddot{q}_j + C_j^* \dot{q}_j + K_j^* q_j = p_j^* \tag{1.2.5}$$

式中，广义质量 $M_j^* = \int_0^H m(z)\varphi_j^2 \mathrm{d}z$；模态阻尼为 C_j^*；广义刚度 $K_j^* = \int_0^H k(z)\varphi_j^2 \mathrm{d}z$；广义力

$p_j^* = \int_0^H p'(z,t)\varphi_j \mathrm{d}z$。

结构在脉动风荷载作用下做随机振动，要得到随机振动解，首先要得到作用力的功率谱密度函数。这里设结构高度为 H，广义力进一步写为 $p_j^* = \int_0^H \rho\, C_d(z)B(z)\overline{U}(z)u'(z,t)\varphi_j \mathrm{d}z$，均方脉动力可以写为

$$\overline{p_j'} = \rho^2 \int_0^H \int_0^H \overline{u'(z_1)u'(z_2)} C_d(z_1)C_d(z_2)B(z_1)B(z_2)\overline{U}(z_1)\overline{U}(z_2)\varphi_j(z_1)\varphi_j(z_2)\mathrm{d}z_1\mathrm{d}z_2$$

由此第 j 振型的谱密度可以写为

$$S_{p_j^*} = \rho^2 \int_0^H \int_0^H C_d(z_1)C_d(z_2)B(z_1)B(z_2)\overline{U}(z_1)\overline{U}(z_2)\varphi_j(z_1)\varphi_j(z_2)S_u(\omega)R(z_1,z_2)\mathrm{d}z_1\mathrm{d}z_2$$

$$\tag{1.2.6}$$

根据随机振动理论，方程(1.2.5)的解为

$$S_{q_j} = |H_j(i\omega)|^2 \frac{S_{p_j^*}(\omega)}{M_j^{*2}} \tag{1.2.7}$$

x 方向位移的功率谱密度函数可以写为

$$S_u = \sum_j |H_j(i\omega)|^2 \frac{S_{p_j^*}(\omega)}{M_j^{*2}} \tag{1.2.8}$$

由此可以得到位移响应的均方值为

$$\sigma_u^2 = \sum_j \int_0^\infty |H_j(i\omega)|^2 S_u(\omega)\mathrm{d}\omega$$
$$\times \frac{\rho^2}{M_j^{*2}} \int_0^H \int_0^H C_d(z_1)C_d(z_2)B(z_1)B(z_2)\overline{U}(z_1)\overline{U}(z_2)\varphi_j(z_1)\varphi_j(z_2)R(z_1,z_2)\mathrm{d}z_1\mathrm{d}z_2$$

$$\tag{1.2.9}$$

式(1.2.9)就是线性多自由度系统位移响应解，利用功率谱密度函数的导数很容易得到速度、加速度及弯矩剪力等响应值。

1.2.2 等效静力风荷载

柔性高耸结构的计算必须考虑结构的动力效应，在实际工程应用中应利用风洞试验数据，再用动力方程进行有限元计算，整个过程繁复，不便于在工程设计中应用。为了简化

算法，工程中最常用的是采用等效静力法，即结构计算采用静力算法，荷载中已经考虑了动力因素。在风工程中，等效静力风荷载是指与脉动风荷载产生的峰值荷载效应等效的期望值荷载，荷载效应可以是位移、弯矩、剪力等。

高耸结构的等效静力风荷载计算基础是20世纪60年代由Davenport A. G. 奠定的。他根据结构抖振理论和随机振动理论，提出了估算结构顺风向响应的阵风荷载因子(gust load factor, GLF)[4,5]法。Davenport引入准常定假设，假定脉动风速为平稳高斯过程，引入气动导纳函数，根据线性结构振动得到响应谱，并根据随机过程限值穿越理论得到响应峰值，利用这个响应峰值除以对应的平均位移值就得到阵风荷载因子。上述方法应用简单，计算结果偏安全，因此被广泛应用于一些国家的高层建筑风荷载规范。但是Davenport方法仅对于位移响应有效，不适用于其他类型的响应。

随着研究的深入，人们逐渐认识到GLF法的不足，于是提出了荷载响应相关(load-response correlation, LRC)法。Kasperski、Niemann等对此做出了贡献[6-8]。他们认为风振响应包括背景响应和共振响应两部分，背景荷载是准静态的，是湍流脉动风引起的，但频率很低，不会引起结构的共振。Kasperski和Niemann在1992年给出了荷载响应相关公式，由此可以得到最大荷载效应和最小荷载效应引起的瞬态压力分布。1996年，Holmes利用LRC方法确定格构式塔架顺风向背景等效静力风荷载和共振响应对应的等效静力风荷载，给出塔架各个高度处剪力和弯矩的等效静力风荷载[9-12]。

周印等在LRC法的基础上提出求解高耸结构等效静力风荷载的新方法[13,14]，即采用基地弯矩和基地剪力作为参考响应。该方法优于传统基于顶点位移的方法，特别是可以方便使用风洞试验高频基地天平测得的数据，而且计算响应与实际响应比较偏差很小。该方法已经被ASCE(美国土木工程师学会The American Society of Civil Engineers的简称)规范采纳。

2004年，Chen和Kareem又提出阵风荷载包络(gust loading enveblop, GLE)法[15]，该方法给出的结果简单，不依赖于所求响应的特定空间分布，有利于工程应用。

1.2.3 我国规范对于等效静力风荷载的规定

我国现行《建筑结构荷载规范》(GB 50009—2012)[16]对风荷载的计算有详细规定。当计算常规结构时，规范列出风荷载标准值计算公式为

$$w_k = \beta_z \mu_s \mu_z w_0 \tag{1.2.10}$$

式中，β_z为高度为z处的风振系数；μ_s为建筑物风荷载体型系数；μ_z为风压高度变化系数；w_0为基本风压。上述系数中风振系数与脉动风荷载相关。

旧版规范《建筑结构荷载规范》(GB 50009—2001)在考虑脉动风荷载响应上采用了振型惯性力法[17]，新版规范《建筑结构荷载规范》(GB 50009—2012)考虑了脉动风荷载的背景分量和共振分量，比旧版规范更为科学、合理。

《建筑结构荷载规范》(GB 50009—2012)中将风振系数定义为静动风荷载和静力风荷

载的比值，其表达式为

$$\beta_z = \frac{p(z)}{\bar{p}(z)} = \frac{\bar{p}(z) + p'(z)}{\bar{p}(z)} = 1 + \frac{p'(z)}{\bar{p}(z)} \tag{1.2.11}$$

将风荷载背景分量和共振分量代入式(1.2.11)可以化简得到

$$\beta_{(z)} = 1 + 2gI_{10}B_z\sqrt{1 + R^2} \tag{1.2.12}$$

式中，g 为峰值因子，可取 2.5；I_{10} 为 10m 高度名义湍流强度，对于 A 类、B 类、C 类和 D 类地面粗糙度，可分别取 0.12、0.12、0.23 和 0.39；B_z 为脉动风荷载的背景分量因子，由于表述冗长这里不再列出；R 为脉动风荷载的共振分量因子，可以采用式(1.2.13)计算，即

$$R = \sqrt{\frac{\pi}{6\xi_1}\frac{x_1^2}{(1 + x_1^2)^{4/3}}} \tag{1.2.13}$$

式中，$x_1 = \frac{30f_1}{\sqrt{k_w w_0}}$，$x_1 > 5$。其中，$f_1$ 为结构第 1 阶自振频率(Hz)；k_w 为地面粗糙度修正系数，对 A 类、B 类、C 类和 D 类地面粗糙度，分别取 1.28、1.0、0.54 和 0.26。ξ_1 为结构阻尼比。

《建筑结构荷载规范》(GB 50009—2012)给出的风振系数的计算比较简便，并总结近十年来的研究成果，在工程设计使用上精确、方便。

1.3 高耸结构风重耦合效应及其分析方法

风重耦合效应(又称重力二阶效应)是计算柔性高耸结构时必须考虑的问题。众多学者和工程师在结构计算领域的重力二阶效应方面已经做了不少工作，积累了很多方法和经验。

1.3.1 两种二阶效应

在结构工程领域，结构的二阶效应有两种形式。一种是指组成结构的细长杆件由于轴向压力增大而屈曲，从而引起附加效应，这种效应称为构件挠曲二阶效应，一般也称为 P-δ 效应。钢结构由于其组成构件细长，尤其会发生这种现象。抗震设计领域的研究文献众多，内容包含从钢结构到混凝土结构的全部结构类型，有关构件的挠曲二阶效应的原理，在许多这类文献中均有阐述[18-25]。另外一种二阶效应是指重力二阶效应，在结构整体分析中，发生较大水平向变形的悬臂结构在重力作用下会产生更大的水平位移，这种二阶效应

也称为结构二阶效应，或称为 P-Δ 效应。

以上两种二阶效应是相互联系的。例如，在钢结构地震计算中，在水平位移较大的情况下，由于重力作用增大了结构整体弯矩，结构部分压杆必然产生构件的二阶效应，从而导致结构变形进一步增大。但在一般情况下，无侧移的结构二阶效应以构件挠曲二阶效应为主，有侧移的结构二阶效应以重力二阶效应为主，P-δ 效应只占很小的部分，可以忽略不计[26,27]，在国内外规范中，所谓的二阶效应均指 P-Δ 效应。本书考虑的高耸结构属于有侧移结构，研究的是结构整体变形，所论述的均是重力二阶效应。同时，本书研究的是风荷载和重力对结构的耦合作用，因此，把在风荷载作用下的 P-Δ 效应也称为风重耦合效应。

1.3.2 国内外文献综述

在几乎所有文献中，重力二阶效应特指在地震作用下的高耸结构 P-Δ 效应，原因是：结构在强震作用下出现非弹性变形，水平位移明显加大，此时不能忽略由重力产生的附加弯矩，它成了加速结构整体垮塌的重要因素。在高耸结构理论发展过程中，人们很早就认识到在高耸结构抗震设计中的稳定问题：1965 年，Rosenblueth 就指出为了防止结构失稳，必须限制层间位移，并建议采用轻度放大系数来考虑重力二阶效应的影响[28]；1968 年，Jennings 等进行了单自由度体系强震弹塑性分析，提出确保结构稳定的屈服位移和初始刚度的限制值[29]；1975 年，Nixon 等对框架结构的重力二阶效应进行分析，并在一阶计算程序的基础上编制二阶计算程序[30]；2007 年，Kalkan 和 Graizer 讨论了结构平动和转动耦合情况下的动力 P-Δ 效应增大效应[31]；翟长海等对等延性位移比谱进行了研究[32]。另外，一些特定结构的重力二阶效应也受到了关注，例如 2010 年，包世华、龚耀清讨论了超高层建筑空间巨型框架的 P-Δ 效应[33]。近年来，Adam C. 和 Jäger C. 做了不少用重力二阶效应研究建筑物坍塌的工作[34-36]；Naji A. 和 Irani F. 分析了 P-Δ 效应下的构件屈服谱[37]。

近年来，由于国内高耸结构项目逐渐增多，对重力二阶效应的研究也逐步深入，不少文献还通过实际工程的计算来比较 P-Δ 效应的影响。例如，朱杰江等计算出 92.8m 高的中国南方电力调度通讯大楼计入 P-Δ 效应后最不利荷载组合底部倾覆力矩增大 8.67%[38]。侯小美等通过用 SAP2000 建模对 40 层 200m 高的腾讯大厦进行计算，发现 P-Δ 效应会使楼层位移增大 3%~5%[39]。李云贵等通过对三种结构类型进行 P-Δ 效应计算[27]，发现 10 层框架结构自振周期增大 1.4%，顶层位移增大 5.1%；31 层框剪结构自振周期增大 2.5%，顶层位移增大 10.2%；53 层的框筒结构自振周期增大 3.2%，顶层位移增大 8.6%。同时，计算结果表明一阶振型 P-Δ 效应明显，高阶振型影响较小。梁仁杰等利用白噪声对结构动力特性变化进行了研究，也证明了这一规律[40]。陆天天等通过对上海中心大厦进行 P-Δ 效应计算[41]，发现风荷载作用下楼层侧向位移增幅达 8.4%，倾覆力矩增幅达 8.66%；而多遇地震作用下楼层侧向位移增幅为 7.16%，倾覆力矩增幅仅为 4.61%。

此例中的风效应大于多遇地震效应。

相比于大量抗震方面的文献，风荷载和重力耦合作用方面的文献显得十分稀少。2008年，马晓董等对变截面单管塔风荷载和重力共同作用进行分析时考虑了 P-Δ 效应[42]，给出了半解析解，但是仅采用了静力计算，没有考虑动力特性的影响。

1.3.3 国内规范条文规定

国内结构设计规范涉及的重力二阶效应较多，但均处在一个粗略层面。例如，《高耸结构设计规范》(GB 50135—2006)对混凝土圆筒形塔给出了重力产生附加弯矩的计算公式[43]，但该公式仅能用于静力计算，未对结构动力影响做出说明，也未对结构刚度做出计算上的限定。

高耸结构在抗震设计中是否需要考虑重力二阶效应已经被纳入结构设计规范，我国不少规范也对此有详细的规定[44-46]。例如，《高层建筑混凝土结构技术规程》(JGJ 3—2010)规定，在结构设计中结构刚度在一定范围内时可以不考虑重力二阶效应的影响。

（1）以弯曲变形为主的剪力墙结构、框架-剪力墙结构、筒体结构，弯曲刚度有以下规定：

$$K_b \geqslant 2.7H^2 \sum_{i=1}^{n} G_i \tag{1.3.1}$$

式中，H 为建筑物高度；G_i 为第 i 楼层重力荷载设计值，$i=1$，2，$\cdots$，n。

（2）框架结构，i 层等效侧向刚度 D_i 应符合下式要求，即

$$D_i \geqslant 20 \sum_{i=1}^{n} G_i/h_i \tag{1.3.2}$$

式中，h_i 为第 i 层层高。

同时，《高层建筑混凝土结构技术规程》(JGJ 3—2010)也对高层建筑结构的整体稳定性设置了上限。

（1）剪力墙结构、框架-剪力墙结构、筒体结构应符合式(1.3.3)的要求。

$$K_b \geqslant 1.4H^2 \sum_{i=1}^{n} G_i \tag{1.3.3}$$

（2）框架结构应符合式(1.3.4)的要求。

$$D_i \geqslant 10 \sum_{i=1}^{n} G_i/h_i \tag{1.3.4}$$

对于超高层建筑结构和高耸结构来说，结构形式一般以剪力墙和筒体为主，其变形的形式以弯曲为主，刚度判断采用式(1.3.1)和式(1.3.3)。

1.3.4 重力二阶效应计算方法

高耸结构可以看作一根受到横向力和竖向重力作用的竖立的悬臂梁。塔式结构在横向力作用下会产生水平位移和扭转，在竖向重力作用下其作为竖向杆件受压缩而产生竖向位

移。一般高耸结构在规范限定尺寸范围内，结构刚度很大，不会产生整体结构失稳现象，因此，在水平位移不大的情况下，两个方向可以单独计算。

高耸结构在地震作用下结构发生弹塑性变形，要考虑它的重力二阶效应，必须考虑材料本构关系，为此需要求解非线性方程。因此，设计人员不会直接通过求解方程获得解，而往往会采用近似方法来计算。计算重力二阶效应的方法很多[47,48]，有基于几何刚度的有限元方法、基于等效水平力的有限元迭代方法、折减弹性抗弯刚度的有限元法、结构位移和构件内力增大系数法等。

现有的有限元软件(如 ANSYS)可以求解风重耦合效应问题，但求解仅限于时程计算。风荷载是随机荷载，在结构随机振动中考虑风重耦合效应需要进行理论分析，这是本书内容研究的一项任务。

1.4　研究目的与内容

1.4.1　研究目的

如前所述，重力二阶效应的研究主要集中于高耸结构抗震领域，目前能查到的关于高耸结构在风荷载作用下重力二阶效应问题的文献极少。这主要是因为在绝大部分的工程实施中，风荷载与重力耦合作用效应不明显，究其原因主要有三个方面：现在大部分高层建筑刚度大，水平位移小，重力产生的附加弯矩不明显；一些刚度较大的高层建筑在大震时的地震荷载远大于风荷载，地震荷载是结构的水平方向主控荷载；结构刚度大，导致自振频率在地震卓越周期频段附近容易引起结构共振。一般工程中，如果考虑了地震时的重力二阶效应，就不用考虑风荷载和重力的耦合作用。

但是随着高耸结构向高柔发展，结构的一阶自振频率越来越低，风荷载效应超过地震效应成为结构的水平方向主控荷载[42]，同时，超高层建筑在平时使用时对楼层加速度也有舒适度的要求。根据作者的初步研究，采用钢结构等低阻尼材料的结构以及重刚比较大的高耸结构，即使刚度在设计规范规定的范围之内，风重耦合效应产生的结构响应也会达到 5% ~25%，风重耦合效应成了细长型高耸结构设计中不可忽略的因素。

另外，国内结构设计规范尽管对高耸结构进行了一些规定，但是这些规定主要是针对地震荷载引起结构变形而导致重力产生附加弯矩的。例如，《建筑抗震设计规范》(GB 50011—2010)(2016 年版)规定：当结构在地震作用下的重力附加弯矩大于初始弯矩 10%

时，应计入重力二阶效应的影响。《高层建筑混凝土结构技术规程》(JGJ 3—2010) 在介绍重力二阶效应时，虽然水平荷载没有特指地震荷载，但是相关条文也是针对结构承载极限状态而言的，是对结构的失稳限制。其对结构在风荷载作用下的动力特性表述模糊，不能正确反映高耸结构在风荷载作用下的动态响应，而这恰恰是高耸结构特别是柔性结构正常工作状态下所要考虑的问题。

风荷载可以划分为平均风荷载和脉动风荷载，因此，计算风重耦合效应时一般也包括这两个部分，其中，平均风荷载作用下仅反映重力对结构位移的静力放大作用，而脉动风荷载对结构的影响不仅仅是位移增大问题，更多的是涉及结构的动力性态的变化。在风重耦合效应下结构动力性态不仅与结构本身的特性有关，而且与风荷载的成分组成也有密切的联系。这些都是规范所没有考虑到的问题。例如，《高层建筑混凝土结构技术规程》(JGJ 3—2010) 中给出了未考虑重力二阶效应而计算结构所乘增大系数的公式，但是初步研究表明，该公式未能确切反映风荷载作用下重力二阶效应变化的关系。

由此可见，风重耦合效应的研究领域几乎是空白的，国内外相关文献极其罕见，现行结构设计规范也未能提供对这类问题较为明确的计算方法，因此，本书的研究具有理论和应用价值，对于拓展结构风工程的研究有十分重要的意义。理论研究对于进一步厘清高耸结构在风场和重力作用下的工作机理，增强结构设计的可靠性十分必要，在具体应用上，本书给出了风重耦合效应的计算方法，并给出了等效风荷载的修正形式，供以后对结构设计规范进行修订时参考。

此外，高耸结构在风荷载作用下的减振问题也是结构振动相关研究的一个方向。目前，高层结构设计中必须考虑舒适度问题，在高耸结构设计中采用调谐减振器是常见的做法。近几十年来对设置调谐减振器的理论研究和工程实践逐渐成熟，但这些分析均未考虑风重耦合效应，因此，结构减振也是本书研究的其中一部分内容。

1.4.2　主要内容

本书内容以高耸结构风重耦合效应下的结构响应和等效静力风荷载的计算为主线，分析了结构中各个方向风振的风重耦合效应、结构静力等效风荷载分布值和结构减振三个方面。全书内容主要分为四个部分：第一部分是高耸结构顺风向风重耦合效应下的结构响应及其等效静力风荷载的研究，内容在第 2 章、第 3 章和第 4 章；第二部分是横风向的风重耦合效应及其等效静力风荷载，内容主要在第 5 章；第三部分是实际工程中高耸结构计入风重耦合效应情况下有限元方程和风振分析，内容在第 6 章；第四部分是计入风重耦合效应情况下的减振分析，内容在第 7 章。

参 考 文 献

[1] DAVENPORT A G. The relationship of wind structure to wind loading[C]//Proceeding of the Symposium on Wind Effect on Building and Structures, London, 1965(1): 54-102.

[2] 刘鹏，殷超，刘旭宇，等. 天津高银117大厦结构体系设计研究[J]. 建筑结构，2012，42(3): 1-9.

[3] HOLMES J D. Mean and fluctuating internal pressures induced by wind[R]. James Cook University of North Queensland, Wind Engineering Report, 1978: 5-78.

[4] DAVENPOR A G. Gust loading factors[J]. Journal of the Structural Division, ASCE, 1967, 93(3): 11-34.

[5] DAVENPORT A G. How can we simplify and generalize wind loads? [J]. Journal of Wind Engineering and Industrial Aerodynamics, 1995, 23(54-55): 657-669.

[6] KASPERSKI M. Extreme wind load distributions for linear and nonlinear design[J]. Engineering Structures, 1992, 14(1): 27-34.

[7] KASPERSKI M, NIEMANN H J. The L. R. C. (load-response-correlation) - method a general method of estimating unfavourable wind load distributions for linear and non-linear structural behavior[J]. Journal of Wind Engineering and Industrial Aerodynamics, 1992, 43(1-3): 1753-1763.

[8] KASPERSKI M. Design wind loads for low-rise buildings: A critical review of wind load specifications for industrial buildings [J]. Journal of Wind Engineering and Industrial Aerodynamics, 1996, 61(2-3): 169-179.

[9] HOLMES J D. Effective static load distributions in wind engineering[J]. Journal of Wind Engineering and Industrial Aerodynamics, 2002, 90: 91-109.

[10] HOLMES J D. Along-wind response of lattice towers: part I - derivation of expressions for gust response factors [J]. Engineering Structures, 1996, 16(4): 287-292.

[11] HOLMES J D. Along-wind response of lattice towers—II. Aerodynamic damping and deflections [J]. Engineering Structures, 1996, 18(7): 483-488.

[12] HOLMES J D. Along wind response of lattice towers—III. Effective load distributions[J]. Engineering Structures, 1996, 18(7): 489-494.

[13] ZHOU Y, CU M, XIANG H F. Along wind static equivalent wind loads and responses of tall buildings. Part I: Unfavorable distributions of static equivalent wind loads[J]. Journal of Wind Engineering and Industrial Aerodynamic, 1999, 79(1-2): 135-150.

[14] ZHOU Y, KAREEM A. Gust loading factor: new model[J]. Journal of Structural Engineering, ASCE, 2001, 127(2): 168-175.

[15] CHEN X, KAREEM A. Equivalent static wind loads on tall buildings: new model[J]. Journal of Structural Engineering, ASCE, 2004, 130(10): 1425-1435.

[16] 中华人民共和国住房和城乡建设部，中华人民共和国国家质量监督检验检疫总局. 建筑结构荷载规范: GB 50009—2012[S]. 北京: 中国建筑工业出版社，2012.

[17] 中华人民共和国建设部，中华人民共和国国家质量监督检验检疫总局. 建筑结构荷载规范: GB 50009—2001[S].

北京：中国建筑工业出版社，2001.

[18] 陈绍番. 钢结构稳定设计指南[M]. 2 版. 北京：中国建筑工业出版社，2004.

[19] 魏巍. 考虑非弹性及二阶效应特征的钢筋混凝土框架柱的强度问题与稳定问题[D]. 重庆：重庆大学，2004.

[20] 张小连. 高层建筑钢结构体系中竖向荷载的 P-Δ 效应研究[D]. 杭州：浙江大学，2011.

[21] WILSON E L，EERI M，HABIBULLAH A. Static and dynamic analysis of multi-story buildings including P-Δ Effects [J]. Earthquake Spectra，1987，3(2)：289-298.

[22] GUPTA A，KRAWINKLER H. Dynamic P-Δ effects for flexible inelastic steel structures[J]. Journal of Structural Engineering，ASCE，2000，126(1)：145-154.

[23] WILLIAMSON E B. Evaluation of damage and P-Δ effects for system under earthquake excitation [J]. Journal of Structural Engineering，ASCE，2003，129(8)：1036-1046.

[24] 陈兰，汤海波，梁启智. 高层钢框架：支撑结构二阶随机风振响应分析[J]. 华南理工大学学报(自然科学版)，2002，30(6)：86-30.

[25] BAJI H，RONAGH H，SHAYANFAR M，et al. Effect of second order analysis on the drift reliability of steel buildings [J]. Advances in Structural Engineering，2012，15(11)：1989-1989.

[26] 李云贵，黄吉锋. 钢筋混凝土结构重力二阶效应分析[J]. 建筑结构学报，2009，30(S1)：208-212，217.

[27] 郑凌云. 对现行规范结构 P-Δ 效应分析方法有效性的识别及改进建议[D]. 重庆：重庆大学，2012.

[28] ROSENBLUETH E. Slenderness effects in buildings[J]. Journal of Structural Division，ASCE，1965，91(1)：229-252.

[29] JENNINGS P C，HUSID R. Collapse of yielding structures during earthquakes[J]. Journal of Engineering Mechanics，1968，94(5)：1045-1065.

[30] NIXON D，BEAULIEU D，ADAMS P F. Simplified Second-order Frame Analysis[J]. Canadan Journal of Civil Engineering，1975，2(4)：602-605.

[31] KALKAN E，GRAIZER V. Coupled tilt and translational ground motion response spectra[J]. Journal of Structural Engineering，ASCE，2007，133(5)：605-619.

[32] 翟长海，孙亚民，谢礼立. 考虑 P-Δ 效应的等延性位移比谱[J]. 哈尔滨工业大学学报，2007，39(10)：1513-1516.

[33] 包世华，龚耀清. 超高层建筑空间巨型框架的水平力和重力二阶效应分析的新方法[J]. 计算力学学报，2010，27(1)：40-46.

[34] ADAM C，JÄGER C. Simplified collapse capacity assessment of earthquake excited regular frame structures vulnerable to P-delta[J]. Engineering Structures，2012，44：159-173.

[35] ADAM C，JÄGER C. Seismic collapse capacity of basic inelastic structures vulnerable to the P-delta effect[J]. Earthquake Engineering and Structural Dynamics，2012，41(4)：775-793.

[36] ADAM C，JÄGER C. A rough collapse assessment of earthquake excited structural systems vulnerable to the P-delta effect [C]//COMPDYN 2011：3rd International Conference on Computational Methods in Structural Dynamics and Earthquake Engineering：An IACM Special Interest Conference，Programme，Corfu，Greece，Papadrakakis M，Fragiadakis V，Plevris(eds.)，25-28，May 2011.

[37] NAJI A，IRANI F. P-Δ effects in steel structures using yield point spectra[J]. Advanced Materials Research，2011，255-260：477-481.

[38] 朱杰江，吕西林，荣柏生. 高层混凝土结构重力二阶效应的影响与分析[J]. 建筑结构学报，2003，24(6)：38-43.

[39] 侯小美，宋宝东. 复杂高层的整体稳定性分析[J]. 结构工程师，2008，24(6)：51-56.

[40] 梁仁杰，吴京，何婧，等. P-Δ 效应对结构动力特性的影响[J]. 土木工程学报，2013，46(S2)：68-72.

［41］陆天天，赵昕，丁吉民，等．上海中心大厦结构整体稳定性分析及巨型柱计算长度研究［J］．建筑结构学报，
　　　2011，32（7）：8-14.

［42］马晓董，吴建华，何锦江，等．变截面单管塔考虑风荷载、重力-位移（P-Δ）二阶效应的半解析法［J］．电力机械，
　　　2008，121（29）：84-87.

［43］中华人民共和国建设部，中华人民共和国国家质量监督检验检疫总局．高耸结构设计规范：GB 50135—2006［S］．
　　　北京：中国计划出版社，2006.

［44］中华人民共和国建设部．高层民用建筑钢结构技术规程：JGJ 99—2015［S］．北京：中国建筑工业出版社，2016.

［45］中华人民共和国住房和城乡建设部，中华人民共和国国家质量监督检验检疫总局．建筑抗震设计规范：GB
　　　50011—2011［S］．北京：中国建筑工业出版社，2010.

［46］中华人民共和国住房和城乡建设部．高层建筑混凝土结构技术规程：JGJ 3—2010［S］．北京：中国建筑工业出版
　　　社，2010.

［47］刘建新．高层建筑自振周期考虑 P-Δ 效应的实用计算方法［J］．工程抗震，1997，2：15-17.

［48］肖从真，王翠坤，等．高层建筑的重力二阶效应分析方法与主要影响因素［J］．建筑科学，2003，19（4）：14-16.

第2章 高耸结构单侧风重耦合动力方程计算

如第1章所述，随着高耸结构柔度的增大，一些原来被忽略的因素会呈现出来，风重耦合效应就是其中一种。从现有的文献来看，国内外对重力二阶效应的研究主要集中在结构抗震领域，我国的一些结构设计规范对此有详细的规定。随着高耸结构的发展，风重耦合效应的问题就日益凸显。在沿海一些抗震设防烈度低的地区，横向荷载中风荷载占主导地位，高耸结构横向变形大、自振周期长，风荷载和重力对结构产生的响应会相互影响，因此有必要分析高耸结构风重耦合效应的影响程度。

分析高耸结构的基础是建立结构动力方程，结构在风荷载作用下属于正常工作状态，结构发生的变形属于弹性变形。对高耸结构而言，风荷载较大时结构的弯曲变形较大，因此，在结构分析中必须考虑大变形的问题。本章的主要工作是建立计入结构几何非线性的动力方程，计算确定荷载下结构的变形等参数。结构随机响应分析将在第3章再进行讨论。

2.1 基 本 假 定

高耸结构在风荷载和重力耦合作用下的影响因素较多，作用机理比较复杂，为了突出主要问题，在建立模型前引入适当合理的假定，主要有以下几点。

（1）在风重耦合作用下，结构产生的变形是弹性变形，且是弱非线性变形。

（2）只考虑结构的抖振，不考虑气弹效应。

（3）只考虑层间结构变形，且不考虑楼层平面内变形。

（4）不考虑结构的轴向压缩变形。

（5）只考虑结构的弯曲变形，不考虑剪切变形。

2.2　计算模型与方程

为了简化分析，抓住风重耦合作用的本质特征，将高耸结构简化为平面内的变形与振动，对结构进行整体分析，建立悬臂梁振动的连续方程和离散方程。

2.2.1　分析模型

大部分高耸建筑在计算时可以简化为一个悬臂梁，这个悬臂梁受到横向水平力（风荷载作用）和重力的作用，产生的变形主要是弯曲变形。假设悬臂梁在高度 z 处的水平位移为 u，线密度为 $m(z)$，弯曲刚度为 $K_b(z)$，截面面积为 $A(z)$，单位长度转动惯量为 $J(z)$，由弯曲引起的转角为 θ，其参数和结构受力情况如图 2.2.1 所示。

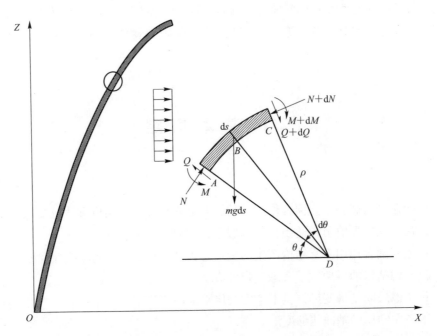

图 2.2.1　悬臂梁在风荷载和重力作用下内力与外力微元分析图

由于结构发生大变形时，结构的变形与上一位置相关，为了简便表示结构的位置变化，这里采用动态坐标系，即分别以结构主体轴线和水平向位移作为纵坐标和横坐标，这样能够反映轴线上质点的运动轨迹。用轴线坐标表示的质点的水平位移如下：

$$u = u\,(s,t) \tag{2.2.1}$$

式中，s 为悬臂梁上某点到 O 点杆件的轴线长度；u 为该点到 Z 轴的距离。

2.2.2　方程推导

下面利用几何关系、物理关系和平衡方程来推导悬臂结构大变形动力方程。

1. 几何关系

（1）杆件转角变形与水平位移的关系为

$$\sin\theta = \frac{\partial u}{\partial s} \tag{2.2.2a}$$

$$\cos\theta \approx 1 - \frac{1}{2}\left(\frac{\partial u}{\partial s}\right)^2 \tag{2.2.2b}$$

（2）杆件上质点竖向位移 Δw 可以根据轴向无压缩变形得到

$$\Delta w = \int_0^s \sqrt{1 - \left(\frac{\partial u}{\partial s}\right)^2}\,\mathrm{d}s - s \tag{2.2.3a}$$

式（2.2.2b）对时间求导得到速度 $\dfrac{\partial w}{\partial t}$ 和加速度 $\dfrac{\partial^2 w}{\partial t^2}$ 为

$$\frac{\partial w}{\partial t} = -\frac{1}{2}\frac{\partial}{\partial s}\left[\int_0^s \left(\frac{\partial u}{\partial s}\right)^2 \mathrm{d}s\right]\frac{\partial s}{\partial u}\frac{\partial u}{\partial t} = -\frac{1}{2}\frac{\partial u}{\partial s}\frac{\partial u}{\partial t} \tag{2.2.3b}$$

$$\frac{\partial^2 w}{\partial t^2} = -\frac{1}{2}\left(\frac{\partial u}{\partial s}\frac{\partial^2 u}{\partial t^2} + \frac{\partial^2 u}{\partial s \partial t}\frac{\partial u}{\partial t}\right) \tag{2.2.3c}$$

2. 物理关系

材料力学中转角变形和弯矩之间的关系为

$$M = EI\frac{\mathrm{d}\theta}{\mathrm{d}s} \tag{2.2.4}$$

式中，EI 为弯曲刚度。

3. 平衡方程

如图 2.2.1 中所示，取一微元分别对水平方向、竖直方向和转动方向建立运动方程。

（1）水平方向力的平衡方程为

$$-\left(N + \frac{\partial N}{\partial s}\mathrm{d}s\right)\sin(\theta + \mathrm{d}\theta) + N\sin\theta + \left(Q + \frac{\partial Q}{\partial s}\mathrm{d}s\right)\cos(\theta + \mathrm{d}\theta) - Q\cos\theta + f\cos\theta\,\mathrm{d}s = m\,\mathrm{d}s\,\ddot{u}$$

$$\tag{2.2.5a}$$

（2）竖直方向力的平衡方程为

$$-\left(N + \frac{\partial N}{\partial s}\mathrm{d}s\right)\cos(\theta + \mathrm{d}\theta) + N\cos\theta - \left(Q + \frac{\partial Q}{\partial s}\mathrm{d}s\right)\sin(\theta + \mathrm{d}\theta) + Q\sin\theta - mg\,\mathrm{d}s$$

$$= -m\,\mathrm{d}s\int_0^s \left[\frac{\partial u}{\partial s}\frac{\partial^3 u}{\partial s \partial t^2} + \left(\frac{\partial^2 u}{\partial s \partial t}\right)^2\right]\mathrm{d}s \tag{2.2.5b}$$

（3）转动方向的平衡方程为

$$\left(Q + \frac{\partial Q}{\partial s}\mathrm{d}s\right)\frac{\mathrm{d}s}{2} + Q\,\frac{\mathrm{d}s}{2} + \left(M + \frac{\partial M}{\partial s}\mathrm{d}s\right) - M = J\mathrm{d}s\,\ddot{\theta} \tag{2.2.5c}$$

将式(2.2.5a) ～式(2.2.5c)简化后可以得到

$$-\sin\theta\,\frac{\partial N}{\partial s} - N\cos\theta\,\frac{\partial \theta}{\partial s} + \cos\theta\,\frac{\partial Q}{\partial s} - Q\sin\theta\,\frac{\partial \theta}{\partial s} + f\cos\theta = m\frac{\partial^2 u}{\partial t^2} \tag{2.2.6a}$$

$$-\cos\theta\,\frac{\partial N}{\partial s} + N\sin\theta\,\frac{\partial \theta}{\partial s} - \sin\theta\,\frac{\partial Q}{\partial s} - Q\cos\theta\,\frac{\partial \theta}{\partial s} - mg = -\frac{m}{2}\left(\frac{\partial u}{\partial s}\frac{\partial^2 u}{\partial t^2} + \frac{\partial^2 u}{\partial s\partial t}\frac{\partial u}{\partial t}\right) \tag{2.2.6b}$$

$$Q = J\frac{\partial u^3}{\partial s\partial t^2} - \frac{\partial M}{\partial s} \tag{2.2.6c}$$

下面将式(2.2.6a) ～式(2.2.6c)三个方程缩减为一个方程。

将式(2.2.6a)乘以 $\sin\theta$、式(2.2.6b)乘以 $\cos\theta$，并对两者求和，可得

$$-\frac{\partial N}{\partial s} - Q\,\frac{\partial \theta}{\partial s} + f\sin\theta\cos\theta - mg\cos\theta = \frac{m}{2}\left(\frac{\partial u}{\partial s}\frac{\partial^2 u}{\partial t^2} - \frac{\partial^2 u}{\partial s\partial t}\frac{\partial u}{\partial t}\right) \tag{2.2.7}$$

将式(2.2.6a)乘以 $\cos\theta$、式(2.2.6b)乘以 $\sin\theta$，并对两者求差，可得

$$-N\,\frac{\partial \theta}{\partial s} + \frac{\partial Q}{\partial s} + f\cos^2\theta + mg\sin\theta = m\left(\frac{\partial^2 u}{\partial t^2} + \frac{1}{2}\frac{\partial u}{\partial s}\frac{\partial^2 u}{\partial s\partial t}\frac{\partial u}{\partial t}\right) \tag{2.2.8}$$

对式(2.2.7)从 s 部位到顶端进行积分，并考虑到顶端压力为零，可得

$$N = \int_s^H \frac{m}{2}\left(\frac{\partial u}{\partial s}\frac{\partial^2 u}{\partial t^2} - \frac{\partial^2 u}{\partial s\partial t}\frac{\partial u}{\partial t}\right)\mathrm{d}s + \int_s^H Q\frac{\partial \theta}{\partial s}\mathrm{d}s - \int_s^H f\sin\theta\,\cos\theta\,\mathrm{d}s + \int_s^H mg\cos\theta\mathrm{d}s \tag{2.2.9}$$

将式(2.2.9)和式(2.2.6c)代入式(2.2.8)，整理后可得

$$m\frac{\partial^2 u}{\partial t^2} + \frac{m}{2}\frac{\partial u}{\partial s}\frac{\partial^2 u}{\partial s\partial t}\frac{\partial u}{\partial t} + \frac{\partial^2 u}{\partial s^2}\int_s^H \frac{m}{2}\left(\frac{\partial u}{\partial s}\frac{\partial^2 u}{\partial t^2} - \frac{\partial^2 u}{\partial s\partial t}\frac{\partial u}{\partial t}\right)\mathrm{d}s - \frac{\partial}{\partial s}\left(J\frac{\partial u^3}{\partial s\partial t^2}\right)$$

$$+ \frac{\partial^2}{\partial s^2}\left(k_b\frac{\partial^2 u}{\partial s^2}\right) + \frac{\partial^2 u}{\partial s^2}\int_s^H \left[J\frac{\partial u^3}{\partial s^2\partial t} - \frac{\partial}{\partial s}\left(k_b\frac{\partial^2 u}{\partial s^2}\right)\right]\frac{\partial^2 u}{\partial s^2}\mathrm{d}s - mg\frac{\partial u}{\partial s}$$

$$+ \left(\int_s^H mg\mathrm{d}s\right)\frac{\partial^2 u}{\partial s^2} - \frac{1}{2}\frac{\partial^2 u}{\partial s^2}\int_s^H mg\left(\frac{\partial u}{\partial s}\right)^2\mathrm{d}s$$

$$= f\left[1 - \left(\frac{\partial u}{\partial s}\right)^2\right] + \frac{\partial^2 u}{\partial s^2}\int_s^H f\frac{\partial u}{\partial s}\mathrm{d}s \tag{2.2.10}$$

方程(2.2.10)就是计入风重耦合效应的高耸结构风振计算方程式，和常规方程相比，方程(2.2.10)多出许多非线性项。方程左边第一项为质量惯性项；第二项、第三项为由于变形产生的交叉项，包含了位移、速度、加速度等因素，也就是说这些项与变形相关，反映了变形对运动起到牵制作用；第四项是转动惯量惯性力项，该项非常小，可以忽略不计；第五项为刚度常规项；第六项是转动刚度交叉项和由于变形引起的刚度弱化项；第七项、第八项为重力产生的刚度变化项，尽管这两项是线性项，但其大小与结构变形相关联，体现 $P\text{-}\Delta$ 效应；最后一项为重力弱化效应高阶量，这一项在结构发生大变形时会占有一定比重，变形较小时可以忽略不计。方程右边第一项是横向荷载项，第二项和第三项反

映的是结构弯曲变形后，横向受力面积变化而引起受力大小的变化。

对于上下均匀结构，方程(2.2.10)可以进一步简化整理为

$$m\frac{\partial^2 u}{\partial t^2} - J\frac{\partial u^4}{\partial s^2 \partial t^2} + k_b\frac{\partial^4 u}{\partial s^4} - mg\frac{\partial u}{\partial s} + mg(H-s)\frac{\partial^2 u}{\partial s^2} + \frac{m}{2}\frac{\partial u}{\partial s}\frac{\partial^2 u}{\partial s \partial t}\frac{\partial u}{\partial t}$$

$$+ \frac{m}{2}\frac{\partial^2 u}{\partial s^2}\int_s^H \left(\frac{\partial u}{\partial s}\frac{\partial^2 u}{\partial t^2} - \frac{\partial^2 u}{\partial s \partial t}\frac{\partial u}{\partial t}\right)ds + \frac{\partial^2 u}{\partial s^2}\int_s^H \left[J\frac{\partial u^3}{\partial s^2 \partial t} - k_b\frac{\partial^3 u}{\partial s^3}\right]\frac{\partial^2 u}{\partial s^2}ds - \frac{mg}{2}\frac{\partial^2 u}{\partial s^2}\int_s^H \left(\frac{\partial u}{\partial s}\right)^2 ds$$

$$= f\left[1 - \left(\frac{\partial u}{\partial s}\right)^2\right] + \frac{\partial^2 u}{\partial s^2}\int_s^H f\frac{\partial u}{\partial s}ds \tag{2.2.11}$$

方程(2.2.10)和方程(2.2.11)为本书研究工作的基础，可以用有限差分法将微分方程转化为代数方程，此类问题在时程计算上也可以用有限元法，下面将对上述方程的正确性进行验证。

2.3　方程求解与验证

上述连续方程十分复杂，一般得不到解析解，为了验证上述方程的可靠性，本节采用差分离散方法与利用有限元软件 ANSYS 计算的结果进行比较。

2.3.1　差分离散

差分法是将方程的导数项用差分格式来表示，由于差分格式需要考虑边界条件，这里结合悬臂梁的特点，先将空间导数项进行离散，暂不考虑时间项的离散。根据边界特点，下面给出中间层楼面、一层楼面和顶层楼面的差分形式及平衡方程。

高耸结构除顶部和底部节点外，其他中间部分可以写成以下表达式。

1. 中间节点

$$\frac{\partial u_i}{\partial s} = \frac{u_{i+1} - u_{i-1}}{2h}, \ i = 2, 3, \cdots, n-1 \tag{2.3.1a}$$

$$\frac{\partial^2 u_i}{\partial s^2} = \frac{u_{i+1} - 2u_i + u_{i-1}}{h^2}, \ i = 2, 3, \cdots, n-1 \tag{2.3.1b}$$

$$\frac{\partial^3 u_i}{\partial s^3} = \frac{u_{i+2} - 2u_{i+1} + 2u_{i-1} - u_{i-2}}{2h^3}, \ i = 2, 3, \cdots, n-2 \tag{2.3.1c}$$

$$\frac{\partial^4 u_i}{\partial s^4} = \frac{u_{i+2} - 4u_{i+1} + 6u_i - 4u_{i-1} + u_{i-2}}{h^4}, \ i = 2, 3, \cdots, n-2 \tag{2.3.1d}$$

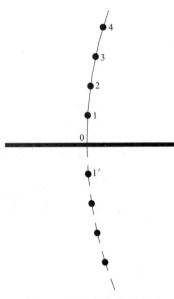

图 2.3.1 边界差分示意图

2. 底部附近节点

结构底部有两个补充条件：底部的位移为零，底部构件的转角为零，即

$$u_0 = 0 \tag{2.3.2a}$$

$$\theta_0 = 0 \tag{2.3.2b}$$

如图 2.3.1 所示，从式(2.3.1b)可以确定点 1′ 的位移与点 1 相同，这样一层楼面的一组差分值为

$$\frac{\partial u_1}{\partial s} = \frac{u_2}{2h} \tag{2.3.3a}$$

$$\frac{\partial^2 u_1}{\partial s^2} = \frac{u_2 - 2u_1}{h^2} \tag{2.3.3b}$$

$$\frac{\partial^3 u_1}{\partial s^3} = \frac{u_3 - 4u_2 + 7u_1}{h^4} \tag{2.3.3c}$$

$$\frac{\partial^4 u_1}{\partial s^4} = \frac{u_4 - 4u_3 + 6u_2 - 4u_1}{h^4} \tag{2.3.3d}$$

3. 顶端节点平衡方程

结构顶端也有两个补充条件：顶部上方的剪力为零，顶部上方的弯矩为零，即

$$Q_n = 0 \tag{2.3.4a}$$

$$M_n = 0 \tag{2.3.4b}$$

即

$$\frac{\partial^2 u_n}{\partial s^2} = 0 \tag{2.3.5a}$$

$$\frac{\partial^3 u_n}{\partial s^3} = 0 \tag{2.3.5b}$$

由此可得

$$u_{n+1} = 2u_n - u_{n-1}, \quad u_{n+2} = 2u_{n+1} - 2u_{n-1} - u_{n-2}$$

因此，顶层一阶、四阶差分为

$$\frac{\partial u_n}{\partial s} = \frac{u_n - u_{n-1}}{h} \tag{2.3.5c}$$

$$\frac{\partial^4 u_n}{\partial s^4} = \frac{2u_n - 4u_{n-1} + 2u_{n-2}}{h^4} \tag{2.3.5d}$$

同样也可以得到第 $n-1$ 层三阶、四阶差分为

$$\frac{\partial^3 u_{n-1}}{\partial s^3} = \frac{u_{n-2} - u_{n-3}}{2h^3} \tag{2.3.6a}$$

$$\frac{\partial^4 u_{n-1}}{\partial s^4} = \frac{-2u_n + 5u_{n-1} - 4u_{n-2} + u_{n-3}}{h^4} \tag{2.3.6b}$$

为了表示方便，将上述各差分形成差分系数，统一写为矩阵形式，即

$$
\left\{\begin{array}{c} \dfrac{\partial^k u_1}{\partial x^k} \\ \vdots \\ \dfrac{\partial^k u_i}{\partial x^k} \\ \vdots \\ \dfrac{\partial^k u_n}{\partial x^k} \end{array}\right\} = \begin{bmatrix} S_{11}^{(k)} & \cdots & S_{1i}^{(k)} & \cdots & S_{1n}^{(k)} \\ \vdots & & \vdots & & \vdots \\ S_{i1}^{(k)} & \cdots & S_{ii}^{(k)} & \cdots & S_{in}^{(k)} \\ \vdots & & \vdots & & \vdots \\ S_{n1}^{(k)} & \cdots & S_{ni}^{(k)} & \cdots & S_{nn}^{(k)} \end{bmatrix} \left\{\begin{array}{c} u_1 \\ \vdots \\ u_i \\ \vdots \\ u_n \end{array}\right\}
\tag{2.3.7}
$$

对应于离散后的第 i 个方程，将各阶差分分别代入式(2.2.11)得到非线性代数方程组，其中第 i 层方程为

$$
\begin{aligned}
& m\ddot{u}_i - J\sum_{j=1}^{n} S_{ij}^{(2)} \ddot{u}_j + \sum_{j=1}^{n} c_{ij}\dot{u}_j + k_b\sum_{j=1}^{n} S_{ij}^{(4)} u_j - mg\sum_{j=1}^{n} S_{ij}^{(1)} u_j + mg(H-s_i)\sum_{j=1}^{n} S_{ij}^{(2)} u_j \\
& + \frac{m}{2}\dot{u}_i \sum_{j=1}^{n} S_{ij}^{(1)} u_j \sum_{j=1}^{n} S_{ij}^{(1)} \dot{u}_j + \frac{mh}{2}\sum_{j=1}^{n} S_{ij}^{(2)} u_j \sum_{l=i}^{n} \left(\ddot{u}_l \sum_{j=1}^{n} S_{lj}^{(1)} u_j - \dot{u}_i \sum_{j=1}^{n} S_{lj}^{(1)} \dot{u}_j \right) \\
& + Jh\left(\sum_{j=1}^{n} S_{ij}^{(2)} u_j \right) \sum_{k=i}^{n} \left(\sum_{j=1}^{n} S_{kj}^{(2)} u_j \sum_{j=1}^{n} S_{kj}^{(2)} \dot{u}_j \right) - k_b h\left(\sum_{j=1}^{n} S_{ij}^{(2)} u_j \right) \sum_{k=i}^{n} \left(\sum_{j=1}^{n} S_{kj}^{(2)} u_j \sum_{j=1}^{n} S_{kj}^{(3)} u_j \right) \\
& - \frac{mgh}{2}\left(\sum_{j=1}^{n} S_{ij}^{(2)} u_j \right) \sum_{k=i}^{n} \left(\sum_{j=1}^{n} S_{kj}^{(1)} u_j \right)^2 + f_i \left(\sum_{j=1}^{n} S_{ij}^{(1)} u_j \right)^2 - \frac{f_i}{2}(u_n - u_i)\left(\sum_{j=1}^{n} S_{ij}^{(2)} u_j \right) = f \\
& i = 1,2,\cdots,n
\end{aligned}
\tag{2.3.8}
$$

需要说明的是，方程(2.3.8)的积分项采用了精度较低的矩形加和，这是考虑到弱几何非线性中高阶项对结果修正影响有限，矩形加和已足以满足精度要求，当然也可以采用高阶积分形式，但形式过于复杂，这里不再列出。

2.3.2　方程求解

方程(2.3.8)是一个由 n 个非线性方程组成的方程组，为了得到数值解，还需要对时间进行离散。结构在 t 时刻作用于体系上的动力与 Δt 时刻之后的差值，且略去两阶以上小量后的方程为

$$
\boldsymbol{M}\Delta\ddot{\boldsymbol{U}} + \boldsymbol{C}\Delta\dot{\boldsymbol{U}} + \boldsymbol{K}\Delta\boldsymbol{U} = \Delta\boldsymbol{F}
\tag{2.3.9}
$$

式(2.3.9)中各矩阵分别为

$$
\boldsymbol{M} = \sum_{i=1}^{4} \boldsymbol{M}_i, \quad \boldsymbol{C} = \sum_{i=1}^{6} \boldsymbol{C}_i, \quad \boldsymbol{K} = \sum_{i=1}^{17} \boldsymbol{K}_i, \quad \Delta\boldsymbol{F} = \sum_{i=1}^{3} \Delta\boldsymbol{F}_i, \quad \Delta\boldsymbol{U} = \{\Delta u_1, \cdots, \Delta u_i, \cdots, \Delta u_n\}^{\mathrm{T}}
$$

$\boldsymbol{M}_i$、$\boldsymbol{C}_i$、$\boldsymbol{K}_i$、$\Delta\boldsymbol{F}_i$ 表达式详见本章附录。这里需要注意的是，阻尼项仅仅是理论上的表述，实际应用中仍采用瑞利阻尼的表达式，即假设系统的阻尼矩阵是结构的质量矩阵和刚度矩阵的线性组合。

方程(2.3.9)是空间离散方程，如果要进一步进行时程计算，还需要在时间上进行离

散，动力时程计算方法有线性加速度法、Wilson-θ 法和 Newmark-β 法等方法。线性加速度法是假设质点的加速度反应在任一微小段（Δt）内是呈线性变化的，Wilson-θ 法是线性加速度法的一种修正形式，基本原理是运动方程应用于更后一点的时刻 $t + \theta\Delta t$，从而使数值积分获得较好的收敛性。

本算例中采取了收敛情况好的 Wilson-θ 法对方程（2.3.9）进行时间的离散，具体编程按图 2.3.2 所示流程进行。

2.3.3　方程验证

本章建立的方程将作为后文对高耸结构风重耦合效应分析的基础，这里对一悬臂梁计算进行验证，杆件的几何参数：长度 $L = 1\text{m}$，截面宽度 $B = 0.01\text{m}$，高度 $H = 0.01\text{m}$；材料属性：弹性模量 $E = 2 \times 10^{11}\text{Pa}$，泊松比 $\mu = 0.3$，密度 $\rho = 7.85 \times 10^{3}\text{kg/m}^{3}$。

本算例中杆件采用 100 个节点进行计算，对比计算的软件是 ANSYS12.0，采用 10 个单元进行计算，并开启大变形选项。下面通过静力计算和简谐荷载计算来验证。

1. 静力计算

静力计算可以忽略方程中的动力参数。为验证刚度矩阵的正确性，本书编程中采用了牛顿拉斐尔方法来获得静力解，表 2.3.1 为杆件静力计算结果对比。

表 2.3.1　杆件静力计算结果对比

水平荷载/（N·m^{-1}）	本章方法计算顶端水平位移/m	ANSYS 计算顶端水平位移/m	误差/%
0.3	0.0549	0.0529	3.7
0.6	0.1094	0.1082	1.1
0.9	0.1630	0.1609	1.3
1.5	0.2660	0.2611	1.8
2.1	0.3620	0.3525	2.7
2.7	0.4500	0.4335	3.8

上述计算中两者存在一定误差，产生这种误差的原因来自两个方面：一是 ANSYS 考虑了杆件压缩，而本章公式未做此考虑；二是两者计算方法不同，存在的计算截断误差也不同。但从表 2.3.1 中可以看出，本章的方法精度是符合要求的，在表格的第五行中变形已经超过了杆件长度的 1/3，一般高耸结构不可能产生如此大的变形，在如此变形前结构已进入塑性变形阶段，结构早已破坏。因此，总体来说，误差控制在允许范围之内时，结构分析不会产生很大的差异。因此，方程（2.2.10）刚度部分是正确的，可以应用于本书后续的研究。

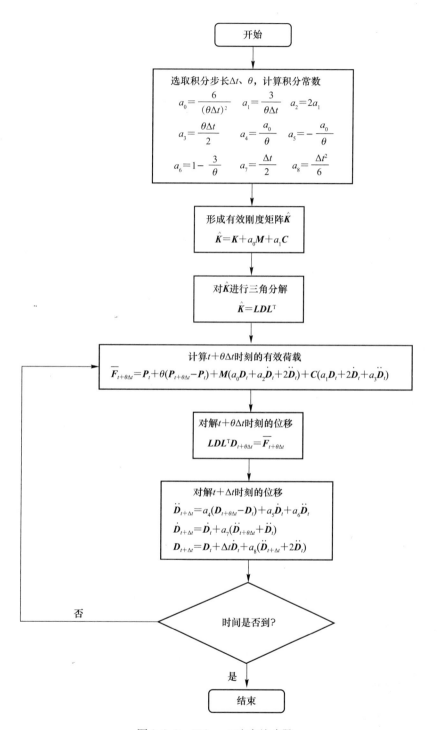

图 2.3.2　Wilson-θ 法实施步骤

2. 简谐荷载计算

静力计算仅能验证静刚度部分，动力计算中需要验算质量矩阵、阻尼矩阵和动刚度矩阵，这里要说明的是阻尼矩阵没必要验证，根据阻尼理论，系统阻尼具有统计上的意义，实际应用中可以采用瑞利阻尼。

对于质量和动刚度部分，采用结构在突加荷载振动下的位移进行验证。算例计算条件同上，在水平向突加恒定均布荷载，其大小为 0.9N/m，突加荷载下简谐振动结果对比如图 2.3.3 所示。实线为本书方程计算结果，虚线为 ANSYS 软件计算结果，计算结果基本接近，可以满足计算精度要求。图中两条曲线上端幅值相差 0.1%，周期相差 3.2%。其产生差异的原因与静力部分所述相同。

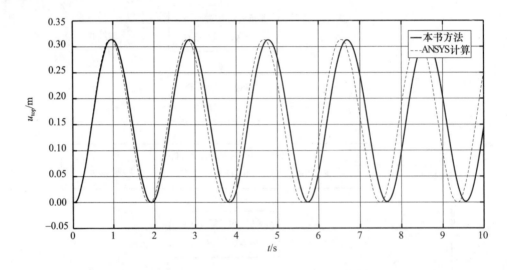

图 2.3.3　突加荷载下简谐振动结果对比

2.4　顺风向时程算例

2.4.1　算例条件

本章最后一项研究工作是利用式 (2.3.9) 对一高耸结构进行顺风向等效静力风荷载重力耦合计算。为了有效分析主要参数影响，下面的计算以一栋高 300m、100 层的高层建筑为例，每个楼层的质量中心与弯曲刚度中心重合，具体结构参数见表 2.4.1。

表 2.4.1　结构参数

层高/m	刚度/(N·m²)	阻尼比	楼层面积/m²	楼层代表质量/(kg·m⁻²)
3	1.44×10^{14}	0.05	400	500

近地风 10m 处平均风速为 20m/s，地面类别为 B 类。以下计算参数变化均以上述参数为基点。

2.4.2　脉动风荷载风速曲线

要得到计算结构时程响应，必须得到风速的时程曲线，该曲线可以从风速记录取得，也可以从功率谱密度函数得到。这里采用后者的方法，即进行 Monte Carlo 抽样，使得抽样值能够拟合功率谱密度函数曲线。模拟的方法有两类，这里采用谱表示法，最早做这方面研究的是 Rice S. O.[1]，随后 Yang J. N.[2]、Shinozuka M. 在这方面也做了不少工作[3-7]。下面对这一方法做一个简单介绍。

根据风的记录，脉动风在通常情况下可以简化为高斯随机过程，对于 n 个零均值高斯随机过程，其谱密度的矩阵可写为

$$\boldsymbol{S}(\omega) = \begin{bmatrix} s_{11}(\omega) & s_{12}(\omega) & \cdots & s_{1n}(\omega) \\ s_{21}(\omega) & s_{22}(\omega) & \cdots & s_{2n}(\omega) \\ \vdots & \vdots & & \vdots \\ s_{n1}(\omega) & s_{n2}(\omega) & \cdots & s_{nn}(\omega) \end{bmatrix} \tag{2.4.1}$$

将 $\boldsymbol{S}(\omega)$ 进行 Cholesky 分解，得有效方法，即

$$\boldsymbol{S}(\omega) = \boldsymbol{H}(\omega) \cdot \boldsymbol{H}^*(\omega)^{\mathrm{T}} \tag{2.4.2}$$

其中，

$$\boldsymbol{H}(\omega) = \begin{bmatrix} H_{1i}(\omega) & 0 & \cdots & 0 \\ H_{21}(\omega) & H_{22}(\omega) & \cdots & 0 \\ \vdots & \vdots & & \vdots \\ H_{n1}(\omega) & H_{n2}(\omega) & \cdots & H_{nn}(\omega) \end{bmatrix} \tag{2.4.3}$$

$\boldsymbol{H}^*(\omega)^{\mathrm{T}}$ 为 $\boldsymbol{H}(\omega)$ 的共轭转置矩阵。

对于多维随机过程的功率谱密度函数矩阵 $\boldsymbol{S}(\omega)$，可以得到风速模拟公式[8]，即

$$v_j(t) = \sum_{m=1}^{j} \sum_{l=1}^{N} |H_{jm}(\omega_l)| \sqrt{2\Delta\omega} \cos[\omega_l t + \psi_{jm}(\omega_l) + \theta_{ml}] \tag{2.4.4}$$

其中，$j = 1, 2, 3, \cdots, n$；$\Delta\omega$ 为频率增量，$\Delta\omega = \omega/N$，风谱在其频率变量范围内均分为 N 个部分；$|H_{jm}(\omega_l)|$ 为下三角矩阵的模；$\psi_{jm}(\omega_l)$ 为两个不同点之间的相位角；θ_{ml} 为介于 0～2π 区间的随机分布变量；$\omega_l = l\Delta\omega$ 为频域增量。

高耸结构风速模拟采用 Davenport 谱[9]和与高度相关的 Kaimal 谱[10]，后者的表达式为

$$S_u(\omega) = 200\overline{k}V_{10}^2 \frac{\dfrac{\omega z}{2\pi V(z)}}{\omega\left[1 + 50\dfrac{\omega z}{2\pi V(z)}\right]^{5/3}} \tag{2.4.5}$$

式中，k 为与地面粗糙度相关的系数，详见表 2.4.2。

表 2.4.2　地面粗糙度系数

类别	k	地貌特征
A	0.003 ~ 0.0015	河湾
B	0.005	草地
	0.008	篱笆围护广场
C	0.015	矮树和 10 m 高的树
	0.03	市镇

图 2.4.1 所示是利用 Kaimal 谱模拟的顶层脉动风荷载时程曲线，其他位置的时程曲线不再表示。

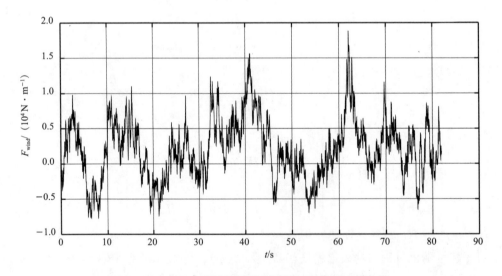

图 2.4.1　由 Kaimal 谱模拟的顶层脉动风荷载时程曲线

2.4.3　结构在风荷载作用下的振动

图 2.4.2(a) ~ (c)所示分别为结构受到模拟风荷载作用下结构顶端的位移、速度和加速度曲线，实线考虑了风重耦合效应，虚线未考虑风重耦合效应。从图中可以看出，单从

幅值来看，计入风重耦合效应的结构振动峰值要比未计风重耦合效应的大。风重耦合效应改变了结构的动力特性，结构柔度的增加引起结构自振频率的减小，从而使各种频率风荷载作用下响应特点与未考虑结构风重耦合效应的有着较大差异，图中曲线也说明了这一问题。

图 2.4.2 表明位移曲线和速度曲线高频成分较少，而加速度曲线高频成分较多。计入风重耦合效应后由于结构显得更柔，因而在振动上表现为各时段趋于一致，即后半段振幅与前半段一致，明显大于未计入风重耦合效应的计算值。

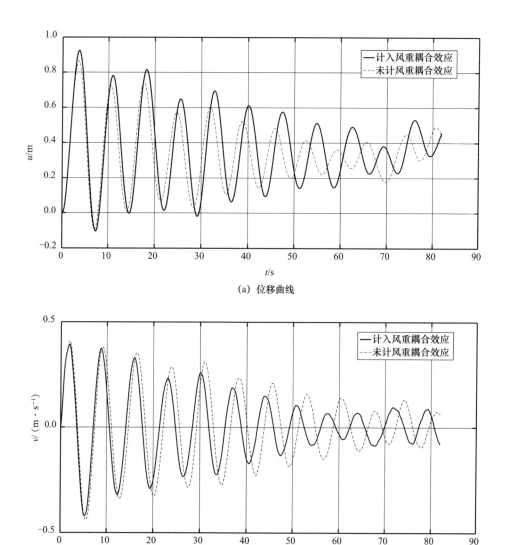

(a) 位移曲线

(b) 速度曲线

图 2.4.2　模拟风荷载作用下顶端振动时程曲线

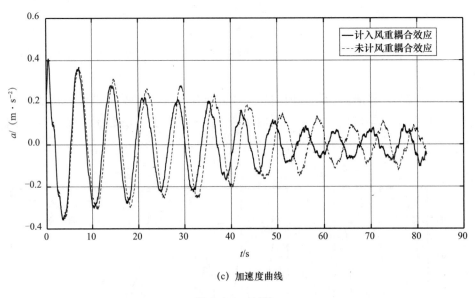

（c）加速度曲线

图 2.4.2 （续）

上面仅仅进行了结构的时程计算，只能看出结构响应的大致情况。而风荷载作用下结构是随机振动，第 3 章将从随机振动的角度对风重耦合效应的影响做详细的分析。

2.5 小 结

本章建立了悬臂结构的几何大变形振动方程，并给出差分解法，通过将方程与 ANSYS 软件计算结果进行对比，证实了方程的正确性。另外，通过模拟风速时程分析了高层结构重力耦合作用响应。总结上面的成果，可以得到以下结论。

（1）建立了计算风重耦合效应的结构动力方程，并进行了差分分解，考虑结构重力的方程能够正确求解结构在风重耦合作用下的运动状态，其动力和静力计算结果证明了方程的正确性，可以为后续工作奠定基础。

（2）从方程来看，结构自重对结构刚度的作用主要表现在两个方面：一是结构中心线斜率造成刚度减小，二是结构中心线曲率造成结构刚度稍微增大。

（3）风荷载作用的时程计算表明，是否考虑结构风重耦合，其计算的结果有着较大的差异，尤其是结构随机振动最大幅值有了变化，这表明在柔性结构的计算中必须考虑重力产生的影响。

参 考 文 献

［1］ CLOUGH R W, PENZIEN J. Dynamics of structure［M］. 2th. New York：McGram – Hill Inc. , 1993.

［2］ RICE S O. Mathematical analysis of random noices［C］. In：wax N, editor. Selected Papers on Noices and Stochastic Processes. New York：Dover, 1954：133-294.

［3］ YANG J N. Simulation of random envelope processes［J］. Journal of Sound and Vibration, 1972, 21(1)：73-85.

［4］ SCHINOZUKA M. Simulation of multivariate and multidimensional random processes［J］. Journal of the Acoustical Society of America, 1971, 49(1, part2)：357-368.

［5］ SCHINOZUKA M, JAM C M. Digital simulation of random processes and its applications［J］. Journal of Sound and Vibration, 1972, 25(1)：111-128.

［6］ VARICAITIS R, SHINOZUKA M, TAKENO M. Response analysis of tall buildings to wind loading［J］. Journal of Structural Engineering, ASCE, 197, 103(4)：583-600.

［7］ SCHINOZUKA M, LEVY R. Digital generation of along wind velocity – field［J］. Journal of Structural Engineering, ASCE, 1975, 101(3)：689-700.

［8］ KASPERSKI M, NIEMANN H J. The LRC(load – response – correlation) method – a general method of estimating unfavourable wind load distributions for linear and non – linear structural behaviour［J］. Journal of Wind Engineering and Industrial Aerodynamics, 1992, 43(1-3)：1753-1763.

［9］ DAVENPORT A G. Gust loading factors［J］. Journal of Structure Division, ASCE, 1967, 93(ST3)：11-34.

［10］ KAIMAL J C, WYNGAARD J C, IZUMI Y, COTÉ O R. Spectral characteristics of surface – layer turbulence［J］. Quarterly Journal of the Royal Meteorological Society, 1972, 98(417)：563-589.

附 　 录

本章方程(2.3.9)中各矩阵如下：

$$\boldsymbol{M}_1 = m \begin{bmatrix} 1 & \cdots & 0 & \cdots & 0 \\ \vdots & & \vdots & & \vdots \\ 0 & \cdots & 1 & \cdots & 0 \\ \vdots & & \vdots & & \vdots \\ 0 & \cdots & 0 & \cdots & 1 \end{bmatrix}$$

$$\boldsymbol{M}_2 = -J \begin{bmatrix} S_{11}^{(2)} & \cdots & S_{1i}^{(2)} & \cdots & S_{1n}^{(2)} \\ \vdots & & \vdots & & \vdots \\ S_{i1}^{(2)} & \cdots & S_{ii}^{(2)} & \cdots & S_{in}^{(2)} \\ \vdots & & \vdots & & \vdots \\ S_{n1}^{(2)} & \cdots & S_{ni}^{(2)} & \cdots & S_{nn}^{(2)} \end{bmatrix}$$

$$\boldsymbol{M}_3 = \frac{m}{2} \begin{bmatrix} \left(\sum_{k=1}^{n} S_{1k}^{(1)} u_k\right)^2 & \cdots & 0 & \cdots & 0 \\ \vdots & & \vdots & & \vdots \\ 0 & \cdots & \left(\sum_{k=1}^{n} S_{ik}^{(1)} u_k\right)^2 & \cdots & 0 \\ \vdots & & \vdots & & \vdots \\ 0 & \cdots & 0 & \cdots & \left(\sum_{k=1}^{n} S_{nk}^{(1)} u_k\right)^2 \end{bmatrix}$$

$$\boldsymbol{M}_4 = \frac{mh}{2} \begin{bmatrix} \sum_{k=1}^{n} S_{1k}^{(2)} u_k \sum_{k=1}^{n} S_{1k}^{(1)} u_k & \cdots & \sum_{k=1}^{n} S_{1k}^{(2)} u_k \sum_{k=1}^{n} S_{ik}^{(1)} u_k & \cdots & \sum_{k=1}^{n} S_{1k}^{(2)} u_k \sum_{k=1}^{n} S_{nk}^{(1)} u_k \\ \vdots & & \vdots & & \vdots \\ 0 & \cdots & \sum_{k=1}^{n} S_{ik}^{(2)} u_k \sum_{k=1}^{n} S_{ik}^{(1)} u_k & \cdots & \sum_{k=1}^{n} S_{ik}^{(2)} u_k \sum_{k=1}^{n} S_{nk}^{(1)} u_k \\ \vdots & & \vdots & & \vdots \\ 0 & \cdots & 0 & \cdots & \sum_{k=1}^{n} S_{nk}^{(2)} u_k \sum_{k=1}^{n} S_{nk}^{(1)} u_k \end{bmatrix}$$

$$\boldsymbol{C}_1 = \begin{bmatrix} c_{11} & \cdots & c_{1i} & \cdots & c_{1n} \\ \vdots & & \vdots & & \vdots \\ c_{i1} & \cdots & c_{ii} & \cdots & c_{in} \\ \vdots & & \vdots & & \vdots \\ c_{n1} & \cdots & c_{ni} & \cdots & c_{nn} \end{bmatrix}$$

$$\boldsymbol{C}_2 = \frac{m}{2} \begin{bmatrix} \sum_{k=1}^{n} S_{1k}^{(1)} u_k \sum_{k=1}^{n} S_{1k}^{(1)} \dot{u}_k & \cdots & 0 & \cdots & 0 \\ \vdots & & \vdots & & \vdots \\ 0 & \cdots & \sum_{k=1}^{n} S_{ik}^{(1)} u_k \sum_{k=1}^{n} S_{ik}^{(1)} \dot{u}_k & \cdots & 0 \\ \vdots & & \vdots & & \vdots \\ 0 & \cdots & 0 & \cdots & \sum_{k=1}^{n} S_{nk}^{(1)} u_k \sum_{k=1}^{n} S_{nk}^{(1)} \dot{u}_k \end{bmatrix}$$

$$C_3 = \frac{m}{2}\begin{bmatrix} \dot{u}_1 S_{11}^{(1)} \sum_{k=1}^{n} S_{1k}^{(1)} u_k & \cdots & \dot{u}_1 S_{1i}^{(1)} \sum_{k=1}^{n} S_{1k}^{(1)} u_k & \cdots & \dot{u}_1 S_{1n}^{(1)} \sum_{k=1}^{n} S_{1k}^{(1)} u_k \\ \vdots & & \vdots & & \vdots \\ \dot{u}_i S_{i1}^{(1)} \sum_{k=1}^{n} S_{ik}^{(1)} u_k & \cdots & \dot{u}_i S_{ii}^{(1)} \sum_{k=1}^{n} S_{ik}^{(1)} u_k & \cdots & \dot{u}_i S_{in}^{(1)} \sum_{k=1}^{n} S_{ik}^{(1)} u_k \\ \vdots & & \vdots & & \vdots \\ \dot{u}_n S_{n1}^{(1)} \sum_{k=1}^{n} S_{nk}^{(1)} u_k & \cdots & \dot{u}_n S_{ni}^{(1)} \sum_{k=1}^{n} S_{nk}^{(1)} u_k & \cdots & \dot{u}_n S_{nn}^{(1)} \sum_{k=1}^{n} S_{nk}^{(1)} u_k \end{bmatrix}$$

$$C_4 = -\frac{mh}{2}\begin{bmatrix} \sum_{k=1}^{n} S_{1k}^{(2)} u_k \sum_{k=1}^{n} S_{1k}^{(1)} \dot{u}_k & \cdots & \sum_{k=1}^{n} S_{1k}^{(2)} u_k \sum_{k=1}^{n} S_{ik}^{(1)} \dot{u}_k & \cdots & \sum_{k=1}^{n} S_{1k}^{(2)} u_k \sum_{k=1}^{n} S_{nk}^{(1)} \dot{u}_k \\ \vdots & & \vdots & & \vdots \\ 0 & \cdots & \sum_{k=1}^{n} S_{ik}^{(2)} u_k \sum_{k=i}^{n} S_{ik}^{(1)} \dot{u}_k & \cdots & \sum_{k=1}^{n} S_{ik}^{(2)} u_k \sum_{k=i}^{n} S_{nk}^{(1)} \dot{u}_k \\ \vdots & & \vdots & & \vdots \\ 0 & \cdots & 0 & \cdots & \sum_{k=1}^{n} S_{nk}^{(2)} u_k \sum_{k=n}^{n} S_{nk}^{(1)} \dot{u}_k \end{bmatrix}$$

$$C_5 = -\frac{mh}{2}\begin{bmatrix} \sum_{k=1}^{n} S_{1k}^{(2)} u_k \sum_{k=i}^{n} S_{k1}^{(1)} \dot{u}_k & \cdots & \sum_{k=1}^{n} S_{1k}^{(2)} u_k \sum_{k=i}^{n} S_{ki}^{(1)} \dot{u}_k & \cdots & \sum_{k=1}^{n} S_{1k}^{(2)} u_k \sum_{k=i}^{n} S_{kn}^{(1)} \dot{u}_k \\ \vdots & & \vdots & & \vdots \\ 0 & \cdots & \sum_{k=1}^{n} S_{ik}^{(2)} u_k \sum_{k=i}^{n} S_{ki}^{(1)} \dot{u}_k & \cdots & \sum_{k=1}^{n} S_{ik}^{(2)} u_k \sum_{k=i}^{n} S_{kn}^{(1)} \dot{u}_k \\ \vdots & & \vdots & & \vdots \\ 0 & \cdots & 0 & \cdots & \sum_{k=1}^{n} S_{nk}^{(2)} u_k \sum_{k=n}^{n} S_{kn}^{(1)} \dot{u}_k \end{bmatrix}$$

$$C_6 = Jh\begin{bmatrix} \sum_{k=1}^{n} S_{1k}^{(2)} u_k \sum_{k=1}^{n} (\sum_{j=1}^{n} S_{kj}^{(2)} \dot{u}_j) S_{k1}^{(2)} & \cdots & \sum_{k=1}^{n} S_{1k}^{(2)} u_k \sum_{k=1}^{n} (\sum_{j=1}^{n} S_{kj}^{(2)} \dot{u}_j) S_{ki}^{(2)} & \cdots & \sum_{k=1}^{n} S_{1k}^{(2)} u_k \sum_{k=1}^{n} (\sum_{j=1}^{n} S_{kj}^{(2)} \dot{u}_j) S_{kn}^{(2)} \\ \vdots & & \vdots & & \vdots \\ \sum_{k=1}^{n} S_{ik}^{(2)} u_k \sum_{k=i}^{n} (\sum_{j=1}^{n} S_{kj}^{(2)} \dot{u}_j) S_{k1}^{(2)} & \cdots & \sum_{k=1}^{n} S_{ik}^{(2)} u_k \sum_{k=i}^{n} (\sum_{j=1}^{n} S_{kj}^{(2)} \dot{u}_j) S_{ki}^{(2)} & \cdots & \sum_{k=1}^{n} S_{ik}^{(2)} u_k \sum_{k=i}^{n} (\sum_{j=1}^{n} S_{kj}^{(2)} \dot{u}_j) S_{kn}^{(2)} \\ \vdots & & \vdots & & \vdots \\ \sum_{k=1}^{n} S_{nk}^{(2)} u_k \sum_{k=n}^{n} (\sum_{j=1}^{n} S_{kj}^{(2)} \dot{u}_j) S_{k1}^{(2)} & \cdots & \sum_{k=1}^{n} S_{nk}^{(2)} u_k \sum_{k=n}^{n} (\sum_{j=1}^{n} S_{kj}^{(2)} \dot{u}_j) S_{ki}^{(2)} & \cdots & \sum_{k=1}^{n} S_{nk}^{(2)} u_k \sum_{k=n}^{n} (\sum_{j=1}^{n} S_{kj}^{(2)} \dot{u}_j) S_{kn}^{(2)} \end{bmatrix}$$

$$\boldsymbol{K}_1 = k_b \begin{bmatrix} S_{11}^{(4)} & \cdots & S_{1i}^{(4)} & \cdots & S_{1n}^{(4)} \\ \vdots & & \vdots & & \vdots \\ S_{i1}^{(4)} & \cdots & S_{ii}^{(4)} & \cdots & S_{in}^{(4)} \\ \vdots & & \vdots & & \vdots \\ S_{n1}^{(4)} & \cdots & S_{ni}^{(4)} & \cdots & S_{nn}^{(4)} \end{bmatrix}$$

$$\boldsymbol{K}_2 = -mg \begin{bmatrix} S_{11}^{(1)} & \cdots & S_{1i}^{(1)} & \cdots & S_{1n}^{(1)} \\ \vdots & & \vdots & & \vdots \\ S_{i1}^{(1)} & \cdots & S_{ii}^{(1)} & \cdots & S_{in}^{(1)} \\ \vdots & & \vdots & & \vdots \\ S_{n1}^{(1)} & \cdots & S_{ni}^{(1)} & \cdots & S_{nn}^{(1)} \end{bmatrix}$$

$$\boldsymbol{K}_3 = mg \begin{bmatrix} (H-s_1)S_{11}^{(2)} & \cdots & (H-s_1)S_{1i}^{(2)} & \cdots & (H-s_1)S_{1n}^{(2)} \\ \vdots & & \vdots & & \vdots \\ (H-s_i)S_{i1}^{(2)} & \cdots & (H-s_i)S_{ii}^{(2)} & \cdots & (H-s_i)S_{in}^{(2)} \\ \vdots & & \vdots & & \vdots \\ (H-s_n)S_{n1}^{(2)} & \cdots & (H-s_n)S_{ni}^{(2)} & \cdots & (H-s_n)S_{nn}^{(2)} \end{bmatrix}$$

$$\boldsymbol{K}_4 = m \begin{bmatrix} \ddot{u}_1 S_{11}^{(1)} \sum_{k=1}^{n} S_{1k}^{(1)} u_k & \cdots & \ddot{u}_1 S_{1i}^{(1)} \sum_{k=1}^{n} S_{1k}^{(1)} u_k & \cdots & \ddot{u}_1 S_{1n}^{(1)} \sum_{k=1}^{n} S_{1k}^{(1)} u_k \\ \vdots & & \vdots & & \vdots \\ \ddot{u}_i S_{i1}^{(1)} \sum_{k=1}^{n} S_{ik}^{(1)} u_k & \cdots & \ddot{u}_i S_{ii}^{(1)} \sum_{k=1}^{n} S_{ik}^{(1)} u_k & \cdots & \ddot{u}_i S_{in}^{(1)} \sum_{k=1}^{n} S_{ik}^{(1)} u_k \\ \vdots & & \vdots & & \vdots \\ \ddot{u}_n S_{n1}^{(1)} \sum_{k=1}^{n} S_{nk}^{(1)} u_k & \cdots & \ddot{u}_n S_{ni}^{(1)} \sum_{k=1}^{n} S_{nk}^{(1)} u_k & \cdots & \ddot{u}_n S_{nn}^{(1)} \sum_{k=1}^{n} S_{nk}^{(1)} u_k \end{bmatrix}$$

$$\boldsymbol{K}_5 = \frac{m}{2} \begin{bmatrix} \dot{u}_1 S_{11}^{(1)} \sum_{k=1}^{n} S_{1k}^{(1)} \dot{u}_k & \cdots & \dot{u}_1 S_{1i}^{(1)} \sum_{k=1}^{n} S_{1k}^{(1)} \dot{u}_k & \cdots & \dot{u}_1 S_{1n}^{(1)} \sum_{k=1}^{n} S_{1k}^{(1)} \dot{u}_k \\ \vdots & & \vdots & & \vdots \\ \dot{u}_i S_{i1}^{(1)} \sum_{k=1}^{n} S_{ik}^{(1)} \dot{u}_k & \cdots & \dot{u}_i S_{ii}^{(1)} \sum_{k=1}^{n} S_{ik}^{(1)} \dot{u}_k & \cdots & \dot{u}_i S_{in}^{(1)} \sum_{k=1}^{n} S_{ik}^{(1)} \dot{u}_k \\ \vdots & & \vdots & & \vdots \\ \dot{u}_n S_{n1}^{(1)} \sum_{k=1}^{n} S_{nk}^{(1)} \dot{u}_k & \cdots & \dot{u}_n S_{ni}^{(1)} \sum_{k=1}^{n} S_{nk}^{(1)} \dot{u}_k & \cdots & \dot{u}_n S_{nn}^{(1)} \sum_{k=1}^{n} S_{nk}^{(1)} \dot{u}_k \end{bmatrix}$$

$$\boldsymbol{K}_6 = \frac{mh}{2} \begin{bmatrix} T_1 S_{11}^{(2)} & \cdots & T_1 S_{1i}^{(2)} & \cdots & T_1 S_{1n}^{(2)} \\ \vdots & & \vdots & & \vdots \\ T_i S_{i1}^{(2)} & \cdots & T_i S_{ii}^{(2)} & \cdots & T_i S_{in}^{(2)} \\ \vdots & & \vdots & & \vdots \\ T_n S_{n1}^{(2)} & \cdots & T_n S_{ni}^{(2)} & \cdots & T_n S_{nn}^{(2)} \end{bmatrix}$$

上式中 $T_i = \sum\limits_{k=i}^{n} \left(\ddot{u}_k \sum\limits_{j=1}^{n} S_{kj}^{(1)} u_j - \dot{u}_k \sum\limits_{j=1}^{n} S_{kj}^{(1)} \dot{u}_j \right)$

$$\boldsymbol{K}_7 = \frac{mh}{2} \begin{bmatrix} \sum\limits_{k=1}^{n} S_{1k}^{(2)} u_k \sum\limits_{k=1}^{n} \ddot{u}_k S_{k1}^{(1)} & \cdots & \sum\limits_{k=1}^{n} S_{1k}^{(2)} u_k \sum\limits_{k=1}^{n} \ddot{u}_k S_{ki}^{(1)} & \cdots & \sum\limits_{k=1}^{n} S_{1k}^{(2)} u_k \sum\limits_{k=1}^{n} \ddot{u}_k S_{kn}^{(1)} \\ \vdots & & \vdots & & \vdots \\ \sum\limits_{k=1}^{n} S_{ik}^{(2)} u_k \sum\limits_{k=i}^{n} \ddot{u}_k S_{k1}^{(1)} & \cdots & \sum\limits_{k=1}^{n} S_{ik}^{(2)} u_k \sum\limits_{k=i}^{n} \ddot{u}_k S_{ki}^{(1)} & \cdots & \sum\limits_{k=1}^{n} S_{ik}^{(2)} u_k \sum\limits_{k=i}^{n} \ddot{u}_k S_{kn}^{(1)} \\ \vdots & & \vdots & & \vdots \\ \sum\limits_{k=1}^{n} S_{nk}^{(2)} u_k \sum\limits_{k=n}^{n} \ddot{u}_k S_{k1}^{(1)} & \cdots & \sum\limits_{k=1}^{n} S_{nk}^{(2)} u_k \sum\limits_{k=n}^{n} \ddot{u}_k S_{ki}^{(1)} & \cdots & \sum\limits_{k=1}^{n} S_{nk}^{(2)} u_k \sum\limits_{k=n}^{n} \ddot{u}_k S_{kn}^{(1)} \end{bmatrix}$$

$$\boldsymbol{K}_8 = -k_b h \begin{bmatrix} \sum\limits_{k=1}^{n} \left(\sum\limits_{j=1}^{n} S_{kj}^{(2)} u_j \sum\limits_{j=1}^{n} S_{kj}^{(3)} u_j \right) S_{11}^{(2)} & \cdots & \sum\limits_{k=1}^{n} \left(\sum\limits_{j=1}^{n} S_{kj}^{(2)} u_j \sum\limits_{j=1}^{n} S_{kj}^{(3)} u_j \right) S_{1i}^{(2)} & \cdots & \sum\limits_{k=1}^{n} \left(\sum\limits_{j=1}^{n} S_{kj}^{(2)} u_j \sum\limits_{j=1}^{n} S_{kj}^{(3)} u_j \right) S_{1n}^{(2)} \\ \vdots & & \vdots & & \vdots \\ \sum\limits_{k=i}^{n} \left(\sum\limits_{j=1}^{n} S_{kj}^{(2)} u_j \sum\limits_{j=1}^{n} S_{kj}^{(3)} u_j \right) S_{i1}^{(2)} & \cdots & \sum\limits_{k=i}^{n} \left(\sum\limits_{j=1}^{n} S_{kj}^{(2)} u_j \sum\limits_{j=1}^{n} S_{kj}^{(3)} u_j \right) S_{ii}^{(2)} & \cdots & \sum\limits_{k=i}^{n} \left(\sum\limits_{j=1}^{n} S_{kj}^{(2)} u_j \sum\limits_{j=1}^{n} S_{kj}^{(3)} u_j \right) S_{in}^{(2)} \\ \vdots & & \vdots & & \vdots \\ \sum\limits_{k=n}^{n} \left(\sum\limits_{j=1}^{n} S_{kj}^{(2)} u_j \sum\limits_{j=1}^{n} S_{kj}^{(3)} u_j \right) S_{n1}^{(2)} & \cdots & \sum\limits_{k=n}^{n} \left(\sum\limits_{j=1}^{n} S_{kj}^{(2)} u_j \sum\limits_{j=1}^{n} S_{kj}^{(3)} u_j \right) S_{ni}^{(2)} & \cdots & \sum\limits_{k=n}^{n} \left(\sum\limits_{j=1}^{n} S_{kj}^{(2)} u_j \sum\limits_{j=1}^{n} S_{kj}^{(3)} u_j \right) S_{nn}^{(2)} \end{bmatrix}$$

$$\boldsymbol{K}_9 = -k_b h \begin{bmatrix} \sum\limits_{k=1}^{n} S_{1k}^{(2)} u_k \sum\limits_{k=1}^{n} \left(S_{k1}^{(3)} \sum\limits_{j=1}^{n} S_{kj}^{(2)} u_j \right) & \cdots & \sum\limits_{k=1}^{n} S_{1k}^{(2)} u_k \sum\limits_{k=1}^{n} \left(S_{ki}^{(3)} \sum\limits_{j=1}^{n} S_{kj}^{(2)} u_j \right) & \cdots & \sum\limits_{k=1}^{n} S_{1k}^{(2)} u_k \sum\limits_{k=1}^{n} \left(S_{kn}^{(3)} \sum\limits_{j=1}^{n} S_{kj}^{(2)} u_j \right) \\ \vdots & & \vdots & & \vdots \\ \sum\limits_{k=1}^{n} S_{ik}^{(2)} u_k \sum\limits_{k=i}^{n} \left(S_{k1}^{(3)} \sum\limits_{j=1}^{n} S_{kj}^{(2)} u_j \right) & \cdots & \sum\limits_{k=1}^{n} S_{ik}^{(2)} u_k \sum\limits_{k=i}^{n} \left(S_{ki}^{(3)} \sum\limits_{j=1}^{n} S_{kj}^{(2)} u_j \right) & \cdots & \sum\limits_{k=1}^{n} S_{ik}^{(2)} u_k \sum\limits_{k=i}^{n} \left(S_{kn}^{(3)} \sum\limits_{j=1}^{n} S_{kj}^{(2)} u_j \right) \\ \vdots & & \vdots & & \vdots \\ \sum\limits_{k=1}^{n} S_{nk}^{(2)} u_k \sum\limits_{k=n}^{n} \left(S_{k1}^{(3)} \sum\limits_{j=1}^{n} S_{kj}^{(2)} u_j \right) & \cdots & \sum\limits_{k=1}^{n} S_{nk}^{(2)} u_k \sum\limits_{k=n}^{n} \left(S_{ki}^{(3)} \sum\limits_{j=1}^{n} S_{kj}^{(2)} u_j \right) & \cdots & \sum\limits_{k=1}^{n} S_{nk}^{(2)} u_k \sum\limits_{k=n}^{n} \left(S_{kn}^{(3)} \sum\limits_{j=1}^{n} S_{kj}^{(2)} u_j \right) \end{bmatrix}$$

$$\boldsymbol{K}_{10} = -k_b h \begin{bmatrix} \sum_{k=1}^{n} S_{1k}^{(2)} u_k \sum_{k=1}^{n} (S_{k1}^{(2)} \sum_{j=1}^{n} S_{kj}^{(3)} u_j) & \cdots & \sum_{k=1}^{n} S_{1k}^{(2)} u_k \sum_{k=1}^{n} (S_{ki}^{(2)} \sum_{j=1}^{n} S_{kj}^{(3)} u_j) & \cdots & \sum_{k=1}^{n} S_{1k}^{(2)} u_k \sum_{k=1}^{n} (S_{kn}^{(2)} \sum_{j=1}^{n} S_{kj}^{(3)} u_j) \\ & \vdots & & \vdots & & \vdots \\ \sum_{k=1}^{n} S_{ik}^{(2)} u_k \sum_{k=i}^{n} (S_{k1}^{(2)} \sum_{j=1}^{n} S_{kj}^{(3)} u_j) & \cdots & \sum_{k=1}^{n} S_{ik}^{(2)} u_k \sum_{k=i}^{n} (S_{ki}^{(2)} \sum_{j=1}^{n} S_{kj}^{(3)} u_j) & \cdots & \sum_{k=1}^{n} S_{ik}^{(2)} u_k \sum_{k=i}^{n} (S_{kn}^{(2)} \sum_{j=1}^{n} S_{kj}^{(3)} u_j) \\ & \vdots & & \vdots & & \vdots \\ \sum_{k=1}^{n} S_{nk}^{(2)} u_k \sum_{k=n}^{n} (S_{k1}^{(2)} \sum_{j=1}^{n} S_{kj}^{(3)} u_j) & \cdots & \sum_{k=1}^{n} S_{nk}^{(2)} u_k \sum_{k=n}^{n} (S_{ki}^{(2)} \sum_{j=1}^{n} S_{kj}^{(3)} u_j) & \cdots & \sum_{k=1}^{n} S_{nk}^{(2)} u_k \sum_{k=n}^{n} (S_{kn}^{(2)} \sum_{j=1}^{n} S_{kj}^{(3)} u_j) \end{bmatrix}$$

$$\boldsymbol{K}_{11} = -\frac{mgh}{2} \begin{bmatrix} \sum_{k=1}^{n} (\sum_{j=1}^{n} S_{kj}^{(1)} u_j)^2 S_{11}^{(2)} & \cdots & \sum_{k=1}^{n} (\sum_{j=1}^{n} S_{kj}^{(1)} u_j)^2 S_{1i}^{(2)} & \cdots & \sum_{k=1}^{n} (\sum_{j=1}^{n} S_{kj}^{(1)} u_j)^2 S_{1n}^{(2)} \\ & \vdots & & \vdots & & \vdots \\ \sum_{k=i}^{n} (\sum_{j=1}^{n} S_{kj}^{(1)} u_j)^2 S_{i1}^{(2)} & \cdots & \sum_{k=i}^{n} (\sum_{j=1}^{n} S_{kj}^{(1)} u_j)^2 S_{ii}^{(2)} & \cdots & \sum_{k=i}^{n} (\sum_{j=1}^{n} S_{kj}^{(1)} u_j)^2 S_{in}^{(2)} \\ & \vdots & & \vdots & & \vdots \\ \sum_{k=n}^{n} (\sum_{j=1}^{n} S_{kj}^{(1)} u_j)^2 S_{n1}^{(2)} & \cdots & \sum_{k=n}^{n} (\sum_{j=1}^{n} S_{kj}^{(1)} u_j)^2 S_{ni}^{(2)} & \cdots & \sum_{k=n}^{n} (\sum_{j=1}^{n} S_{kj}^{(1)} u_j)^2 S_{nn}^{(2)} \end{bmatrix}$$

$$\boldsymbol{K}_{12} = -mgh \begin{bmatrix} (\sum_{k=1}^{n} S_{1k}^{(2)} u_k) \sum_{k=1}^{n} (\sum_{j=1}^{n} S_{kj}^{(1)} u_j S_{k1}^{(1)}) & \cdots & (\sum_{k=1}^{n} S_{1k}^{(2)} u_k) \sum_{k=1}^{n} (\sum_{j=1}^{n} S_{kj}^{(1)} u_j S_{ki}^{(1)}) & \cdots & (\sum_{k=1}^{n} S_{1k}^{(2)} u_k) \sum_{k=1}^{n} (\sum_{j=1}^{n} S_{kj}^{(1)} u_j S_{kn}^{(1)}) \\ & \vdots & & \vdots & & \vdots \\ (\sum_{k=1}^{n} S_{ik}^{(2)} u_k) \sum_{k=i}^{n} (\sum_{j=1}^{n} S_{kj}^{(1)} u_j S_{k1}^{(1)}) & \cdots & (\sum_{k=1}^{n} S_{ik}^{(2)} u_k) \sum_{k=i}^{n} (\sum_{j=1}^{n} S_{kj}^{(1)} u_j S_{ki}^{(1)}) & \cdots & (\sum_{k=1}^{n} S_{ik}^{(2)} u_k) \sum_{k=i}^{n} (\sum_{j=1}^{n} S_{kj}^{(1)} u_j S_{kn}^{(1)}) \\ & \vdots & & \vdots & & \vdots \\ (\sum_{k=1}^{n} S_{nk}^{(2)} u_k) \sum_{k=n}^{n} (\sum_{j=1}^{n} S_{kj}^{(1)} u_j S_{k1}^{(1)}) & \cdots & (\sum_{k=1}^{n} S_{nk}^{(2)} u_k) \sum_{k=n}^{n} (\sum_{j=1}^{n} S_{kj}^{(1)} u_j S_{ki}^{(1)}) & \cdots & (\sum_{k=1}^{n} S_{nk}^{(2)} u_k) \sum_{k=n}^{n} (\sum_{j=1}^{n} S_{kj}^{(1)} u_j S_{kn}^{(1)}) \end{bmatrix}$$

$$\boldsymbol{K}_{13} = 2 \begin{bmatrix} f_1 (\sum_{j=1}^{n} S_{1j}^{(1)} u_j) S_{11}^{(1)} & \cdots & f_1 (\sum_{j=1}^{n} S_{1j}^{(1)} u_j) S_{1i}^{(1)} & \cdots & f_1 (\sum_{j=1}^{n} S_{1j}^{(1)} u_j) S_{1n}^{(1)} \\ \vdots & & \vdots & & \vdots \\ f_i (\sum_{j=1}^{n} S_{ij}^{(1)} u_j) S_{i1}^{(1)} & \cdots & f_i (\sum_{j=1}^{n} S_{ij}^{(1)} u_j) S_{ii}^{(1)} & \cdots & f_i (\sum_{j=1}^{n} S_{ij}^{(1)} u_j) S_{in}^{(1)} \\ \vdots & & \vdots & & \vdots \\ f_n (\sum_{j=1}^{n} S_{nj}^{(1)} u_j) S_{n1}^{(1)} & \cdots & f_n (\sum_{j=1}^{n} S_{nj}^{(1)} u_j) S_{ni}^{(1)} & \cdots & f_n (\sum_{j=1}^{n} S_{nj}^{(1)} u_j) S_{nn}^{(1)} \end{bmatrix}$$

$$\boldsymbol{K}_{14} = -\frac{1}{2}\begin{bmatrix} f_1(u_n-u_1)S_{11}^{(2)} & \cdots & f_1(u_n-u_1)S_{1i}^{(2)} & \cdots & f_1(u_n-u_1)S_{1n}^{(2)} \\ \vdots & & \vdots & & \vdots \\ f_i(u_n-u_i)S_{i1}^{(2)} & \cdots & f_i(u_n-u_i)S_{ii}^{(2)} & \cdots & f_i(u_n-u_i)S_{in}^{(2)} \\ \vdots & & \vdots & & \vdots \\ 0 & \cdots & 0 & \cdots & 0 \end{bmatrix}$$

$$\boldsymbol{K}_{15} = \frac{1}{2}\begin{bmatrix} f_1 u_1 \sum_{k=1}^{n} S_{1k}^{(2)} u_k & \cdots & 0 & \cdots & 0 \\ \vdots & & \vdots & & \vdots \\ 0 & \cdots & f_i u_i \sum_{k=1}^{n} S_{1k}^{(2)} u_k & \cdots & 0 \\ \vdots & & \vdots & & \vdots \\ 0 & \cdots & 0 & \cdots & f_n u_n \sum_{k=1}^{n} S_{1k}^{(2)} u_k \end{bmatrix}$$

$$\boldsymbol{K}_{16} = Jh\begin{bmatrix} \sum_{k=1}^{n}(\sum_{j=1}^{n}S_{kj}^{(2)}u_j\sum_{j=1}^{n}S_{kj}^{(2)}\dot{u}_j)S_{11}^{(2)} & \cdots & \sum_{k=1}^{n}(\sum_{j=1}^{n}S_{kj}^{(2)}u_j\sum_{j=1}^{n}S_{kj}^{(2)}\dot{u}_j)S_{1i}^{(2)} & \cdots & \sum_{k=1}^{n}(\sum_{j=1}^{n}S_{kj}^{(2)}u_j\sum_{j=1}^{n}S_{kj}^{(2)}\dot{u}_j)S_{1n}^{(2)} \\ \vdots & & \vdots & & \vdots \\ \sum_{k=i}^{n}(\sum_{j=1}^{n}S_{kj}^{(2)}u_j\sum_{j=1}^{n}S_{kj}^{(2)}\dot{u}_j)S_{i1}^{(2)} & \cdots & \sum_{k=i}^{n}(\sum_{j=1}^{n}S_{kj}^{(2)}u_j\sum_{j=1}^{n}S_{kj}^{(2)}\dot{u}_j)S_{ii}^{(2)} & \cdots & \sum_{k=i}^{n}(\sum_{j=1}^{n}S_{kj}^{(2)}u_j\sum_{j=1}^{n}S_{kj}^{(2)}\dot{u}_j)S_{in}^{(2)} \\ \vdots & & \vdots & & \vdots \\ \sum_{k=n}^{n}(\sum_{j=1}^{n}S_{kj}^{(2)}u_j\sum_{j=1}^{n}S_{kj}^{(2)}\dot{u}_j)S_{n1}^{(2)} & \cdots & \sum_{k=n}^{n}(\sum_{j=1}^{n}S_{kj}^{(2)}u_j\sum_{j=1}^{n}S_{kj}^{(2)}\dot{u}_j)S_{ni}^{(2)} & \cdots & \sum_{k=n}^{n}(\sum_{j=1}^{n}S_{kj}^{(2)}u_j\sum_{j=1}^{n}S_{kj}^{(2)}\dot{u}_j)S_{nn}^{(2)} \end{bmatrix}$$

$$\boldsymbol{K}_{17} = Jh\begin{bmatrix} \sum_{k=1}^{n}S_{1k}^{(2)}u_k\sum_{k=1}^{n}(S_{k1}^{(2)}\sum_{j=1}^{n}S_{kj}^{(2)}\dot{u}_j) & \cdots & \sum_{k=1}^{n}S_{1k}^{(2)}u_k\sum_{k=1}^{n}(S_{ki}^{(2)}\sum_{j=1}^{n}S_{kj}^{(2)}\dot{u}_j) & \cdots & \sum_{k=1}^{n}S_{1k}^{(2)}u_k\sum_{k=1}^{n}(S_{kn}^{(2)}\sum_{j=1}^{n}S_{kj}^{(2)}\dot{u}_j) \\ \vdots & & \vdots & & \vdots \\ \sum_{k=1}^{n}S_{ik}^{(2)}u_k\sum_{k=i}^{n}(S_{k1}^{(2)}\sum_{j=1}^{n}S_{kj}^{(2)}\dot{u}_j) & \cdots & \sum_{k=1}^{n}S_{ik}^{(2)}u_k\sum_{k=i}^{n}(S_{ki}^{(2)}\sum_{j=1}^{n}S_{kj}^{(2)}\dot{u}_j) & \cdots & \sum_{k=1}^{n}S_{ik}^{(2)}u_k\sum_{k=i}^{n}(S_{kn}^{(2)}\sum_{j=1}^{n}S_{kj}^{(2)}\dot{u}_j) \\ \vdots & & \vdots & & \vdots \\ \sum_{k=1}^{n}S_{nk}^{(2)}u_k\sum_{k=n}^{n}(S_{k1}^{(2)}\sum_{j=1}^{n}S_{kj}^{(2)}\dot{u}_j) & \cdots & \sum_{k=1}^{n}S_{nk}^{(2)}u_k\sum_{k=n}^{n}(S_{ki}^{(2)}\sum_{j=1}^{n}S_{kj}^{(2)}\dot{u}_j) & \cdots & \sum_{k=1}^{n}S_{nk}^{(2)}u_k\sum_{k=n}^{n}(S_{kn}^{(2)}\sum_{j=1}^{n}S_{kj}^{(2)}\dot{u}_j) \end{bmatrix}$$

$$\Delta\boldsymbol{F}_1 = \{\Delta f_1,\ \cdots,\ \Delta f_i,\ \cdots,\ \Delta f_n\}^{\mathrm{T}}$$

$$\Delta\boldsymbol{F}_2 = \left\{\Delta f_1\left(\sum_{j=1}^{n}S_{1j}^{(1)}u_j\right)^2,\cdots,\Delta f_i\left(\sum_{j=1}^{n}S_{ij}^{(1)}u_j\right)^2,\cdots,\Delta f_n\left(\sum_{j=1}^{n}S_{nj}^{(1)}u_j\right)^2\right\}^{\mathrm{T}}$$

$$\Delta\boldsymbol{F}_3 = \left\{\Delta f_1\left(\sum_{j=1}^{n}S_{1j}^{(2)}u_j\right)\sum_{k=1}^{n}\left(\sum_{j=1}^{n}S_{kj}^{(1)}u_j\right)^2,\cdots,\Delta f_i\left(\sum_{j=1}^{n}S_{ij}^{(2)}u_j\right)\sum_{k=i}^{n}\left(\sum_{j=1}^{n}S_{kj}^{(1)}u_j\right)^2,\cdots,\right.$$
$$\left.\Delta f_n\left(\sum_{j=1}^{n}S_{nj}^{(2)}u_j\right)\sum_{k=n}^{n}\left(\sum_{j=1}^{n}S_{kj}^{(1)}u_j\right)^2\right\}^{\mathrm{T}}$$

第3章 计入风重耦合效应高耸结构
顺风向随机风振响应

第2章重点讨论了计入风重耦合效应高耸结构大变形振动方程,计算了超高层结构风振时程曲线,给出了重力耦合效应的直观变化。风荷载是随机荷载,结构响应也是随机变量,因此,必须用随机振动方法来分析风重耦合的问题。柔性结构在较大风力的作用下,整体往往会发生较大的变形,结构呈现几何非线性变形特点,在重力作用下产生 P-Δ 效应,结构的动力效应取决于变形的大小。本章将进一步分析结构在产生大变形情况下的风重耦合效应对结构响应的影响。

3.1 风重耦合效应下结构随机响应解

要取得非线性方程的随机响应解,必须先将非线性方程进行线性化处理,再在此基础上计算出传递函数,之后按线性振动给出响应值。下面先回顾一下非线性微分方程理论发展的历史。

3.1.1 非线性方程求解的方法

方程(2.2.11)是一个复杂的非线性微分方程。非线性振动的研究方法有很多,其中一种是摄动法。摄动法的基本思想是1830年Poisson S.研究天体运动时提出的;1882年,摄动法中的久期项难题由Lindstedt A.解决[1];1892年,Poincaré H.建立摄动法完整的数学理论[2];1918年,Duffing G.研究硬弹簧受迫振动时采用了谐波平衡和迭代方法[3];1926年,Van der Pol B.研究电子管非线性振荡时提出平均法思想[4];Krylov N. M.、Bogoliubov N. N.[5]、Mitropolski Y. A.[6]发展了KBM法(也称为渐近法)。近年来我国学者也在这方面做了不少工作[7-10]。

对于弱非线性系统,除了上述方法外,还有等效线性法。由于弱非线性振动不存在分岔、跳跃等非线性本质现象，因而等效线性法是简易、有效的方法[11]。1970 年，Lutes L. D. 提出等效线性法[12]，用有稳态解的非线性方程来等效模拟白噪声激励的系统，通过让两者之差的均方值最小，求得随机方程的解。其后，Caughey T. K.[13]、朱位秋[14,15]、Cai G. Q.[16]等做了相关的工作。

等效线性法的基本思路是将非线性振动体系近似地用等效线性振动体系代替，然后按线性方程求解。把系统一个周期内的运动近似地看作简谐运动，等效线性体系的刚度系数和阻尼系数，可以根据振动一个周期内所消耗的能量相等及恢复力虚功相等这些条件求得。

本章的基本思路是将方程(2.2.11)按线性方程进行振型分解，求得与振幅相关的振型和频率，得到每一阶非线性振动方程，再将这些方程等效线性化后，按照随机振动理论，求出振动响应值。

3.1.2　方程的分解

方程(2.2.11)的位移解可以分为两个部分，一个是平均风荷载引起的位移 $\bar{u}$，另一个是由脉动风荷载产生的位移 $\tilde{u}$，考虑到 $\bar{u}$ 不随时间变化，因此，对于时间的导数为零，设 $u = \bar{u} + \tilde{u}$，代入方程(2.2.11)后得到以下两个方程：

$$k_b \frac{\partial^4 \bar{u}}{\partial s^4} - k_b \frac{\partial^2 \bar{u}}{\partial s^2} \int_s^H \frac{\partial^2 \bar{u}}{\partial s^2} \frac{\partial^3 \bar{u}}{\partial s^3} ds - mg \frac{\partial \bar{u}}{\partial s} + mg(H-s) \frac{\partial^2 \bar{u}}{\partial s^2} - \frac{mg}{2} \frac{\partial^2 \bar{u}}{\partial s^2} \int_s^H \left(\frac{\partial \bar{u}}{\partial s} \right)^2 ds + \bar{f} \left(\frac{\partial \bar{u}}{\partial s} \right)^2$$

$$- \bar{f} \frac{\partial^2 \bar{u}}{\partial s^2} [\bar{u}(H) - \bar{u}(s)] = \bar{f} \tag{3.1.1}$$

$$m \frac{\partial^2 \tilde{u}}{\partial t^2} - J \frac{\partial \tilde{u}}{\partial s^2 \partial t}^4 + k_b \frac{\partial^4 \tilde{u}}{\partial s^4} - mg \frac{\partial \tilde{u}}{\partial s} + mg(H-s) \frac{\partial^2 \tilde{u}}{\partial s^2} + \frac{m}{2} \frac{\partial \bar{u}}{\partial s} \frac{\partial^2 \tilde{u}}{\partial s \partial t} \frac{\partial \tilde{u}}{\partial t} + \frac{m}{2} \frac{\partial \tilde{u}}{\partial s} \frac{\partial^2 \tilde{u}}{\partial s \partial t} \frac{\partial \tilde{u}}{\partial t}$$

$$\frac{m}{2} \frac{\partial^2 \bar{u}}{\partial s^2} \int_s^H \left(\frac{\partial \tilde{u}}{\partial s} \frac{\partial^2 \tilde{u}}{\partial t^2} - \frac{\partial^2 \tilde{u}}{\partial s \partial t} \frac{\partial \tilde{u}}{\partial t} \right) ds + \frac{m}{2} \frac{\partial^2 \tilde{u}}{\partial s^2} \int_s^H \frac{\partial \bar{u}}{\partial s} \frac{\partial^2 \tilde{u}}{\partial t^2} ds + \frac{m}{2} \frac{\partial^2 \tilde{u}}{\partial s^2} \int_s^H \left(\frac{\partial \bar{u}}{\partial s} \frac{\partial^2 \tilde{u}}{\partial t^2} \right) ds$$

$$+ \frac{m}{2} \frac{\partial^2 \tilde{u}}{\partial s^2} \int_s^H \left(\frac{\partial \tilde{u}}{\partial s} \frac{\partial^2 \tilde{u}}{\partial t^2} - \frac{\partial^2 \tilde{u}}{\partial s \partial t} \frac{\partial \tilde{u}}{\partial t} \right) ds + J \frac{\partial^2 \bar{u}}{\partial s^2} \int_s^H \frac{\partial^2 \bar{u}}{\partial s^2} \frac{\partial \tilde{u}}{\partial s^2 \partial t}^3 ds + J \frac{\partial^2 \bar{u}}{\partial s^2} \int_s^H \frac{\partial^2 \tilde{u}}{\partial s^2} \frac{\partial \tilde{u}}{\partial s^2 \partial t}^3 ds$$

$$+ J \frac{\partial^2 \tilde{u}}{\partial s^2} \int_s^H \frac{\partial^2 \bar{u}}{\partial s^2} \frac{\partial \tilde{u}}{\partial s^2 \partial t}^3 ds + J \frac{\partial^2 \tilde{u}}{\partial s^2} \int_s^H \frac{\partial^2 \tilde{u}}{\partial s^2} \frac{\partial \tilde{u}}{\partial s^2 \partial t}^3 ds - k_b \frac{\partial^2 \bar{u}}{\partial s^2} \int_s^H \frac{\partial^2 \bar{u}}{\partial s^2} \frac{\partial^3 \tilde{u}}{\partial s^3} ds - k_b \frac{\partial^2 \bar{u}}{\partial s^2}$$

$$\times \int_s^H \frac{\partial^2 \tilde{u}}{\partial s^2} \frac{\partial^3 \tilde{u}}{\partial s^3} ds - k_b \frac{\partial^2 \tilde{u}}{\partial s^2} \int_s^H \frac{\partial^2 \bar{u}}{\partial s^2} \frac{\partial^3 \tilde{u}}{\partial s^3} ds - k_b \frac{\partial^2 \tilde{u}}{\partial s^2} \int_s^H \frac{\partial^2 \tilde{u}}{\partial s^2} \frac{\partial^3 \bar{u}}{\partial s^3} ds - k_b \frac{\partial^2 \tilde{u}}{\partial s^2} \int_s^H \frac{\partial^2 \bar{u}}{\partial s^2} \frac{\partial^3 \bar{u}}{\partial s^3} ds$$

$$- k_b \frac{\partial^2 \tilde{u}}{\partial s^2} - mg \frac{\partial^2 \bar{u}}{\partial s^2} \int_s^H \frac{\partial \bar{u}}{\partial s} \frac{\partial \tilde{u}}{\partial s} ds - \frac{mg}{2} \frac{\partial^2 \bar{u}}{\partial s^2} \int_s^H \frac{\partial \tilde{u}}{\partial s} \frac{\partial \bar{u}}{\partial s} ds - mg \frac{\partial^2 \tilde{u}}{\partial s^2} \int_s^H \frac{\partial \bar{u}}{\partial s} \frac{\partial \tilde{u}}{\partial s} ds$$

$$- \frac{mg}{2} \frac{\partial^2 \tilde{u}}{\partial s^2} \int_s^H \frac{\partial \bar{u}}{\partial s} \frac{\partial \bar{u}}{\partial s} ds - mg \frac{\partial^2 \tilde{u}}{\partial s^2} \int_s^H \frac{\partial \bar{u}}{\partial s} \frac{\partial \bar{u}}{\partial s} ds - \frac{mg}{2} \frac{\partial^2 \tilde{u}}{\partial s^2} \int_s^H \left(\frac{\partial \tilde{u}}{\partial s} \right)^2 ds + \bar{f} \left(\frac{\partial \tilde{u}}{\partial s} \right)^2$$

$$+ 2\bar{f}\frac{\partial \bar{u}}{\partial s}\frac{\partial \tilde{u}}{\partial s} + \tilde{f}\left(\frac{\partial \bar{u}}{\partial s}\right)^2 + 2\tilde{f}\frac{\partial \bar{u}}{\partial s}\frac{\partial \tilde{u}}{\partial s} + \tilde{f}\left(\frac{\partial \tilde{u}}{\partial s}\right)^2 - \bar{f}\frac{\partial^2 \tilde{u}}{\partial s^2}\int_s^H \frac{\partial \bar{u}}{\partial s}ds - \bar{f}\frac{\partial^2 \tilde{u}}{\partial s^2}\int_s^H \frac{\partial \bar{u}}{\partial s}ds$$

$$- \bar{f}\frac{\partial^2 \tilde{u}}{\partial s^2}\int_s^H \frac{\partial \tilde{u}}{\partial s}ds - \tilde{f}\frac{\partial^2 \bar{u}}{\partial s^2}\int_s^H \frac{\partial \bar{u}}{\partial s}ds - \tilde{f}\frac{\partial^2 \bar{u}}{\partial s^2}\int_s^H \frac{\partial \tilde{u}}{\partial s}ds - \tilde{f}\frac{\partial^2 \tilde{u}}{\partial s^2}\int_s^H \frac{\partial \bar{u}}{\partial s}ds - \tilde{f}\frac{\partial^2 \tilde{u}}{\partial s^2}\int_s^H \frac{\partial \tilde{u}}{\partial s}ds$$

$$= \tilde{f} \tag{3.1.2}$$

上述两个方程为非线性方程，其中方程(3.1.1)为平均风作用下的方程，与时间无关，可用 Newton-Raphson 方法求解，MATLAB 中有可直接使用的函数。方程(3.1.2)为脉动风作用下的结构动力方程，是一个复杂的非线性偏微分方程，而且不少系数与平均风作用下的结构位移相关。下面进一步对方程(3.1.2)进行处理。

3.1.3 脉动动力方程解耦

由于高耸结构设计时对结构整体刚度有一定的要求，在风荷载作用下结构在破坏前一般不会发生巨大的弯曲变形，因此，可以认为式(3.1.2)为弱非线性方程，其对应于线性方程(3.1.3)，即

$$m\frac{\partial^2 \tilde{u}}{\partial t^2} - J\frac{\partial \tilde{u}^4}{\partial s^2 \partial t^2} + k_b\frac{\partial^4 \tilde{u}}{\partial s^4} - mg\frac{\partial \tilde{u}}{\partial s} + mg(H-s)\frac{\partial^2 \tilde{u}}{\partial s^2} = \tilde{f} \tag{3.1.3}$$

假设方程(3.1.3)的第 i 阶频率为 ω_i，振型为 $\varphi_i(s)$，其方程的解可以写为

$$\tilde{u} = \sum_{i=1}^{\infty} \varphi_i(s)\,\tilde{q}(t) \tag{3.1.4}$$

将式(3.1.4)代入式(3.1.2)，左乘 $\varphi_j(s)$ 并沿全长进行积分，可得

$$M_j^* \ddot{q}_j + K_j^* q_j + \frac{m}{2}\int_0^H \varphi_j(\bar{u}'\sum_{i=1}^{\infty}\varphi_i'\,\dot{\tilde{q}}_i\sum_{i=1}^{\infty}\varphi_i\,\dot{\tilde{q}}_i)ds + \frac{m}{2}\int_0^H \varphi_j(\sum_{i=1}^{\infty}\varphi_i'\tilde{q}_i\sum_{i=1}^{\infty}\varphi_i'\,\dot{\tilde{q}}_i\sum_{i=1}^{\infty}\varphi_i\,\dot{\tilde{q}}_i)ds$$

$$+ \frac{m}{2}\int_0^H \left[\varphi_j\bar{u}''\int_s^H(\bar{u}'\sum_{i=1}^{\infty}\varphi_i\,\ddot{\tilde{q}}_i)ds\right]ds + \frac{m}{2}\int_0^H \left[\sum_{i=1}^{\infty}\varphi_i''\,\tilde{q}_i\int_s^H(\bar{u}'\sum_{i=1}^{\infty}\varphi_i\,\ddot{\tilde{q}}_i)ds\right]ds$$

$$+ \frac{m}{2}\int_0^H \left[\varphi_j\bar{u}''\int_s^H(\sum_{i=1}^{\infty}\varphi_i'\,\tilde{q}_i\sum_{i=1}^{\infty}\varphi_i\,\ddot{\tilde{q}}_i - \sum_{i=1}^{\infty}\varphi_i'\,\dot{\tilde{q}}_i\sum_{i=1}^{\infty}\varphi_i\,\dot{\tilde{q}}_i)ds\right]ds$$

$$+ \frac{m}{2}\int_0^H \left[\varphi_j\sum_{i=1}^{\infty}\varphi_i''\,\tilde{q}_i\int_s^H(\sum_{i=1}^{\infty}\varphi_i'\,\tilde{q}_i\sum_{i=1}^{\infty}\varphi_i\,\ddot{\tilde{q}}_i - \sum_{i=1}^{\infty}\varphi_i'\,\dot{\tilde{q}}_i\sum_{i=1}^{\infty}\varphi_i\,\dot{\tilde{q}}_i)ds\right]ds$$

$$+ J\int_0^H \left[\varphi_j\bar{u}''\int_s^H(\bar{u}''\sum_{i=1}^{\infty}\varphi_i''\,\ddot{\tilde{q}}_i)ds\right]ds$$

$$+ J\int_0^H \left[\varphi_j\bar{u}''\int_s^H(\sum_{i=1}^{\infty}\varphi_i''\tilde{q}_i\sum_{i=1}^{\infty}\varphi_i''\,\dot{\tilde{q}}_i)ds\right]ds + J\int_0^H \left[\varphi_j\sum_{i=1}^{\infty}\varphi_i''\,\tilde{q}_i\int_s^H(\bar{u}''\sum_{i=1}^{\infty}\varphi_i''\,\dot{\tilde{q}}_i)ds\right]ds$$

$$+ J\int_0^H \left[\varphi_j\sum_{i=1}^{\infty}\varphi_i''\tilde{q}_i\int_s^H(\sum_{i=1}^{\infty}\varphi_i''\,\tilde{q}_i\sum_{i=1}^{\infty}\varphi_i''\,\dot{\tilde{q}}_i)ds\right]ds - k_b\int_0^H \left[\varphi_j\bar{u}''\int_s^H(\bar{u}''\sum_{i=1}^{\infty}\varphi_i'''\,\tilde{q}_i)ds\right]ds$$

$$- k_b\int_0^H \left[\varphi_j\bar{u}''\int_s^H(\sum_{i=1}^{\infty}\varphi_i''\,\tilde{q}_i\sum_{i=1}^{\infty}\varphi_i'''\,\tilde{q}_i)ds\right]ds - k_b\int_0^H \left[\varphi_j\sum_{i=1}^{\infty}\varphi_i''\,\tilde{q}_i\int_s^H(\bar{u}''\sum_{i=1}^{\infty}\varphi_i'''\,\tilde{q}_i)ds\right]ds$$

$$- k_b \int_0^H \left[\varphi_j \sum_{i=1}^\infty \varphi_i'' \tilde{q}_i \int_s^H (\bar{u}''' \sum_{i=1}^\infty \varphi_i'' \tilde{q}_i) ds \right] ds - k_b \int_0^H \left[\varphi_j \sum_{i=1}^\infty \varphi_i'' q_i \int_s^H (\bar{u}''' \bar{u}'') ds \right] ds$$

$$- k_b \int_0^H \left[\varphi_j \bar{u}'' \int_s^H (\bar{u}''' \sum_{i=1}^\infty \varphi_i'' \tilde{q}_i) ds \right] ds - k_b \int_0^H \left[\varphi_j \sum_{i=1}^\infty \varphi_i'' \tilde{q}_i \int_s^H (\sum_{i=1}^\infty \varphi_i'' \tilde{q}_i \sum_{i=1}^\infty \varphi_i''' \tilde{q}_i) ds \right] ds$$

$$- \frac{mg}{2} \int_0^H \left[\varphi_j \bar{u}'' \int_s^H (\sum_{i=1}^\infty \varphi_i' \tilde{q}_i)^2 ds \right] ds - mg \int_0^H \left[\varphi_j \bar{u}'' \int_s^H \bar{u}' \sum_{i=1}^\infty \varphi_i' \tilde{q}_i ds \right] ds - \frac{mg}{2}$$

$$\times \int_0^H \left[\varphi_j \sum_{i=1}^\infty \varphi_i'' \tilde{q}_i \int_s^H \bar{u}'^2 ds \right] ds - mg \int_0^H \left[\varphi_j \sum_{i=1}^\infty \varphi_i'' \tilde{q}_i \int_s^H \bar{u}' \sum_{i=1}^\infty \varphi_i' \tilde{q}_i ds \right] ds - \frac{mg}{2}$$

$$\times \int_0^H \left[\varphi_j \sum_{i=1}^\infty \varphi_i'' \tilde{q}_i \int_s^H (\sum_{i=1}^\infty \varphi_i' \tilde{q}_i)^2 ds \right] ds + \int_0^H \varphi_j \bar{f} (\sum_{i=1}^\infty \varphi_i' \tilde{q}_i)^2 ds + 2 \int_0^H \varphi_j \bar{f} \bar{u}' \sum_{i=1}^\infty \varphi_i' \tilde{q}_i ds$$

$$+ \int_0^H \varphi_j \tilde{f} \bar{u}'^2 ds + 2 \int_0^H \varphi_j \tilde{f} \bar{u}' \sum_{i=1}^\infty \varphi_i' \tilde{q}_i ds + \int_0^H \varphi_j \tilde{f} (\sum_{i=1}^\infty \varphi_i' \tilde{q}_i)^2 ds$$

$$- \int_0^H \left[\varphi_j \bar{f} \sum_{i=1}^\infty \varphi_i'' \tilde{q}_i \int_s^H (\sum_{i=1}^\infty \varphi_i' \tilde{q}_i) ds \right] ds - \int_0^H \left[\varphi_j \bar{f} \sum_{i=1}^\infty \varphi_i'' \tilde{q}_i \int_s^H \bar{u}' ds \right] ds$$

$$- \int_0^H \left[\varphi_j \bar{f} \bar{u}'' \int_s^H (\sum_{i=1}^\infty \varphi_i' \tilde{q}_i) ds \right] ds - \int_0^H \left[\varphi_j \tilde{f} \bar{u}'' \int_s^H \bar{u}' ds \right] ds - \int_0^H \left[\varphi_j \tilde{f} \sum_{i=1}^\infty \varphi_i'' \tilde{q}_i \int_s^H \bar{u}' ds \right] ds$$

$$- \int_0^H \left[\varphi_j \tilde{f} \bar{u}'' \int_s^H (\sum_{i=1}^\infty \varphi_i' \tilde{q}_i) ds \right] ds - \int_0^H \left[\varphi_j \tilde{f} \sum_{i=1}^\infty \varphi_i'' \tilde{q}_i \int_s^H (\sum_{i=1}^\infty \varphi_i' \tilde{q}_i) ds \right] ds = \tilde{f}_j^* \quad (3.1.5)$$

式中，M_j^* 为 j 阶广义质量，$M_j^* = m \int_0^H \varphi_j^2 ds$；$K_j^*$ 为 j 阶广义刚度，$K_j^* = k_b \int_0^H \varphi_j \varphi_j^{(4)} ds -$

$mg \int_0^H \varphi_j \varphi_j' ds + mg \int_0^H (H-s) \varphi_j \varphi_j'' ds$；$f_j^*$ 为 j 阶广义力，$\tilde{f}_j^* = \int_0^H \varphi_j \tilde{f} ds$。

　　高耸结构由于自身刚度低，一阶频率接近脉动风的卓越周期，一阶振型对结构响应影响较大，而高阶振型影响较小，因此，脉动响应量一阶响应绝对占优，可以仅考虑一阶振型，这样式(3.1.5)进一步简化为

$$M_j^* \ddot{\tilde{q}}_j + K_j^* \tilde{q}_j + \mu_1 \ddot{\tilde{q}}_j + \mu_2 \tilde{q}_1 \ddot{\tilde{q}}_1 + \mu_3 \tilde{q}_1^2 \ddot{\tilde{q}}_1 + \mu_4 \dot{\tilde{q}}_1^2 + \mu_5 \tilde{q}_1 \dot{\tilde{q}}_1^2 + \mu_6 \tilde{q}_1^2 \dot{\tilde{q}}_1 + \mu_7 \tilde{q}_1 \dot{\tilde{q}}_1 + \mu_8 \dot{\tilde{q}}_j - \varepsilon_1 \tilde{q}_j$$

$$- \varepsilon_2 \tilde{q}_1^2 - \varepsilon_3 \tilde{q}_1^3 = \tilde{f}_j^* \quad (3.1.6)$$

式(3.1.6)中各系数分别为

$$\mu_1 = \frac{m}{2} \int_0^H \left(\varphi_j \bar{u}'' \int_s^H \bar{u}' \varphi_1 ds \right) ds$$

$$\mu_2 = \frac{m}{2} \int_0^H \left(\varphi_j \varphi_1'' \int_s^H \bar{u}' \varphi_1 ds \right) ds + \frac{m}{2} \int_0^H \left(\varphi_j \bar{u}'' \int_s^H \varphi_1' \varphi_1 ds \right) ds$$

$$\mu_3 = \frac{m}{2} \int_0^H \left(\varphi_j \varphi_1'' \int_s^H \varphi_1' \varphi_1 ds \right) ds$$

$$\mu_4 = \frac{m}{2} \int_0^H \bar{u}' \varphi_j \varphi_1 \varphi_1' ds - \frac{m}{2} \int_0^H \left(\varphi_j \bar{u}'' \int_s^H \varphi_1 \varphi_1' ds \right) ds$$

$$\mu_5 = \frac{m}{2} \int_0^H \varphi_j \varphi_1 \varphi_1'^2 ds - \frac{m}{2} \int_0^H \left(\varphi_j \varphi_1'' \int_s^H \varphi_1' \varphi_1 ds \right) ds$$

$$\mu_6 = J\int_0^H \left(\varphi_j \varphi_1'' \int_s^H \varphi_1''^2 ds\right) ds$$

$$\mu_7 = J\int_0^H \left(\varphi_j \bar{u}'' \int_s^H \varphi_1''^2 ds\right) ds + J\int_0^H \left(\varphi_j \varphi_1'' \int_s^H \bar{u}'' \varphi_1'' ds\right) ds$$

$$\mu_8 = J\int_0^H \left(\varphi_j \bar{u}'' \int_s^H \bar{u}'' \varphi_1'' ds\right) ds$$

$$\varepsilon_1 = k_b\int_0^H \left(\varphi_j \bar{u}'' \int_s^H \bar{u}'' \varphi_1''' ds\right) ds + k_b\int_0^H \left(\varphi_j \varphi_1'' \int_s^H \bar{u}''' \bar{u}'' ds\right) ds + k_b\int_0^H \left(\varphi_j \bar{u}'' \int_s^H \bar{u}''' \varphi_1'' ds\right) ds$$

$$\quad + mg\int_0^H \left(\varphi_j \bar{u}'' \int_s^H \bar{u}' \varphi_1' ds\right) ds - 2\int_0^H \varphi_j (\bar{f} + \tilde{f}) \bar{u}' \varphi_1' ds + \int_0^H \left[\varphi_j (\bar{f} + \tilde{f}) \varphi_1'' \int_s^H \bar{u}' ds\right] ds$$

$$\quad + \int_0^H \left[\varphi_j (\bar{f} + \tilde{f}) \bar{u}'' \int_s^H \varphi_1' ds\right] ds$$

$$\varepsilon_2 = k_b\int_0^H \left(\varphi_j \bar{u}'' \int_s^H \varphi_1'' \varphi_1''' ds\right) ds + k_b\int_0^H \left(\varphi_j \varphi_1'' \int_s^H \bar{u}'' \varphi_1''' ds\right) ds + k_b\int_0^H \left(\varphi_j \varphi_1'' \int_s^H \bar{u}''' \varphi_1'' ds\right) ds$$

$$\quad + \frac{mg}{2}\int_0^H \left(\varphi_j \bar{u}'' \int_s^H \varphi_1'^2 ds\right) ds + mg\int_0^H \left(\varphi_j \varphi_1'' \int_s^H \bar{u}' \varphi_1' ds\right) ds - \int_0^H \varphi_j (\bar{f} + \tilde{f}) \varphi_1'^2 ds$$

$$\quad + \int_0^H \left[\varphi_j (\bar{f} + \tilde{f}) \varphi_1'' \int_s^H \varphi_1' ds\right] ds$$

$$\varepsilon_3 = k_b\int_0^H \left(\varphi_j \varphi_1'' \int_s^H \varphi_1'' \varphi_1''' ds\right) ds + \frac{mg}{2}\int_0^H \left(\varphi_j \varphi_1'' \int_s^H \varphi_1'^2 ds\right) ds$$

$$\tilde{f}_j^* = \int_0^H \varphi_j \tilde{f} \left(1 + \bar{u}'^2 - \bar{u}'' \int_s^H \bar{u}' ds\right) ds$$

经过上面的处理,已经将偏微分方程转化为以时间为变量的常微分方程,下面将方程进一步简化。

3.1.4　非线性项的取舍

求解方程(3.1.6)仍有一定的复杂性,它不但包含质量项和刚度项,还存在许多高次项和交叉项,需要进行一定的简化。实际上如本书1.3.3节所述,我国规范规定高层建筑剪力墙和筒体结构的重刚比 λ 不能大于0.714,在这样的范围内,方程中的不少系数基本上可以忽略不计。要区分方程(3.1.6)各项值所占的比重大小,可以通过各项力做功来确定,这里利用结构在简谐振动时一个周期内所做的功。设力为 F_i,位移为 s,则一个周期内该力所做的功为

$$W_i = \int_0^S F_i ds = \int_0^T F_i \dot{q}_1 dt \qquad (3.1.7)$$

力项中出现的位移可以假设为

$$q = A\cos\omega_1 t \qquad (3.1.8)$$

式中, A 为幅值,由于是计算第一振型,也就相当于结构顶端位移幅值; ω_1 为第一振型固有圆频率。

这里需要说明的是，式(3.1.7)中位移 q_1 可以采用式(3.1.8)计算同时刻表达式，但为了防止某些项出现零值，也可以将位移 q_1 左移 1/4 周期。通过计算得到各项做功表达式，即

$$W_1 = \pi M_1^* A^2 \omega_1^2 \quad W_2 = \pi K_1^* A^2 \quad W_3 = \pi \mu_1 A^2 \omega^2 \quad W_4 = 0 \quad W_5 = \frac{3\pi}{8} \mu_3 A^4 \omega_1^2$$

$$W_6 = 0 \quad W_7 = 0 \quad W_8 = \frac{\pi}{4} \mu_6 A^4 \omega_1 \quad W_9 = 0 \quad W_{10} = \pi \mu_8 A^2 \omega_1$$

$$W_{11} = \pi \varepsilon_1 A^2 \quad W_{12} = 0 \quad W_{13} = -\frac{3\pi}{4} \varepsilon_3 A$$

由此可以计算不同重刚比条件下各分项做功的数值，表 3.1.1 和表 3.1.2 分别是幅值为 10m 和 30m 时的计算结果。

表 3.1.1　不同结构重刚比下脉动方程各项做功值($A=10$m) 单位：J

λ	0.10	0.20	0.30	0.40	0.50	0.60	0.70
W_1	2.6×10^{10}	1.3×10^{10}	8.3×10^{9}	6.1×10^{9}	4.8×10^{9}	4.0×10^{9}	3.4×10^{9}
W_2	2.6×10^{10}	1.3×10^{10}	8.6×10^{9}	6.5×10^{9}	5.2×10^{9}	4.3×10^{9}	3.7×10^{9}
W_3	2.7×10^{2}	5.5×10^{2}	8.4×10^{2}	1.1×10^{3}	1.4×10^{3}	1.8×10^{3}	2.1×10^{3}
W_4	0	0	0	0	0	0	0
W_5	1.9×10^{6}	9.3×10^{5}	6.1×10^{5}	4.5×10^{5}	3.6×10^{5}	2.9×10^{5}	2.5×10^{5}
W_6	0	0	0	0	0	0	0
W_7	0	0	0	0	0	0	0
W_8	5.1	3.6	2.9	2.5	2.2	2.0	1.9
W_9	0	0	0	0	0	0	0
W_{10}	1.1×10^{-3}	3.2×10^{-3}	6.0×10^{-3}	9.5×10^{-3}	1.4×10^{-2}	1.8×10^{-2}	2.4×10^{-2}
W_{11}	6.5×10^{5}	6.6×10^{5}	6.6×10^{5}	6.6×10^{5}	6.7×10^{5}	6.7×10^{5}	6.8×10^{5}
W_{12}	0	0	0	0	0	0	0
W_{13}	5.1×10^{3}	2.5×10^{3}	1.7×10^{3}	1.2×10^{3}	9.8×10^{2}	8.1×10^{2}	6.9×10^{2}

表 3.1.2　不同结构重刚比下脉动方程各项做功值($A=30$m) 单位：J

λ	0.10	0.20	0.30	0.40	0.50	0.60	0.70
W_1	2.3×10^{11}	1.1×10^{11}	7.5×10^{10}	5.5×10^{10}	4.4×10^{10}	3.6×10^{10}	3.0×10^{10}
W_2	2.3×10^{11}	1.2×10^{11}	7.8×10^{10}	5.8×10^{10}	4.7×10^{10}	3.9×10^{10}	3.2×10^{10}
W_3	2.6×10^{3}	5.0×10^{3}	7.6×10^{3}	1.0×10^{4}	1.3×10^{4}	1.6×10^{4}	1.8×10^{4}

λ	0.10	0.20	0.30	0.40	0.50	0.60	0.70
W_4	0	0	0	0	0	0	0
W_5	1.5×10^8	7.6×10^7	5.0×10^7	3.7×10^7	2.9×10^7	2.4×10^7	2.0×10^7
W_6	0	0	0	0	0	0	0
W_7	0	0	0	0	0	0	0
W_8	413	291	236	203	181	164	151
W_9	0	0	0	0	0	0	0
W_{10}	1.0×10^{-2}	2.9×10^{-2}	5.4×10^{-2}	8.5×10^{-2}	1.2×10^{-1}	1.6×10^{-1}	2.1×10^{-1}
W_{11}	5.9×10^6	5.9×10^6	5.9×10^6	6.0×10^6	6.0×10^6	6.0×10^6	6.1×10^6
W_{12}	0	0	0	0	0	0	0
W_{13}	1.5×10^4	7.6×10^3	5.0×10^3	3.7×10^3	2.9×10^3	2.4×10^3	2.1×10^3

由表 3.1.1 和表 3.1.2 可见，结构在平均风荷载和脉动风荷载作用下，由于规范对高耸结构重刚比的限定，式(3.1.6)有关高阶项在几何非线性情况下差几个数量级，可以忽略不计，但为了保证一定的计算精度，本书保留 μ_1、μ_3、ε_1 三个参数，这样方程(3.1.6)对于第一振型的振动方程可以简化成

$$(M_1^* + \mu_1)\ddot{\tilde{q}}_1 + (K_1^* - \varepsilon_1)\tilde{q}_1 + \mu_3 \tilde{q}_1^2 \ddot{\tilde{q}}_1 = \tilde{f}_1^* \qquad (3.1.9)$$

3.1.5 方程线性化

方程(3.1.9)是非线性方程，利用等效线性法求解方程的基本思路是：体系质量和刚度对应的惯性力和恢复力在一个周期内所消耗的能量相等，并把一个周期内的运动近似作为简谐振动。通过计算可以得到方程(3.1.9)的线性等代方程，即

$$\overline{M}_1^* \ddot{q}_1 + \overline{K}_1^* q_1 = f_1^* \qquad (3.1.10)$$

式中，$\overline{M}_1^* = M_1^* + \mu_1 + \dfrac{3}{4}\mu_3 A^2$；$\overline{K}_1^* = K_1^* - \varepsilon_1 - \dfrac{3}{4}\mu_3 A^2 \omega_1^2$。

由此可以得到一阶圆频率 ω_{g1} 为

$$\omega_{g1} = \sqrt{\frac{K_1^* - \varepsilon_1 - \dfrac{3}{4}\mu_3 A^2 \omega_1^2}{M_1^* + \mu_1 + \dfrac{3}{4}\mu_3 A^2}}$$

$$\approx \omega_1 \left(1 - \frac{1}{2}\frac{\varepsilon_1}{K_1^*} - \frac{1}{2}\frac{\mu_1}{M_1^*} - \frac{3}{4}\frac{\mu_3}{M_1^*}A^2\right) \qquad (3.1.11)$$

式(3.1.11)清楚表明，在重力和结构非线性效应作用下结构基频会减小，而且减小幅

度与平均风荷载作用下的水平位移及脉动风作用下的最大水平位移有关。振幅 A 是随机变量，因此，质量、刚度和频率也是随机变量，统计意义上的等价线性刚度为

$$\overline{K}_1^* = K_1^* - \varepsilon_1 - \frac{3}{4}\mu_3\omega_1^2\int_0^\infty A^2 p(A)\,\mathrm{d}A \tag{3.1.12a}$$

等效质量为

$$\overline{M}_1^* = M_1^* + \mu_1 + \frac{3}{4}\mu_3\int_0^\infty A^2 p(A)\,\mathrm{d}A \tag{3.1.12b}$$

根据随机过程的极值理论，幅值 A 服从 Rayleigh 分布，即

$$p(A) = \frac{A}{\sigma_{ug}^2}\exp\left(-\frac{A^2}{2\sigma_{ug}^2}\right) \tag{3.1.13}$$

式中，σ 的下标 u 表示位移，g 表示考虑重力效应。

将式(3.1.13)代入式(3.1.10)，积分后可以得到

$$\overline{K}_1^* = K_1^* - \varepsilon_1 - \frac{3}{2}\mu_3\omega_1^2\sigma_{u1g}^2 \tag{3.1.14a}$$

$$\overline{M}_1^* = M_1^* + \mu_1 - \frac{3}{2}\mu_3\sigma_{u1g}^2 \tag{3.1.14b}$$

同样可以得到等效线性结构基频为

$$\omega_{g1} \approx \omega_1\left[1 - \frac{1}{2}\frac{\varepsilon_1}{K_1^*} - \frac{1}{2}\frac{\mu_1}{M_1^*} - \frac{3}{2}\mu_3\frac{\sigma_{u1g}^2}{M_1^*}\right] \tag{3.1.15}$$

式(3.1.14)和式(3.1.15)均与位移的均方差有关，下面求解位移响应。

3.1.6　结构风振响应

实际工程中结构设计要考虑其阻尼，方程(3.1.9)可以进一步写为

$$\overline{M}_1^*\ddot{\tilde{q}}_1 + C\dot{\tilde{q}}_1 + \overline{K}_1^*\tilde{q}_1 = f_1^* \tag{3.1.16}$$

求解式(3.1.16)的关键是求出方程的传递函数 H_{1g}，而方程中的刚度与振幅相关，设 $\tilde{q}_1(t) = |H_{1g}|\mathrm{e}^{i\omega t}$，代入方程可以得到

$$-\left(1 + \frac{\mu_1}{M_1^*} + \frac{3}{4}\frac{\mu_3}{M_1^*}|H_{1g}|^2\right)\omega^2 H_{1g}\mathrm{e}^{i\omega t} + 2\xi_1\omega_1\omega i H_{1g}\mathrm{e}^{i\omega t} + \left[\omega_1^2 - \frac{\varepsilon_1}{M_1^*} - \frac{3\mu_3\omega_1^2}{4M_1^*}|H_{1g}|^2\right]\times H_{1g}\mathrm{e}^{i\omega t}$$
$$= \mathrm{e}^{i\omega t}$$

简化得

$$c^2|H_{1g}|^6 - 2ac|H_{1g}|^4 + (a^2 + b^2)|H_{1g}|^2 - 1 = 0 \tag{3.1.17}$$

式中，$a = \omega_1^2 - \dfrac{\varepsilon_1}{M_1^*} - \left(1 + \dfrac{\mu_1}{M_1^*}\right)\omega^2$；$b = 2\xi_1\omega_1\omega$；$c = \dfrac{3}{4}\dfrac{\mu_3}{M_1^*}(\omega^2 + \omega_1^2)$。

求解上述方程可得到传递函数，于是可以得到第一振型的位移解，即

$$q_1 = \int_0^\infty |H_{1g}|^2 S_{f_1^*}(\omega)\,\mathrm{d}\omega \tag{3.1.18}$$

获得第一振型的解以后，可以通过式(3.1.19)方便地获得其他振型的解。

$$M_j^* \ddot{\tilde{q}}_j + C \dot{\tilde{q}} + K_j^* \tilde{q}_j = \tilde{f}_j^* - \mu_1 \ddot{\tilde{q}}_1 - \mu_3 \tilde{q}_1^2 \ddot{\tilde{q}}_1 + \varepsilon_1 \tilde{q}_1 \qquad (3.1.19)$$

从方程(3.1.19)可知，风重耦合效应对高阶固有频率几乎没有影响，但对广义位移有影响。求解方程(3.1.19)需要求得右侧项的功率谱密度函数。根据随机振动理论，力项、位移项、速度项的交叉项很小，可以忽略[5]，因此，功率谱密度函数可以表示为

$$S_{Fj} = S_{fj} + (\varepsilon_1^2 + \mu_1^2)\omega^4 S_{q1}(\omega) , \ j = 2,3,4,\cdots \qquad (3.1.20)$$

于是可以求得结构响应方差为

$$\sigma_{ug} = \sqrt{\int_0^\infty \sum_{j=1}^n |H_j(i\omega)|^2 S_{Fj}(\omega)\,\mathrm{d}\omega} \qquad (3.1.21)$$

由于结构高阶响应所占的比例很小，利用式(3.1.16)求得的一阶结构响应可以满足工程精度要求。

3.2 结构参数对顺风向风重耦合效应的影响

利用上一节得到的风重耦合的计算方法，可以计算分析风重耦合效应的影响因素。本节内容包括四个部分：风重耦合效应引起平均风作用下结构响应变化、固有频率的变化、脉动风作用下结构响应变化和几何非线性影响程度。

3.2.1 相关分析参数

为了有效说明风重耦合效应对计算产生的影响，本书采用风重耦合效应变化系数表示，其表达式(式中 W 为物理量，可以是频率、风振系数、弯矩、位移等)为

$$\zeta = \frac{W_g - W_0}{W_0} \qquad (3.2.1)$$

式中，W_g 表示考虑重力效应的物理量；W_0 为不考虑重力效应时的物理量。

ζ 是衡量风重耦合效应大小的一个十分重要的系数，后面几章都会用到这个系数。风重耦合效应变化系数若为正，则表示考虑风重耦合效应计算的结果要大于传统的计算方法；若为负值，则表示情况刚好相反。

在结构设计中还要考虑重刚比，它是反映高层结构特性的一个重要参数，其代表了高耸结构物稳定性，对于上下均匀的结构，可将重刚比定义为结构的总重和高度(H)平方的乘积与弯曲刚度之比，即

$$\lambda = GH^2/K_b \qquad (3.2.2)$$

式中，G 为建筑物的总重；K_b 为结构的弯曲刚度。

这里定义的重刚比是规范定义的刚重比的倒数，之所以这样定义，是因为本书是要探究风重耦合效应的大小，而规范是要确定结构设计限定的条件。从后续计算中也可以看到，重刚比是衡量风重耦合效应更为直观、方便的参数。

3.2.2　平均风作用下位移的变化

在平均风荷载作用下，结构产生静力位移，由于重力产生附加弯矩，结构水平位移会因为弯矩增大而增大，因此，计入风重耦合效应的计算结果会大于原来的计算结果。本算例采用迭代计算方法，可以方便求得数值解。算例以上下均匀的结构为基准进行分析。主要参数如下：建筑物质量刚度上下均匀，平面为正方形，尺寸为 $40\mathrm{m} \times 40\mathrm{m}$，层高为 $3\mathrm{m}$，共 100 层，每层重量为 8000kN，地貌为 B 类地区，地面以上 10m 处平均风速为 20m/s。

计算结果如图 3.2.1 所示，图中虚线表示未计风重耦合效应，实线表示计入风重耦合效应。结果表明，相同的静力荷载，不同结构重刚比条件下，结构的顶部位移不同，考虑风重耦合效应的计算结果要大于未考虑风重耦合效应的计算结果，同时随着重刚比的增加，两者之间的差异逐渐扩大，也就是说，随着结构刚度减弱，重力影响产生的非线性变形会逐步增大。

图 3.2.1 中重刚比 λ 范围较大，可以包括各种细长结构，而如前所述，实际高耸结构重刚比有一定范围，我国规范规定高耸结构剪力墙和筒体结构的重刚比不能大于 0.714，在这个范围内风重耦合效应产生的计算偏差基本上呈线性变化，其值也能达到 10% 的计算差异，因此，在实际工程计算中有必要计入风重耦合效应的影响。

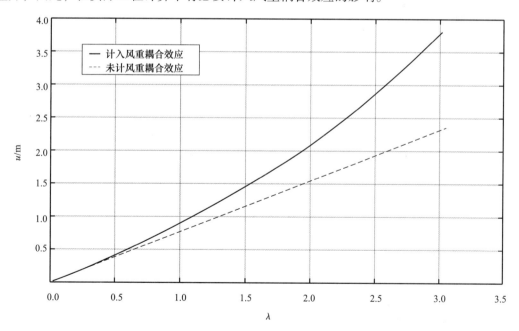

图 3.2.1　不同重刚比下平均风荷载结构产生的顶端位移变化

3.2.3 结构体系基频的变化

结构在风荷载作用下，是否计入重力效应会影响结构的一阶固有圆频率，结构频率的变化与三个因素相关，即平均风荷载产生的位移、脉动风荷载产生的最大位移及结构的重刚比。下面计算这三者对基频的影响，算例以上下均匀的结构为基准分析，算例的条件如3.2.2 节所述。

图 3.2.2 所示是不同重刚比下等效结构基频的变化，图中显示结构的等效结构基频随着重刚比增加逐步下降，但下降的趋势逐渐减缓，这表明重刚比对结构的风重耦合效应有最直接的影响。

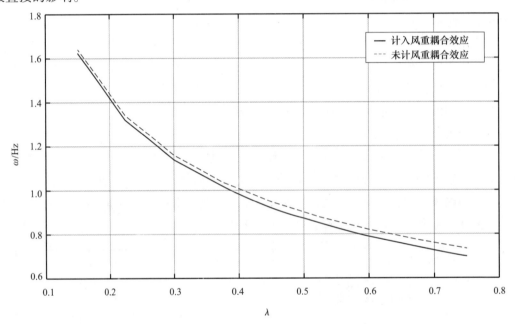

图 3.2.2　不同重刚比下等效结构基频的变化

图 3.2.3 所示是不同重刚比下基频减小系数的变化，基频减小系数的定义详见式（3.2.1)，从图中可以看到，结构的基频随着重刚比增加而增长，因此，重刚比是影响结构风重耦合效应的重要参数。

表 3.2.1 为不同地面粗糙度和重刚比下结构基频减小系数的变化数值。在表 3.2.1 中除了重刚比 λ 外，还增加了与地面粗糙度 α 的对照参数。**由于规范规定当重刚比大于0.37 时必须进行风重耦合效应的计算，而规范还规定结构的重刚比不能大于 0.714，因此，在表 3.2.1 和表 3.2.2 中重刚比 0.35、重刚比 0.70 处画了粗线(后续表中也采用此格式）。** 从表 3.2.1 可以看到，结构基频对地面粗糙度不敏感，这是因为在实际振幅可能发生的范围内，非线性效应对结构基频影响不明显，其实这点从图 3.2.3 基频减小系数线性变化也可以看出，引起结构频率变化的主要因素还是重力线性项引起结构刚度减小。

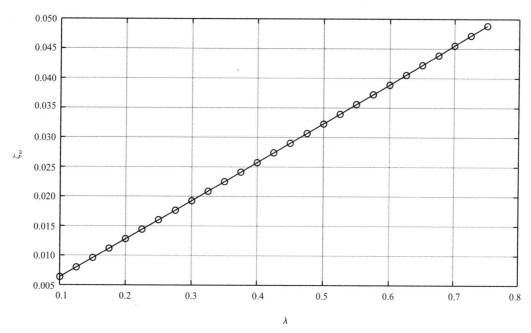

图 3.2.3　不同重刚比下基频减小系数的变化

表 3.2.1　不同地面粗糙度(α)和重刚比下的结构基频减小系数　　　　单位:%

λ	$\alpha = 0.12$	$\alpha = 0.16$	$\alpha = 0.22$	$\alpha = 0.30$
0.10	0.643	0.643	0.643	0.645
0.15	0.969	0.969	0.970	0.972
0.20	1.298	1.298	1.299	1.302
0.25	1.630	1.631	1.632	1.635
0.30	1.966	1.967	1.969	1.972
0.35	2.305	2.306	2.308	2.313
0.40	2.648	2.649	2.651	2.656
0.45	2.994	2.995	2.998	3.004
0.50	3.343	3.345	3.348	3.354
0.55	3.697	3.698	3.702	3.709
0.60	4.054	4.056	4.059	4.067
0.65	4.414	4.416	4.421	4.429
0.70	4.779	4.781	4.786	4.794
0.75	5.147	5.150	5.155	5.164

由于结构的非线性效应，结构在较大变形下的动力特征会不同于较小变形下的动力特征，风荷载的增大会引起结构的非线性特征，表 3.2.2 为离地 10m 处平均风速变化引起基频减小系数的变化，较大的风速可以引起结构较大的变形，由表可以看到随着风速增大，结构的基频减小系数增大，但是增大得并不明显。

表 3.2.2　不同平均风速($\bar{V}$)和重刚比下结构基频减小系数　　　　单位:%

λ	$\bar{V}_{10}=10\text{m/s}$	$\bar{V}_{10}=20\text{m/s}$	$\bar{V}_{10}=30\text{m/s}$	$\bar{V}_{10}=40\text{m/s}$	$\bar{V}_{10}=50\text{m/s}$	$\bar{V}_{10}=60\text{m/s}$
0.10	0.642	0.643	0.644	0.647	0.649	0.652
0.15	0.967	0.969	0.971	0.975	0.978	0.983
0.20	1.296	1.298	1.302	1.306	1.311	1.316
0.25	1.628	1.631	1.635	1.640	1.646	1.653
0.30	1.964	1.967	1.972	1.978	1.985	1.992
0.35	2.303	2.306	2.312	2.319	2.327	2.335
0.40	2.645	2.649	2.656	2.664	2.672	2.680
0.45	2.990	2.995	3.003	3.012	3.021	3.029
0.50	3.340	3.345	3.353	3.363	3.373	3.381
0.55	3.692	3.698	3.708	3.718	3.729	3.736
0.60	4.049	4.056	4.066	4.077	4.088	4.094
0.65	4.409	4.416	4.427	4.440	4.450	4.455
0.70	4.773	4.781	4.793	4.806	4.816	4.819
0.75	5.141	5.150	5.163	5.176	5.186	5.187

3.2.4　结构脉动风响应的变化

前面分析了结构由于风重耦合效应影响到结构固有频率的规律，这部分要进一步分析响应的变化。由式(3.1.1)可以得到平均风作用下的结构响应值，再利用式(3.1.16)求得脉动方程的解。利用没有重力二阶效应的位移解和本章得到的位移解做对比，可以得到位移响应的影响因素，由式(3.1.18)可知，影响位移响应的主要是传递函数，而传递函数与结构的重刚比和阻尼比及平均风荷载产生的位移有关。本部分的计算条件同前面算例，结构阻尼比为 0.01。

图 3.2.4 所示是不同重刚比下的结构响应图，从图 3.2.4(a)~(c)中可以看到，随着重刚比增大，两条曲线逐渐分开，也就是说，风重耦合效应随重刚比增大而增大，而

图 3.2.4(c) 中两条曲线走向并无明显不同。由此得出，风重耦合效应对顶部位移响应、顶部加速度响应和底部弯矩响应影响较大，对底部剪力响应几乎没有影响，因为重力是竖直向下的，对水平剪力不会产生影响。

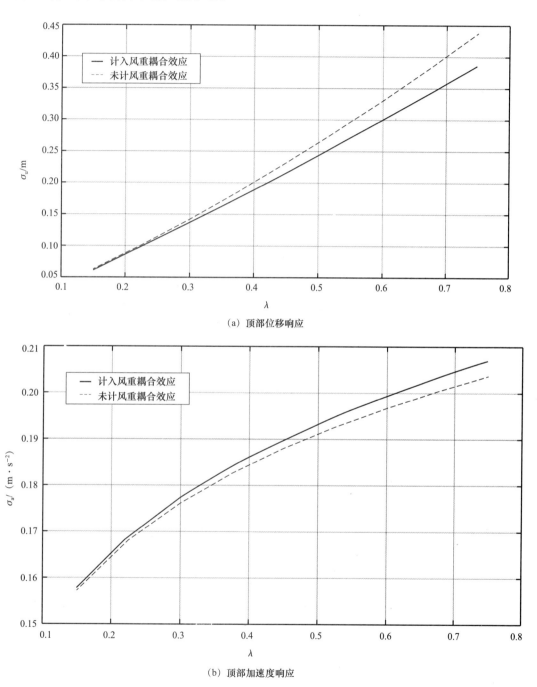

（a）顶部位移响应

（b）顶部加速度响应

图 3.2.4 不同重刚比下结构响应的变化

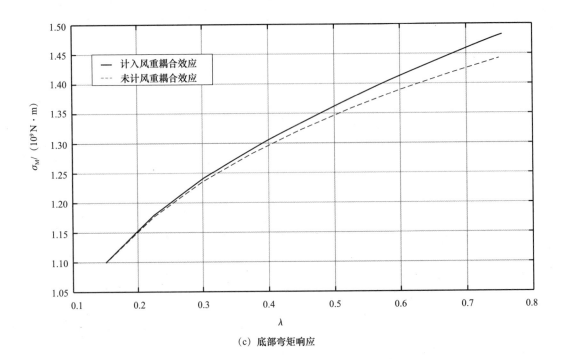

（c）底部弯矩响应

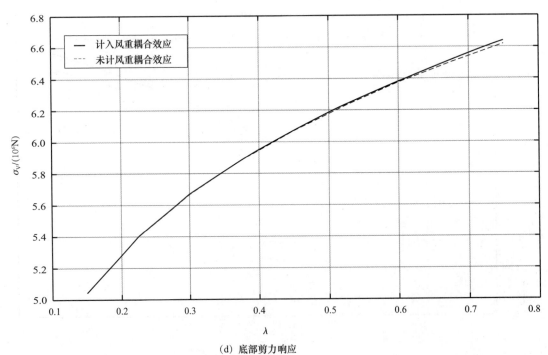

（d）底部剪力响应

图 3.2.4 （续）

图 3.2.5 所示为不同重刚比下结构响应变化系数曲线图，其中四条曲线分别为顶部位移响应变化系数、顶部速度响应变化系数、顶部加速度响应变化系数和底部弯矩响应变化系数。从图中可以看到，总的变化趋势都是随着重刚比增加而增加，四者中风重耦合效应最明显的是顶部位移响应，其次是顶部速度响应，再次是顶部加速度响应和底部弯矩响应。顶部加速度响应变化系数和底部弯矩响应变化系数的大小是随着重刚比的变化而变化的，当重刚比较小时，顶部加速度风重耦合效应大于底部弯矩风重耦合效应，而重刚比较大时情况刚好相反。

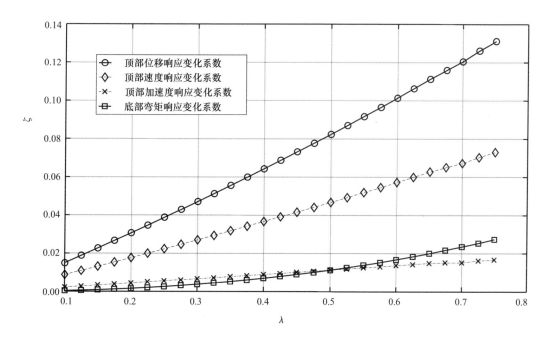

图 3.2.5　不同重刚比下结构响应变化系数

表 3.2.3 除了反映重刚比对风重耦合效应的影响外，还反映了结构阻尼比 ξ 变化对风重耦合效应的影响，结构阻尼对结构的振动起阻碍作用，因此，风重耦合效应增大的位移响应受到固有阻尼的抑制，增大效应减小。从表中也可以看到，随着结构阻尼比的提高，风重耦合效应增大系数减小。但结构重刚比较小时固有阻尼抑制风重耦合效应不明显，当结构重刚比较大时固有阻尼的影响就较大。

表 3.2.4 是结构阻尼比为 0.01 时的结构顶部位移响应增大系数和地面粗糙度之间的关系。从表中可以看到，重刚比不大时，地面粗糙度越大，结构顶部位移响应增大系数越大，而重刚比比较大时位移响应系统会逐渐变化为相反情况。但总的来说，地面粗糙度对结构响应影响不大。

表3.2.3　不同重刚比和结构阻尼比(ξ)下位移响应增大系数　　　单位:%

λ	$\xi=0.01$	$\xi=0.02$	$\xi=0.03$	$\xi=0.04$	$\xi=0.05$
0.10	1.496	1.465	1.445	1.430	1.417
0.15	2.272	2.220	2.191	2.168	2.149
0.20	3.066	2.988	2.949	2.918	2.893
0.25	3.879	3.769	3.718	3.680	3.648
0.30	4.710	4.562	4.499	4.452	4.413
0.35	5.561	5.367	5.291	5.236	5.190
0.40	6.432	6.186	6.095	6.031	5.978
0.45	7.325	7.018	6.911	6.837	6.777
0.50	8.240	7.863	7.738	7.655	7.588
0.55	9.178	8.723	8.579	8.485	8.409
0.60	10.140	9.596	9.431	9.326	9.242
0.65	11.133	10.485	10.296	10.180	10.087
0.70	12.047	11.388	11.175	11.045	10.944
0.75	13.108	12.306	12.066	11.924	11.813

表3.2.4　不同重刚比和地面粗糙度下结构顶部位移响应增大系数　　　单位:%

λ	$\alpha=0.12$	$\alpha=0.16$	$\alpha=0.22$	$\alpha=0.30$
0.10	1.496	1.496	1.498	1.500
0.15	2.272	2.273	2.275	2.279
0.20	3.066	3.068	3.070	3.075
0.25	3.879	3.880	3.884	3.890
0.30	4.710	4.712	4.716	4.724
0.35	5.561	5.564	5.568	5.577
0.40	6.432	6.435	6.441	6.451
0.45	7.325	7.329	7.335	7.347
0.50	8.240	8.244	8.251	8.264

λ	$\alpha = 0.12$	$\alpha = 0.16$	$\alpha = 0.22$	$\alpha = 0.30$
0.55	9.178	9.183	9.191	9.205
0.60	10.140	10.145	10.154	10.169
0.65	11.133	11.139	11.151	11.171
0.70	12.046	12.051	12.062	12.091
0.75	13.102	13.091	13.068	13.028

平均风速也是引起结构风重耦合效应变化的一个重要因素，风速越大，结构水平向变形就越大，非线性效果越显著，风重耦合效应也就越明显。表 3.2.5 仍旧采用前面的条件，结构的阻尼比为 0.01，地面粗糙度为 B 类。从表中可以看出，与前面的规律类似，当重刚比较小时，风重耦合效应变化系数随着平均风速的增大而增大，但当平均风速过大时，风重耦合效应增大系数有所减小；而重刚比较大时，风重耦合效应随着平均风速的增大而减小。产生这种现象的原因是由于平均风荷载产生的位移存在，减小了风重耦合效应。

表 3.2.5 不同重刚比和平均风速下结构顶部位移响应增大系数

λ	$\overline{V}_{10} = 10\text{m/s}$	$\overline{V}_{10} = 20\text{m/s}$	$\overline{V}_{10} = 30\text{m/s}$	$\overline{V}_{10} = 40\text{m/s}$	$\overline{V}_{10} = 50\text{m/s}$	$\overline{V}_{10} = 60\text{m/s}$
0.10	1.483	1.496	1.502	1.505	1.507	1.508
0.15	2.255	2.273	2.279	2.280	2.278	2.273
0.20	3.047	3.068	3.072	3.068	3.060	3.047
0.25	3.858	3.880	3.881	3.871	3.853	3.828
0.30	4.688	4.712	4.708	4.688	4.658	4.617
0.35	5.539	5.564	5.552	5.521	5.475	5.415
0.40	6.412	6.435	6.415	6.370	6.305	6.222
0.45	7.307	7.329	7.298	7.236	7.149	7.040
0.50	8.225	8.244	8.200	8.119	8.007	7.868
0.55	9.167	9.183	9.124	9.021	8.880	8.707
0.60	10.134	10.145	10.069	9.941	9.769	9.559

λ	$\overline{V}_{10}=10\mathrm{m/s}$	$\overline{V}_{10}=20\mathrm{m/s}$	$\overline{V}_{10}=30\mathrm{m/s}$	$\overline{V}_{10}=40\mathrm{m/s}$	$\overline{V}_{10}=50\mathrm{m/s}$	$\overline{V}_{10}=60\mathrm{m/s}$
0.65	11.131	11.139	11.050	10.895	10.686	10.434
0.70	12.064	12.051	11.942	11.803	11.627	11.350
0.75	13.167	13.091	12.861	12.552	12.207	11.857

图 3.2.6 所示为在不同振动中心位置时,悬臂结构的振动受回复力的情况,图中显示:当振动中心位于中间时,左右两边的重力刚好增大振动的幅值;若振动中心偏离到竖直方向的右边,结构运动到振动中心右侧时重力增大右幅值,运动到振动中心左侧时重力减小左幅值,由此导致脉动风作用下风重耦合效应的减小。平均风速大小直接影响到基本风压大小,因此也可以说,基本风压大小会影响到风振响应的大小。

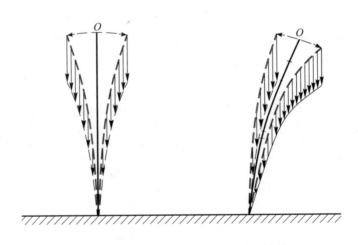

图 3.2.6　振动中心位置变化时的结构受力情况

从上述计算结果来看,对于在规范范围内不需要计算验证的重刚比粗线之上的数据,是否计入风重耦合效应已经造成超过 5% 的差异,因此,建议对于高耸结构重刚比超过 0.30,就应该进行风重耦合计算,这和规范确定计算的限制点基本一致,但应该比规范要求更严格一些。

3.2.5　几何非线性影响程度

前面部分讨论了风重耦合效应的影响,从方程建立过程可以知道,非线性项的存在大大增加了计算的复杂性,其实在结构正常工作状态,风重耦合效应中线性项占了主要部分,非线性项只占很少部分。这里再采用上述算例讨论一下非线性效应的影响程度。

结构中非线性的影响，结构基频和结构顶部位移响应是主要指标，表 3.2.6 和表 3.2.7 给出了当重刚比变化时，线性计算和非线性计算结果的对比值。

表 3.2.6　不同计算方式下结构基频差异

λ	线性计算	非线性计算	差值	相对误差/%
0.10	1.99659144018	1.99648993809	0.00010150209	0.005
0.15	1.62495536031	1.62483058643	0.00012477388	0.008
0.20	1.40268690221	1.40254222059	0.00014468162	0.010
0.25	1.25050407719	1.25034157403	0.00016250317	0.013
0.30	1.13779609135	1.13761719984	0.00017889151	0.016
0.35	1.04990848016	1.04971424717	0.00019423299	0.019
0.40	0.97882755912	0.97861878083	0.00020877829	0.021
0.45	0.91975221107	0.91952951026	0.00022270081	0.024
0.50	0.86960707467	0.86937094833	0.00023612633	0.027
0.55	0.82631875721	0.82606960769	0.00024914952	0.030
0.60	0.78843156800	0.78816972433	0.00026184367	0.033
0.65	0.75488928820	0.75461501337	0.00027427483	0.036
0.70	0.72490439976	0.72461795879	0.00028644097	0.040
0.75	0.69787602529	0.69757774436	0.00029828094	0.043

表 3.2.7　不同计算方式下结构顶部位移差异

λ	线性计算	非线性计算	差值	相对误差/%
0.10	0.45311237758	0.45320420708	0.0000918295	0.020
0.15	0.70661894035	0.70690342560	0.00028448525	0.040
0.20	0.97275420689	0.97340741563	0.00065320874	0.067
0.25	1.24956504321	1.25082992537	0.00126488217	0.101
0.30	1.53582183813	1.53801481599	0.00219297787	0.143
0.35	1.83068041034	1.83419824969	0.00351783936	0.192
0.40	2.13352860788	2.13885571755	0.00532710967	0.250
0.45	2.44390547035	2.45162175291	0.00771628256	0.316
0.50	2.76145488615	2.77224427003	0.01078938388	0.391

λ	线性计算	非线性计算	差值	相对误差/%
0.55	3.08589644397	3.10055668432	0.01466024035	0.475
0.60	3.41700650428	3.43645242311	0.01944591883	0.569
0.65	3.75460539713	3.78034212595	0.02573672881	0.685
0.70	4.09854784120	4.12937158068	0.03082373948	0.752
0.75	4.44871704819	4.47847396217	0.02975691397	0.669

从表3.2.6和表3.2.7可以看出，结构计算中是否计入非线性影响对结构影响很小。从表3.2.6可以看到，随着结构整体刚度减小(重刚比增大)，频率计算的相对误差呈增大趋势，这是由于刚度越弱非线性效应越强，但是总体上结构基频的相对误差不超过1%，在工程应用上可以忽略不计。顶部位移响应值相对误差的计算结果比结构基频大，但是也不超过1%。从本例可以看出，在正常使用状态下采用线性计算可以简化计算，不考虑几何非线性效应。第4章等效静力风荷载分析中要用到这一结论。

3.3　小　　结

本章主要讨论了高耸结构风振时风重耦合效应的变化规律，通过计算方法中的相关公式推导、各种结构参数变化下结构响应的计算，得到重力二阶效应的变化规律，总结前面的内容，主要得出以下结论。

(1)高耸结构在风荷载作用下，结构若较为柔弱，则在一定程度上存在弱非线性动力问题，因此，结构在动力响应上表现为与平均风荷载作用下的位移及脉动风作用下的最大位移有关。弱非线性问题可以通过等效线性法求解，在结构合理刚度范围内，非线性效应不大，本书方法可以满足精度要求。

(2)由于风重耦合效应引起了结构刚度减小，结构一阶固有频率比未考虑重力作用时要小。一阶固有频率的减小系数与重刚比成正比，地面粗糙度和平均风速对一阶固有频率的影响非常小。

(3)结构由脉动风产生的位移、速度、加速度和弯矩等响应随着结构的重刚比增大而增大，在结构均匀的情况下，位移增长率最大，速度其次，加速度和弯矩最小。

(4)当结构重刚比较小时，结构阻尼比、地面粗糙度和平均风速对风重耦合效应影响较小；当结构重刚比较大时，风重耦合效应随着结构阻尼比和平均风速的增大而减小，而地面粗糙度对风重耦合效应的影响很小。

（5）当结构在平均风荷载作用下产生较大的变形时，风重耦合效应就会减弱，在结构重刚比过大的情况下尤为明显。

（6）在一般计算中可以忽略几何非线性效应的影响，这将大大减少计算工作量。

（7）根据计算结果，建议重刚比大于 0.3 即可进行风重耦合效应的计算，这比规范要求更为严格。

参 考 文 献

［1］LINDSTEDT A. Ueder die integration einer für die störungstheorie wichtigen differentialgleichung［J］. Astron Naqch，1882，103：211-222.

［2］POINCARÉ H. Les Méthodes nouvelles de la mécanique celeste［M］. Paris：Gauthier - Villars，1957.

［3］DUFFING G. Erzwungene Schwingungen bei veranderlicher eigenfrequenz［M］. Braunschweig：F. Vieweguund Sohn，1918.

［4］VAN DER POL B. On oscillation hysteresis in a simple triode generator［J］. Philosophical Magazine，43：700-719.

［5］KRYLOV N M，BOGOLIUBOV N N. Introduction to nonlinear mechanics［M］. Princeton：Princeton University Press，1947.

［6］MITROPOLSKI Y A. Problems of the asymptotic theory of non - stationary vibrations［M］. New York：Daniel Davey，1965.

［7］徐兆. 非线性力学中一种新的渐近方法［J］. 力学学报，1985，17(3)：266-271.

［8］CHEUNG Y K，CHEN S H. Analysis of strong non - linear conservative oscillators by a modified Lindstedt - Poincaré method ［J］. Applied Mathematics and Mechanics，1993，Wei - Zang Chien Eightieth Anniversary Volume：34-44.

［9］CHEN S H，CHEUNG Y K. A modified Lindstedt - Poincaré method for Strong non-linear two degree of freedom system ［J］. Journal of Sound and Vibration，1996，193(4)：751-762.

［10］叶辉. 不同外激励作用下杜芬系统的全局动力学模拟和分析［D］. 杭州：浙江大学，2008.

［11］何勇. 随机荷载作用下海洋柔性结构非线性振动响应分析方法［D］. 杭州：浙江大学，2007.

［12］LUTES L D. Approximate technique for treating random vibration of hysteretic system［J］. Journal of the Acoustical Society of America，1970，48(1)：299-306.

［13］CAUGHEY，T K. On the response of nonlinear oscillators to stochastic excitation［J］. Probabilistic Engineering Mechanics，1986，1(1)：2-4.

［14］ZHU W Q，YU J S. The equivalent nonlinear system method.［J］. Journal of Sound and Vibration，1989，129(3)：385-395.

［15］朱位秋，余金寿. 预测非线性系统响应的等效非系统法［J］. 固体力学学报，1989，10(1)：34-44.

［16］CAI G Q，LIN Y K. A new approximate solution technique for randomly excited nonlinear oscillators［J］. Journal of Non - Linear Mechanics，1988，23：409-420.

第 4 章 计入风重耦合效应顺风向
等效静力风荷载

等效静力荷载法是一种简化结构动力计算方法，也是工程中最常用的方法。其原理是通过结构响应的等效性原理，将随机脉动荷载经过适当处理转化为静力计算荷载。高耸结构等效静力风荷载的确定有多种方法，且研究已经十分成熟，有许多研究文献[1-13]，第 1 章已经做了阐述，这里不再展开。

本章要讨论的对象是风重耦合效应下高耸结构顺风向等效静力风荷载。由于风荷载可以分为平均风荷载和脉动风荷载，本章也将从这两方面进行分析，然后进行整合。脉动风荷载是动力荷载，在一些文献中将其分解成拟静力荷载和惯性力荷载来处理，并且已经作为成熟成果列入现行荷载规范[14]。但从前面几章的分析可以知道，计入风重耦合效应柔性高耸结构响应会发生明显变化，因此，等效静力风荷载肯定要发生变化。本章从等效静力风荷载的基本定义出发，先推导出计入风重耦合效应高耸结构等效静力风荷载，再给出等效静力风荷载沿高度分布的表达式。本章还将分析结构的参数对计入风重耦合效应风振系数的影响，并给出结合平均风荷载后的等效静力风荷载，以供设计使用。

4.1 计入风重耦合效应高耸结构的结构抗力

由第 3 章的分析可知，结构在风重耦合作用下，非线性效应非常小，故可以忽略非线性项；同时计算表明，转动惯量影响也非常小，可以忽略；考虑到小变形，结构方程坐标从杆件轴线方向改为竖直方向，高耸结构的脉动风作用下的动力方程为

$$m(z)\frac{\partial^2 \tilde{u}}{\partial t^2} + \frac{\partial^2}{\partial z^2}\left(K_b(z)\frac{\partial^2 \tilde{u}}{\partial z^2}\right) - m(z)g\frac{\partial \tilde{u}}{\partial z} + N(z)\frac{\partial^2 \tilde{u}}{\partial z^2} + f_{NL} = \tilde{f}(z,t) \qquad (4.1.1)$$

式中，m 为沿着高度方向的均布质量；$\tilde{u}$ 表示脉动风使结构产生的水平位移；g 为重

力加速度；K_b 为结构弯曲刚度；f_{NL} 为非线性项。

方程(4.1.1)左边第一项、第二项为惯性力项，第三项、第四项为结构抗力项，第五项为重力作用产生的附加项，方程右边为风荷载项。忽略非线性项可以得到

$$\frac{\partial^2}{\partial z^2}\left(K_b(z)\frac{\partial^2 \tilde{u}}{\partial z^2}\right) = \tilde{f}(z,\ t) - m(z)\frac{\partial^2 \tilde{u}}{\partial t^2} + m(z)g\frac{\partial \tilde{u}}{\partial z} - N(z)\frac{\partial^2 \tilde{u}}{\partial t^2} \quad (4.1.2)$$

假设已知等效静力荷载为 f_{eq}，对于等效静力荷载相当于结构变形承受力，即

$$f_{eq} = \frac{\partial^2}{\partial z^2}\left(K_b(z)\frac{\partial^2 u}{\partial z^2}\right) \quad (4.1.3)$$

对比式(4.1.2)和式(4.1.3)，等效静力荷载可以写为

$$f_{eq}(z,\ t) = \tilde{f}(z,\ t) - m(z)\frac{\partial^2 \tilde{u}}{\partial t^2} + m(z)g\frac{\partial \tilde{u}}{\partial z} - N(z)\frac{\partial^2 \tilde{u}}{\partial t^2} \quad (4.1.4)$$

式(4.1.4)中 $\tilde{f}$ 还是与时间相关的脉动荷载，为此要得到等效静力荷载还需要求得 f_{eq} 的方差。

4.2　结构恢复力方差

采用振型分解法，位移可以写成广义坐标下位移和振型的乘积，方程(4.1.4)可以进一步写成

$$f_{eq}(z,t) = \tilde{f}(z,t) - \sum_{i=1}^{n}\ddot{q}_i(t)m(z)\varphi_i(z) + g\sum_{i=1}^{n}q_i(t)m(z)\varphi_i'(z) - \sum_{i=1}^{n}q_i(t)N(z)\varphi_i''(z)$$

$$(4.2.1)$$

一般情况下，风振能量主要激起结构基频部分，因此只考虑一阶振型，这样式(4.2.1)简化为

$$f_{eq}(z,\ t) = \tilde{f}(z,\ t) - \ddot{q}_1(t)m(z)\varphi_1(z) + q_1(t)[m(z)g\varphi_1'(z) - N(z)\varphi_1''(z)]$$

$$(4.2.2)$$

上述方程包含三项。第一项为拟静力项，反映背景风荷载的影响。第二项是惯性力项，反映结构惯性力的作用。以上两项为通常的等效静力荷载表达式。第三项为重力二阶效应项，反映重力对结构内力的影响。因此式(4.2.2)可以写成

$$f_{eq}(z,\ t) = \tilde{f}(z,\ t) - f_I(z,\ t) + f_N(z,\ t) \quad (4.2.3)$$

记 $c_I(z) = m(z)\varphi_1(z)$，$c_G(z) = m(z)g\varphi_1'(z) - N(z)\varphi_1''(z)$。对式(4.4.2)取互相关函

数，得

$$R_f(z_1,\ z_2,\ \tau) = E[f_{eq}(z_1,\ t_1)f_{eq}(z_2,\ t_2)]$$

$$= E\{[\tilde{f}(z_1,\ t_1) - c_I(z_1)\ddot{q}_1(t_1) + c_G(z_1)q_1(t_1)][\tilde{f}(z_2,\ t_2)$$

$$- c_I(z_2)\ddot{q}_1(t_2) + c_G(z_2)q_1(t_2)]\}$$

$$= E[\tilde{f}(z_1,\ t_1)\tilde{f}(z_2,\ t_2)] - c_I(z_2)E[\tilde{f}(z_1,\ t_1)\ddot{q}_1(t_2)]$$

$$- c_I(z_1)E[\ddot{q}_1(t_1)\tilde{f}(z_2,\ t_2)] + c_G(z_2)E[\tilde{f}(z_1,\ t_1)q_1(t_2)]$$

$$+ c_G(z_1)E[q_1(t_1)\tilde{f}(z_2,\ t_2)] - c_I(z_1)c_G(z_2)E[\ddot{q}_1(t_1)q_1(t_2)]$$

$$- c_I(z_2)c_G(z_1)E[q_1(t_1)\ddot{q}_1(t_2)] + c_I(z_1)c_I(z_2)E[\ddot{q}_1(t_1)\ddot{q}_1(t_2)]$$

$$+ c_G(z_1)c_G(z_2)[q_1(t_1)q_1(t_2)] \tag{4.2.4}$$

设荷载的自相关函数为

$$R_{\tilde{f}}(\tau) = E[\tilde{f}(z_1,\ t_1)\tilde{f}(z_2,\ t_2)] \tag{4.2.5}$$

一阶加速度自相关函数为

$$R_{\ddot{q}_1}(\tau) = E[\ddot{q}_1(t_1)\ddot{q}_1(t_2)] \tag{4.2.6}$$

一阶位移自相关函数为

$$R_{q_1}(\tau) = E[q_1(t_1)q_1(t_2)] \tag{4.2.7}$$

荷载与一阶加速度互相关函数为

$$R_{\ddot{q}_1\tilde{f}}(\tau) = E[\ddot{q}_1(t_1)\tilde{f}(t_2)] = E[\ddot{q}_1(t_1)\sum_{i=1}^{n}f_i^*(t_2)\varphi_i(z_2)] = \sum_{i=1}^{n}R_{\ddot{q}_1f_i^*}(\tau)\varphi_i(z_2) \tag{4.2.8a}$$

同样地，

$$R_{\tilde{f}\ddot{q}_1}(\tau) = \sum_{i=1}^{n}R_{p_i^*\ddot{q}_1}(\tau)\varphi_i(z_1) \tag{4.2.8b}$$

荷载与一阶位移互相关函数为

$$R_{q_1\tilde{f}}(\tau) = \sum_{i=1}^{n}R_{q_1p_i^*}(\tau)\varphi_i(z_2) \tag{4.2.9a}$$

$$R_{\tilde{f}q_1}(\tau) = \sum_{i=1}^{n}R_{p_i^*q_1}(\tau)\varphi_i(z_1) \tag{4.2.9b}$$

一阶加速度与一阶位移互相关函数为

$$R_{\ddot{q}_1q_1}(\tau) = E[\ddot{q}_1(t_1)q_1(t_2)] \tag{4.2.10a}$$

$$R_{q_1\ddot{q}_1}(\tau) = E[q_1(t_1)\ddot{q}_1(t_2)] \tag{4.2.10b}$$

将式(4.2.5)~式(4.2.10b)代入式(4.2.4)可得

$$R_f(z_1,z_2,\tau) = R_{\tilde{f}}(z_1,z_2,\tau) - c_I(z_2)\sum_{i=1}^{\infty}R_{p_i^*\ddot{q}_1}(\tau)\varphi_i(z_1) - c_I(z_1)\sum_{i=1}^{\infty}R_{\ddot{q}_1p_i^*}(\tau)\varphi_i(z_2)$$

$$+ c_G(z_2)\sum_{i=1}^{n}R_{p_i^*q_1}(\tau)\varphi_i(z_1) + c_G(z_1)\sum_{i=1}^{n}R_{q_1p_i^*}(\tau)\varphi_i(z_2)$$

$$-c_I(z_1)c_G(z_2)R_{\dot{q}_1 q_1}(\tau) - c_I(z_2)c_G(z_1)R_{q_1 \ddot{q}_1}(\tau) + c_I(z_1)c_I(z_2)R_{\ddot{q}_1}(\tau)$$
$$+ c_G(z_1)c_G(z_2)R_{q_1}(\tau) \tag{4.2.11}$$

利用维纳-辛钦公式得到功率谱,即

$$S_f(z_1,z_2,\tau) = S_{\tilde{f}}(z_1,z_2,\tau) - c_I(z_2)\sum_{i=1}^{\infty}S_{p_i^* \ddot{q}_1}(\tau)\varphi_i(z_1) - c_I(z_1)\sum_{i=1}^{\infty}S_{\ddot{q}_1 p_i^*}(\tau)\varphi_i(z_2)$$
$$+ c_G(z_2)\sum_{i=1}^{n}S_{p_i^* q_1}(\tau)\varphi_i(z_1) + c_G(z_1)\sum_{i=1}^{n}S_{q_1 p_i^*}(\tau)\varphi_i(z_2)$$
$$- c_I(z_2)c_G(z_1)S_{\dot{q}_1 q_1}(\tau) - c_I(z_1)c_G(z_2)S_{q_1 \ddot{q}_1}(\tau) + c_I(z_2)c_I(z_1)S_{\ddot{q}_1}(\tau)$$
$$+ c_G(z_1)c_G(z_2)S_{q_1}(\tau) \tag{4.2.12}$$

文献[15]证明交叉项所占的比例极小,式(4.2.12)简化后可得

$$S_f(z_1,z_2,\tau) = S_{\tilde{f}}(z_1,z_2,\tau) + c_I(z_2)c_I(z_1)S_{\ddot{q}_1}(\tau) + c_G(z_1)c_G(z_2)S_{q_1}(\tau) \tag{4.2.13}$$

由此积分得互方差为

$$\sigma_f^2(z_1,z_2) = \sigma_{\tilde{f}}^2(z_1,z_2) + c_I(z_1)c_I(z_2)\sigma_{\ddot{q}_1}^2 + c_G(z_1)c_G(z_2)\sigma_{q_1}^2 \tag{4.2.14}$$

设 $i(z)$ 为 z 处某响应 r 的影响线函数,刚度 z 处某种响应 r 的方差可以表示为

$$\sigma_r^2(z) = \sigma_{rB}^2(z) + \sigma_{rR}^2(z) + \sigma_{rG}^2(z) \tag{4.2.15}$$

式(4.2.15)即结构某响应的均方值平方,有三项:

第一项为拟静力项,反映风荷载的背景值,即

$$\sigma_{rB}^2(z) = \int_z^H\int_z^H \sigma_{\tilde{f}}^2(z_1,z_2)i(z_1)i(z_2)\,\mathrm{d}z_1\mathrm{d}z_2 \tag{4.2.16a}$$

第二项是惯性项,反映结构动力响应特性,即

$$\sigma_{rR}^2(z) = \int_z^H\int_z^H \sigma_{\ddot{q}_1}^2(z_1,z_2)c_I(z_1)c_I(z_2)i(z_1)i(z_2)\,\mathrm{d}z_1\mathrm{d}z_2 \tag{4.2.16b}$$

第三项是考虑风重耦合后多出来的一项,这里称为重力影响项,即

$$\sigma_{rG}^2(z) = g^2\int_z^H\int_z^H \sigma_{q_1}^2(z_1,z_2)c_I(z_1)c_I(z_2)i(z_1)i(z_2)\,\mathrm{d}z_1\mathrm{d}z_2 \tag{4.2.16c}$$

这里要说明的是,惯性项和重力项的本质是相同的,都是脉动风引起的结构抖振,本书对这两者进行了分开处理,更能表明其物理意义。

4.3　等效静力风荷载的分布值

若已知静力风荷载的分布值,则可以利用式(4.3.1)方便求得某一响应值。

$$g_r\sigma_r(z) = \int_z^H p_r(z)i(z)\,\mathrm{d}z \tag{4.3.1}$$

式中，g_r 为峰值因子。在设计中为了保证结构工作的可靠性，脉动风荷载转化为等效静力荷载时还需考虑可靠度取值，采用脉动风荷载的响应值峰值系数方法，峰值因子与重现期有关，可以参考相关文献。本书与规范统一，背景风荷载、惯性力与重力峰值因子可以参照荷载规范取 2.5[14]。

对比式(4.3.1)和式(4.2.16)，可以求得荷载的分布值。式(4.2.15)中响应均方值计算公式可以分为三个部分，同样等效静力荷载也可以分为这三个部分。为了方便分析，这里选取上下质量均匀分布的结构，受风面宽和风力系数均相同。

4.3.1 背景风荷载分布值

为了与现行荷载规范表述统一，这里设区域基本风压为 w_0，体型系数为 μ_s，10m 高度名义湍流度为 I_{10}，对 A、B、C、D 类地面粗糙度分别取 0.12、0.14、0.23、0.39[14]。这样上下均匀结构在外力作用下产生的响应值可以写为

$$\sigma_{rB}^2 = 2w_0^2 I_{10}^2 B^2 J_H^2 \mu_s^2 \sigma_v^2 \int_z^H \int_z^H \left(\frac{z_1}{10}\right)^\alpha \left(\frac{z_2}{10}\right)^\alpha R_z(z_1, z_2) i(z_1) i(z_2) \mathrm{d}z_1 \mathrm{d}z_2 \qquad (4.3.2)$$

式中，水平系数 $J_H^2 = \int_0^B \int_0^B R_x(x_1, x_2)/B^2 \mathrm{d}x_1 \mathrm{d}x_2$，水平向和竖直向相关系数可取与频率无关的表达式[14]，即

$$R_x(x_1, \ x_2) = \exp\left(-\frac{|x_1 - x_2|}{50}\right) \qquad (4.3.3a)$$

$$R_z(z_1, \ z_2) = \exp\left(-\frac{|z_1 - z_2|}{60}\right) \qquad (4.3.3b)$$

根据分布荷载的定义可得

$$\int_z^H p_{rB}(z) i(z) \mathrm{d}z = 2g_{rB} w_0 I_{10} B J_H \mu_s \sigma_v \sqrt{\int_z^H \int_z^H \left(\frac{z_1}{10}\right)^\alpha \left(\frac{z_2}{10}\right)^\alpha R(z_1, z_2) i(z_1) i(z_2) \mathrm{d}z_1 \mathrm{d}s_2}$$

$$(4.3.4)$$

式(4.3.4)中含有响应函数 $i(z)$，因此，分布荷载与具体的响应有关。文献[15]采用拟平均法，在工程计算精度范围内，可以将式(4.3.4)进一步化简为与具体响应无关的表达式，即

$$p_{rB} = 2g_{rB} w_0 I_{10} B J_H \mu_s \sigma_v \left(\frac{z}{10}\right)^{2\alpha} \left[\frac{10^\alpha (\alpha+1)}{H^{\alpha+1} - z^{\alpha+1}}\right] \sqrt{7200 \left[\frac{H-z}{60} + \exp\left(-\frac{H-z}{60}\right) - 1\right]} \qquad (4.3.5)$$

通过计算证明式(4.3.5)的精度可以满足工程设计的要求[15]。

4.3.2 惯性力风荷载分布值

惯性力在 z 处产生的效应为

$$\sigma_{rI}^2(z) = m^2 \sigma_{\ddot{q}_1}^2 \int_z^H \int_z^H \varphi_1(z_1) \varphi_1(z_2) i(z_1) i(z_2) \mathrm{d}z_1 \mathrm{d}z_2 \qquad (4.3.6)$$

而

$$\sigma_{\ddot{q}_1}^2 = \int_0^\infty |H_1(i\omega)|^2 \omega^4 S_v(\omega)\,\mathrm{d}\omega$$

$$\times \frac{2w_0 I_{10} B J_H \mu_s}{M_1^{*\,2}} \int_0^H \int_0^H \left(\frac{z_1}{10}\right)^\alpha \left(\frac{z_2}{10}\right)^\alpha \varphi_1(z_1)\varphi_1(z_2) R(z_1,z_2)\,\mathrm{d}z_1\mathrm{d}z_2 \qquad (4.3.7)$$

由 $g_{rI}\sigma_{rI}(z) = \int_z^H p_{rI}(z)i(z)\,\mathrm{d}z$，可得

$$p_{rI}(z) = \frac{2g_{rI}w_0 I_{10} B J_H \mu_s}{\int_0^H \varphi_1^2(z)\,\mathrm{d}z}$$

$$\times \sqrt{\int_0^H \int_0^H \left(\frac{z_1}{10}\right)^\alpha \left(\frac{z_2}{10}\right)^\alpha R(z_1,z_2)\varphi_1(z_1)\varphi_1(z_2)\,\mathrm{d}z_1\mathrm{d}z_2 \int_0^\infty |H_1(\omega)|^2 S_v(\omega)\omega^4\,\mathrm{d}\omega}$$

$$(4.3.8)$$

由式(4.3.8)可以看出，惯性力风荷载与具体响应值无关。

4.3.3　重力风荷载分布值

同样地，重力产生的振动效应可以写为

$$\sigma_{rI}^2(z) = \sigma_{q_1}^2 \int_z^H \int_z^H \left[mg\varphi_1'(z_1) - N(z_1)\varphi_1''(z_1) \right]\left[mg\varphi_1'(z_2) - N(z_2)\varphi_1''(z_2) \right] i(z_1)i(z_2)\,\mathrm{d}z_1\mathrm{d}z_2$$

而

$$\sigma_{q_1}^2 = \int_0^\infty |H_1(i\omega)|^2 S_v(\omega)\,\mathrm{d}\omega$$

$$\times \frac{2w_0 I_{10} B J_H \mu_s}{M_1^{*\,2}} \int_0^H \int_0^H \left(\frac{z_1}{10}\right)^\alpha \left(\frac{z_2}{10}\right)^\alpha \varphi_j(z_1)\varphi_j(z_2) R(z_1,z_2)\,\mathrm{d}z_1\mathrm{d}z_2 \qquad (4.3.9)$$

由 $g_{rG}\sigma_{rG}(z) = \int_s^H p_{rG}(z)i(z)\,\mathrm{d}z$，若结构均匀，可得

$$p_{rG}(z) = \frac{2g_{rG}w_0 I_{10} B J_H \mu_s\left[(H-z)\varphi_1''(z) - \varphi_1'(z) \right]}{\int_0^H \varphi_1^2(z)\,\mathrm{d}z}$$

$$\times \sqrt{\int_0^H \int_0^H \left(\frac{z_1}{10}\right)^\alpha \left(\frac{z_2}{10}\right)^\alpha R(z_1,z_2)\varphi_1(z_1)\varphi_1(z_2)\,\mathrm{d}z_1\mathrm{d}z_2 \int_0^\infty |H_1(\omega)|^2 S_v(\omega)\,\mathrm{d}\omega}$$

$$(4.3.10)$$

由于重力分项性质与惯性项相同，因此，式(4.3.10)中峰值系数 g_{rG} 可以与 g_{rI} 取相同值。至此，得到了全部三项表达式。总的脉动等效静力荷载可以表示为

$$\int_z^H p_r(z)i(z)\,\mathrm{d}z = g_r\sigma_r(z)$$

$$= \sqrt{g_{rB}^2\sigma_{rB}^2(z) + g_{rR}^2\sigma_{rR}^2(z) + g_{rG}^2\sigma_{rG}^2(z)}$$

$$= \sqrt{\left(\int_s^H p_{rB}(z)i(z)\,\mathrm{d}z\right)^2 + \left(\int_s^H p_{rR}(z)i(z)\,\mathrm{d}z\right)^2 + \left(\int_s^H p_{rG}(z)i(z)\,\mathrm{d}z\right)^2}$$

$$(4.3.11)$$

化为分布荷载，即

$$p_r = \sqrt{p_{rB}^2(z) + p_{rI}^2(z) + p_{rG}^2(z)} \qquad (4.3.12)$$

可以证明式(4.3.11)与式(4.3.12)之间的误差很小[16]。式(4.3.12)表示的分布荷载主要与结构物高度 H、地貌系数 α 和结构重刚比 GH^2/K_b 有关。由前面的分析可知，只有当重刚比较大时，风重耦合效应才明显。

4.3.4 算例

设某建筑物有 100 层，层高为 3m，每层重量为 8000kN，结构阻尼比为 0.01，地貌为 B 类地区，区域基本风压为 0.5kN/m²。

重刚比分别为 0.1 和 0.6 时的各分项荷载分布图如图 4.3.1 所示，可以看到背景风荷载分量和惯性力风荷载分量均是底部小上部大，而重力风荷载分项分布是底部大上部小，且值也很小，因此，对结构响应影响较小。同时要注意的是，风重耦合效应不仅仅体现在重力荷载分项上，由于考虑风重耦合效应后结构固有频率发生变化，惯性力分项也会发生改变。

从图 4.3.1 中也可以看到，结构具有较大重刚比时，重力分项比重显著增加，风重耦合效应也变大。

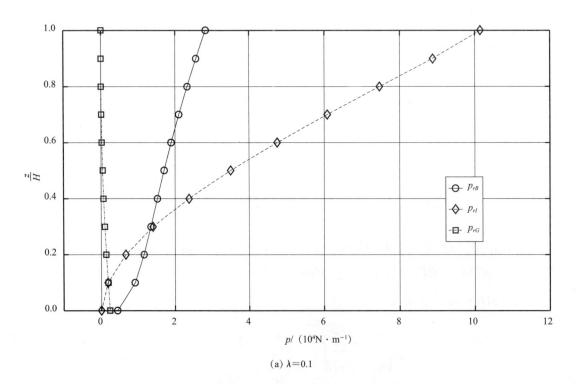

(a) λ=0.1

图 4.3.1 等效静力风荷载分项量沿建筑高度的分布图

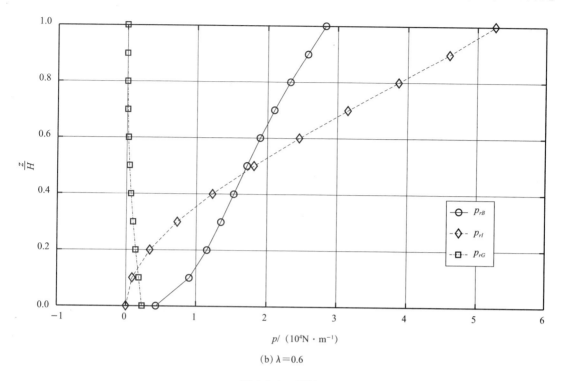

(b) $\lambda = 0.6$

图 4.3.1　（续）

4.4　等效静力设计风荷载

前面只是考虑脉动风的等效静力荷载，在设计中还要计入平均风荷载。根据荷载规范，平均风荷载值可由式(4.4.1)确定。

$$\overline{p}(z) = w_0 C_d B \left(\frac{z}{H} \right)^{2\alpha} \tag{4.4.1}$$

在考虑风重耦合作用时由于重力存在会加大结构的变形，因此，相当于平均风荷载也有所增大。未考虑风重耦合效应时，在静力作用下的结构位移方程为

$$\overline{p}(z) = \frac{\partial^2}{\partial z^2} \left(K_b(z) \frac{\partial^2 \overline{u}}{\partial z^2} \right) \tag{4.4.2}$$

根据第 3 章的分析，在风荷载作用下一般结构的非线性效应不明显，可以略去。若分析中不考虑重力效应，则相当于荷载增长为

$$\overline{p}_G(z) = \frac{\partial^2}{\partial z^2} \left[K_b(z) \frac{\partial^2 (\overline{u} + \delta u)}{\partial z^2} \right] \tag{4.4.3}$$

而实际中，由于风重耦合效应的存在，结构方程为

$$\bar{p}(z) = \frac{\partial^2}{\partial z^2}\left[K_b(z)\frac{\partial^2(\bar{u}+\delta u)}{\partial z^2}\right] - m(z)g\frac{\partial(\bar{u}+\delta u)}{\partial z} + N(z)\frac{\partial^2(\bar{u}+\delta u)}{\partial z^2} \qquad (4.4.4)$$

考虑到 $\bar{u} \gg \delta u$，式(4.4.4)可以简化为

$$\bar{p}(z) \approx \bar{p}_G(z) - m(z)g\frac{\partial \bar{u}}{\partial z} + N(z)\frac{\partial^2 \bar{u}}{\partial z^2} \qquad (4.4.5)$$

进一步简化为

$$\bar{p}_G(z) = \bar{p}(z) + \Delta\bar{p}(z) \qquad (4.4.6)$$

式中，$\Delta\bar{p}(z) = m(z)g\int_0^z \frac{1}{K_b(z)}\int_0^z\int_0^z \bar{p}(z)\mathrm{d}z\mathrm{d}z\mathrm{d}z - \frac{N(z)}{K_b(z)}\int_0^z\int_0^z \bar{p}(z)\mathrm{d}z\mathrm{d}z$，对于上下均匀的结构可以进一步简化为

$$\bar{p}_G(z) = \bar{p}(z)\left[1 + \frac{mg}{K_b(1+2\alpha)(2+2\alpha)(3+2\alpha)}z^3 - \frac{mg(H-z)}{K_b(1+2\alpha)(2+2\alpha)}z^2\right] \qquad (4.4.7)$$

对于某响应 $i(z)$，响应峰值可以写为

$$r_{\max} = \bar{r}(z) + g\sigma_r(z) = \int_z^H \bar{p}_G(z)i(z)\mathrm{d}z + \int_z^H \sqrt{g_B p_{rB}^2(z) + g_I p_{rI}^2(z) + g_G p_{rG}^2(z)}\,i(z)\mathrm{d}z \qquad (4.4.8)$$

最终设计荷载为

$$\begin{aligned} p(z) &= \bar{p}_G(z) + \sqrt{g_B p_{rB}^2(z) + g_I p_{rI}^2(z) + g_G p_{rG}^2(z)} \\ &= \bar{p}(z)\left[1 + \frac{\Delta\bar{p}(z) + \sqrt{g_B p_{rB}^2(z) + g_I p_{rI}^2(z) + g_G p_{rG}^2(z)}}{\bar{p}(z)}\right] \end{aligned} \qquad (4.4.9)$$

记风振系数为

$$\beta_z = 1 + \frac{\Delta\bar{p}(z) + \sqrt{g_B p_{rB}^2(z) + g_I p_{rI}^2(z) + g_G p_{rG}^2(z)}}{\bar{p}(z)} \qquad (4.4.10)$$

值得注意的是，按本节算得的等效静力风荷载可以直接使用，不必在方程中考虑重力效应。

4.5 计入风重耦合效应后风振系数的变化

前面我们得到了等效静力风荷载的表达式，风振系数是现行荷载规范表示脉动风影响的指标，本节要分析计算风振系数的变化与结构和风特性参数的关系。本算例条件同前面算例，通过计算矩阵特征值的方法得到结构的各阶频率与振型，求得等效静力荷载。

4.5.1　结构重刚比的影响

主结构的阻尼比取 0.01，图 4.5.1(a)、(b) 所示分别为重刚比为 0.1 和 0.6 时的等效静力风荷载分布图，显示了总的等效静力风荷载 p_t、平均风荷载 p_{ave}、平均风荷载重力效应增量 Δp_{ave} 和脉动风荷载 p_r。从计算结果看到：脉动风等效静力风荷载与结构的重刚比相关，重刚比越大等效静力荷载就越大。另外，从图中可以看到，平均风荷载重力效应增量是上大下小，在等效静力风荷载中占比不是很大。比较两张图可以发现，该增量随着重刚比增大而增大。

图 4.5.2 所示为三种不同重刚比下风振系数(β_z)沿高度的分布图，由于结构重刚比直接影响着结构固有频率，从而使惯性分量等减小，因此，图中显示结构重刚比越大，风振系数就越小。这里要注意的是，风振系数的减小反映等效静力风荷载的减小，这并不意味着结构响应的减小，因为重刚比较大的结构本身刚度就小，等效静力风荷载虽有减小，但结构响应还是增大的。

图 4.5.3 所示为不同重刚比下风振系数的变化系数(ζ_{β_z})变化规律，风振系数的变化系数定义详见第 3 章式(3.2.1)，其反映了风重耦合效应的显著程度。图中显示，当高度位置较低时风重耦合效应为负值，当高度位置较高时风重耦合效应增大为正值，由于位置较高时对结构响应影响大，因此，计入风重耦合效应的风振计算结构响应是增大的。同时，从图中也可以看到重刚比较大时上部正偏差和下部负偏差都比较大，重刚比较小时刚好相反。

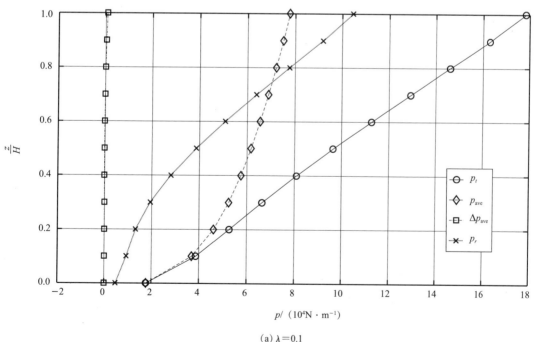

(a) $\lambda = 0.1$

图 4.5.1　等效静力风荷载沿建筑高度的分布图

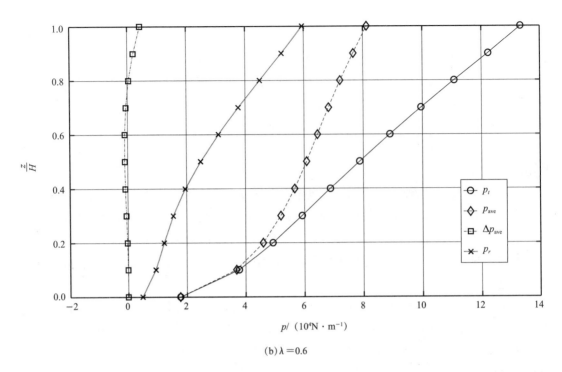

(b)λ＝0.6

图 4.5.1　（续）

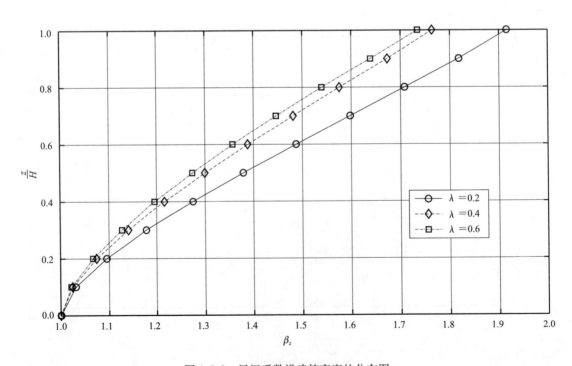

图 4.5.2　风振系数沿建筑高度的分布图

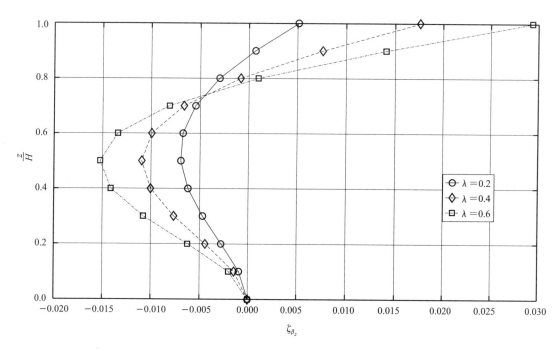

图 4.5.3　风振系数的变化系数沿建筑高度的分布图

4.5.2　结构阻尼的影响

图 4.5.4 所示为不同重刚比与不同阻尼比下风振系数的变化系数在高度方向的变化。从单张图上可以看出，阻尼比较小时，变化系数偏向于负值；阻尼比较大时，变化系数偏向于正值。图 4.5.4(a)~(d) 所示为不同重刚比时的变化系数，图 4.5.4 表明：风振系数的变化系数随着重刚比的增大，变化幅度增大，不同阻尼比之间风振系数的相对差异随着重刚比的增大而减小，但绝对差异均很小。总体上来说，结构阻尼对风重耦合效应有影响，但这种影响不大。

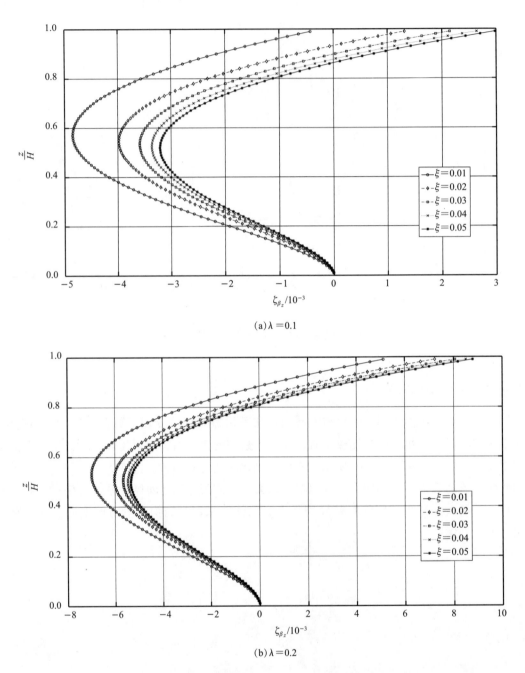

(a)λ＝0.1

(b)λ＝0.2

图 4.5.4　风振系数的变化系数与结构阻尼比的关系图

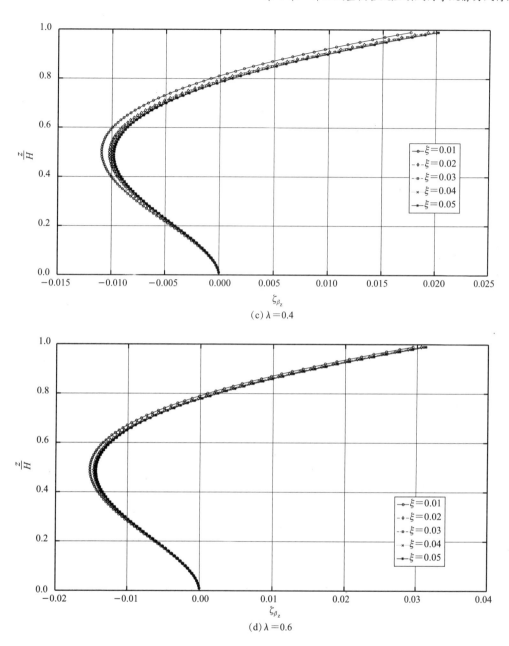

(c) $\lambda = 0.4$

(d) $\lambda = 0.6$

图 4.5.4 （续）

4.5.3 地貌系数的影响

地貌系数是结构动力参数的一个重要指标。图 4.5.5 反映了在不同地貌条件下,风振系数变化系数在不同重刚比和高度下的变化曲线,可以看出空旷地区比建筑物密集地区的阻尼比变化的幅度要小,增大部分主要集中在结构上半部。图中还显示,随着重刚比增大,各变化系数相对差异减小,绝对差异增大。

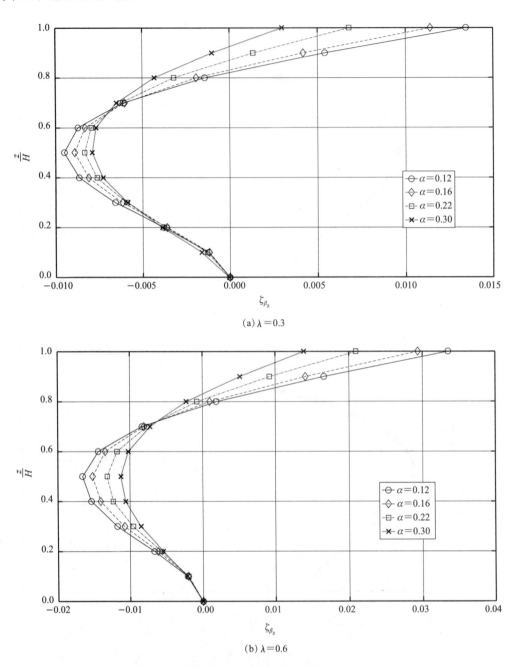

(a) λ＝0.3

(b) λ＝0.6

图 4.5.5　风振系数的变化系数与地貌类型的关系图

4.5.4　基本风压的影响

图 4.5.6 所示为不同基本风压 w_0 和不同重刚比下风振系数变化系数的曲线图，从图中可以看到曲线的变化幅度随重刚比不同变化较大；此外，重刚比较小时不同基本风压下

风振系数变化系数相互之间的差异相对较大，而重刚比较大时它们相互之间的差异相对较小。在一定的重刚比下，当基本风压大到一定程度时，它们相互之间的差异就很小了。也就是说，基本风压对结构风重耦合效应的影响不是很大，其基本原因是平均风荷载导致的变形抑制了脉动风荷载基频受重力影响产生的变化。

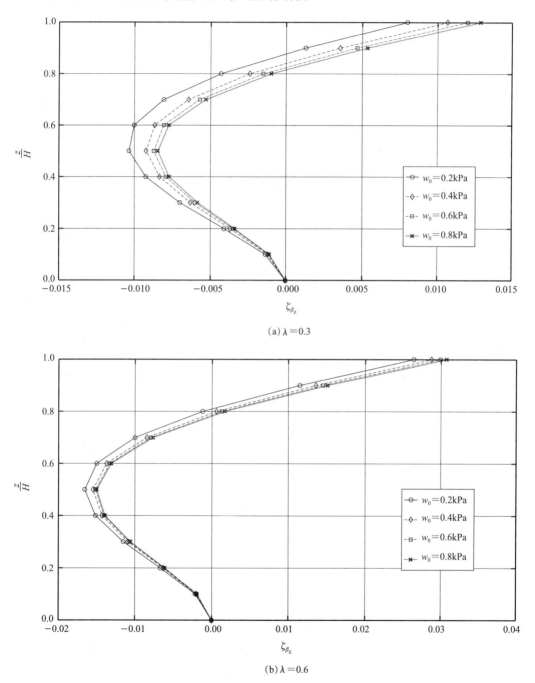

(a) $\lambda = 0.3$

(b) $\lambda = 0.6$

图 4.5.6　风振系数的变化系数与基本风压的关系图

4.6 小　　结

本章通过振型分解法推导了脉动风荷载的等效静力风荷载，并给出了分布荷载的表达式，通过计算分析了计入风重耦合效应后等效静力风荷载的影响因素，最后给出设计用的等效静力风荷载的表达式。通过本章分析，可以得到以下结论。

(1)考虑风重耦合效应的高耸结构脉动风荷载的等效静力风荷载由三部分组成：背景分量、惯性力分量和重力分量。其中，背景分量与风重耦合效应没有关系，而惯性力分量和重力分量均与风重耦合效应相关，重力项是因风重耦合效应新增的分量，其沿高度的分布值是上小下大。

(2)平均风荷载形成的静力分量由于风重耦合效应也发生了变化，其增量分布值是下小上大。

(3)计入风重耦合效应后的风振系数与规范给出的风振系数存在差异，风振系数的变化是上部为正值，中部为负值。计算表明，结构的重刚比是重要的因素，风重耦合效应引起在结构中、下部分布值减小和上部分布值增大。

(4)结构阻尼比、地貌系数和基本风压也是影响脉动风等效静力荷载的重要因素，阻尼比较小时，风振系数变化系数整体偏负；结构阻尼比增大时，风振系数变化系数整体偏正。基本风压也类似，基本风压较小时，风振系数变化系数整体偏负；基本风压较大时，风振系数变化系数整体偏正。地貌的响应是体现在曲线的变化幅度上，分析表明，空旷地区的结构等效静力风荷载风重耦合效应的调整系数幅度较小，而城市密集地区就较大。

参 考 文 献

[1] DAVENPORT A G. Gust loading factors[J]. Journal of Structure Division, ASCE, 1967, 93(ST3): 11-34.

[2] KASPERSKI M, NIEMANN H J. The LRC(load－response－correlation)method-a general method of estimating unfavourable wind load distributions for linear and non-linear structural behaviour[J]. Journal of Wind Engineering and Industrial Aerodynamics, 1992, 43(1-3): 1753-1763.

[3] ZHOU Y, GU M, Xiang H F. Along－wind static equivalent wind loads and response of tall buildings Part II: effects of

mode shapes[J]. Journal of Wind Engineering and Industrial Aerodynamics, 1999, 79(1, 2): 151-158.

[4] ZHOU Y, KAREEM A, GU M. Equivalent static buffeting loads on structures[J]. Journal of Structural Engineering, 2000, 126(8): 989-992.

[5] 叶丰, 顾明. 高层建筑顺风向背景响应及其等效风荷载的计算方法[J]. 建筑结构学报, 2002, 23(1): 58-63.

[6] 叶丰, 顾明. 估算高层建筑结构顺风向等效风荷载和响应简化方法[J]. 工程力学, 2003, 20(1): 93-98.

[7] CHEN X Z, KAREEM A. Equivalent Static Wind Loads on Buildings: New Model[J]. Journal of Structural Engineering, 2004, 130(10): 1425-1435.

[8] ZHOU Y, KAREEM A, GU M. Mode Shape Corrections for Wind Load Effects[J]. Journal of Engineering Mechanics, 2002, 128(1): 15-23.

[9] 李寿英, 陈政清. 超高层建筑风致响应及等效静力风荷载研究[J]. 建筑结构学报, 2010, 31(3): 33-37.

[10] 张建国, 顾明. 高层建筑背景静力等效风荷载分布[J]. 同济大学学报(自然科学版), 2008, 36(3): 285-290.

[11] 洪小健, 顾明. 顺风向等效风荷载及响应: 主要国家建筑风荷载规范比较[J]. 建筑结构, 2004, 34(7): 39-43.

[12] 黄东梅, 朱乐东. 超高层建筑层风力空间相关性数学模型: 综合分析法[J]. 土木工程学报, 2009, 42(8): 26-36.

[13] KWON D-K, KIJEWSKI-CORREA T, KAREEM A Analysis of High-rise buildings subjected to wind loads[J]. Journal of Structural Engineering, 2008, 134(7): 1139-1153.

[14] 中华人民共和国住房和城乡建设部, 中华人民共和国国家质量监督检验检疫总局. 建筑结构荷载规范: GB 50009—2012[S]. 北京: 中国建筑工业出版社, 2012.

[15] 汪大海. 高层建筑顺风向静力等效风荷载及响应研究[D]. 武汉: 武汉大学, 2005.

[16] 埃米尔·希缪, 罗伯特·H. 斯坎伦. 风对结构的作用: 风工程导论[M]. 刘尚培, 项海帆, 谢霁明, 译. 上海: 同济大学出版社, 1992.

第 5 章　计入风重耦合效应高耸结构横风向随机风振响应

　　根据风的来流方位可将风荷载分为顺风向风荷载、横风向风荷载及扭转向风荷载。顺风向风荷载下结构的风重耦合效应及其等效静力风荷载已经在前面做了阐述，扭转向风荷载的响应值将在第 6 章分析，本章将对横风向风荷载的作用效应和风重耦合的影响程度展开研究。

　　相比于顺风向风荷载，横风向风荷载对高耸结构产生的效应更为复杂，其产生的原因主要来自来流气体尾流激励、紊流激励和气动弹性激励。大量试验和现场实测数据表明，高耸结构横风向脉动风荷载通常比顺风向大，有时高达数倍之多[1]。对高耸结构来说，横风向风致振动在建筑的舒适性设计中起到控制作用，研究风重耦合效应对横风向风振结构响应的影响程度尤为重要。

5.1　高耸结构横风向风效应

5.1.1　横向风激励机理

　　横向风荷载产生的原因不同于顺风向荷载，Kwok 认为横向风荷载由来流尾流激励、紊流激励和结构横向风方向产生的位移及其时间高阶导数引发[1]，第三项也被称为气动弹性激励。而 Solari 指出尾流激励是主要原因[2]。Islam[3] 和 Kareem[4] 研究认为，结构横风向响应主要受分离剪切层及尾流脉动产生侧向非均匀压力的影响。Cheng[5] 把横风向结构振动归于尾流剪切层分离和旋涡的脱落。经过几十年的研究，现在均认为横风向激励主要来自来流气体尾流激励、紊流激励和气动弹性激励三个方面[6-8]。与顺风向风荷载相比，横风向风荷载不符合准定常假设，并且不能由来流风速得出，一般只能通过实验确定。20 世纪 70 年代以来，工程师和学者们进行了大量的风洞实验研究[9-15]，主要通过气动弹性模型实验、高频测力天平实验及刚性模型多点测力实验，利用测得的数据推出风力谱。

在横风向响应计算中，气动阻尼是必须考虑的问题。1978 年，Kareem[16]用刚性模型测压导出气动力谱，经计算发现，当折算风速较大时，由其获得的结果显著低于由气弹模型测得的值。因此，气动阻尼会对结构横风向响应造成很大的影响。对高耸结构来说，建筑物的外形、风速、结构动力特性等都是影响气动阻尼大小的因素。目前，人们识别气动阻尼的方法有三种：刚性模型和气动弹性模型试验比较法[5,15]、强迫振动试验法[7,17-19]和系统参数识别法[20-22]。

经过 40 多年的研究，尽管对横风向风荷载的研究已经取得了大量的成果，但是由于其复杂性，对于复杂外形高耸结构气动力谱描述困难，因此对气动阻尼的影响因素还没有展开全面、系统的研究，横风向等效静力风荷载理论还不完善。

5.1.2　各国规范表述

目前，许多国家的规范对高耸结构横风向风荷载的规定都比较粗略，日本建筑协会（Architectural Institute of Japan，AIJ）建筑荷载建议[23]中对矩形截面高耸结构给出了比较详细的规定，采用了方程(5.1.1)计算横风向气动力谱。

$$\frac{f S_{M_x}(f)}{\sigma_{M_x}^2} = \sum_{j=1}^{N} \frac{4K_j(1 + 0.6\beta_j)\beta_j}{\pi} \frac{(f/f_{Sj})^2}{[1 - (f/f_{Sj})^2]^2 + 4\beta_j^2(f/f_{Sj})^2} \quad (5.1.1)$$

式中，$N = \begin{cases} 1, & D/B < 3 \\ 2, & D/B \geqslant 3 \end{cases}$，$K_1 \approx 0.85$，$K_2 \approx 0.02$；

$n_{Sj} = f/f_{Sj}$

$n_{S1} = \dfrac{0.12}{[1 + 0.38(D/B)^2]^{0.89}}$，$n_{S2} = \dfrac{0.56}{(D/B)^{0.85}}$；

$S_{M_x}(f)$ 为横风向基地弯矩功率，f 为频率；

$\beta_1 = \dfrac{(D/B)^4}{1.2(D/B)^4 - 1.7(D/B)^2 + 21} + \dfrac{0.12}{D/B}$，$\beta_2 = 0.28(D/B)^{-0.34}$。

式中，B 为迎风面截面宽度；D 为顺风向截面深度。上述公式适用于高宽比小于 6，且折算风速小于 10 的高耸结构。我国已废止的《建筑结构荷载规范》（GB 50009—2001）只对细长圆形截面的结构给出了涡激共振估算方法，新颁布的《建筑结构荷载规范》（GB 50009—2012）[24]不但给出了矩形截面高层建筑横风向等效风荷载的标准值，而且给出了横风向风振加速度的计算方法，并在条文说明中给出横向风谱计算公式，但使用限制条件也基本与日本规范相同。

5.1.3　横向风振动计算方法

由于横风向作用机理的复杂性，大型或复杂工程横风向风荷载的确定必须通过模型的风洞试验。通过学者们的工作，矩形截面的高耸结构横风向气动力谱已经形成了比较成熟的理论。梁枢果、全涌等[11,12,25]通过大量典型建筑模型的风洞试验，给出了矩形截面高耸结构横风向风荷载的解析模型，其功率谱密度函数表述比规范更细致[26,27]，因此，将其作为本书计算分析横风向风重耦合效应的基础。

设 $f_\omega(n, z)$ 为归一化横向风压谱密度函数，整个功率谱分为两段来表达。

(1)当 $1/4 \leqslant D/B \leqslant 3$ 时，结构横风向风荷载无量纲功率谱密度为

$$f_\omega(n,z) = \frac{nS_P(z, n)}{\sigma^2} = \frac{Af_n(C_1)\overline{n}^2}{(1-\overline{n}^2)^2 + C_1\overline{n}^2} + \frac{(1-A)C_2^{0.50}\overline{n}^3}{1.56[(1-\overline{n}^2)^2 + C_2\overline{n}^2]} \quad (5.1.2)$$

式中，C_1 为与频带宽度相关的系数，$C_1 = \dfrac{0.47\left(\dfrac{D}{B}\right)^{2.8} - 0.52\left(\dfrac{D}{B}\right)^{1.4} + 0.24}{\dfrac{H}{\sqrt{BD}}}$；$C_2 = 2$;

$f_n(C_1) = 0.179C_1 + 0.65\sqrt{C_1}$；$\overline{n} = \dfrac{n}{n_s}$，$n_s$ 为旋涡脱落频率，$n_s = \dfrac{S_t V_{10}\left(\dfrac{z}{10}\right)^\alpha}{B}$，$n$ 为频率，

V_{10} 为离地 10m 处平均风速。其中，S_t 为斯特劳哈尔（Strouhal）数，可由 $S_t = \begin{cases} 0.094 & 1/4 \leqslant \dfrac{D}{B} \leqslant 1/2 \\ 0.002\left(\dfrac{D}{B}\right)^2 - 0.023\left(\dfrac{D}{B}\right) + 0.105 & 1/2 < \dfrac{D}{B} \leqslant 4 \end{cases}$ 决定；A 为能量分配系数，计算式为

$$A = \begin{cases} \dfrac{H}{\sqrt{BD}}\left[-0.6\left(\dfrac{D}{B}\right)^2 + 0.29\dfrac{D}{B} - 0.06\right] + \left[9.84\left(\dfrac{D}{B}\right)^2 - 5.86\dfrac{D}{B} + 1.25\right] & \dfrac{1}{4} \leqslant \dfrac{D}{B} < \dfrac{1}{2} \\ \dfrac{H}{\sqrt{BD}}\left[-0.118\left(\dfrac{D}{B}\right)^2 + 0.358\dfrac{D}{B} - 0.214\right] + \left[0.066\left(\dfrac{D}{B}\right)^2 - 0.26\dfrac{D}{B} + 0.894\right] & \dfrac{1}{2} \leqslant \dfrac{D}{B} < 3 \end{cases}$$

(2)当 $3 \leqslant D/B \leqslant 4$ 时，由于截面形状变得狭长，来流在尾部初级旋涡和次级旋涡会发生脱落，在功率谱密度曲线上表现为两个峰值，这样结构横风向风荷载无量纲功率谱密度表示为

$$f_\omega(n, z) = \frac{nS_P(z, n)}{\sigma^2} = \frac{1.275A\overline{n}^2}{(1-\overline{n}^2)^2 + C_1\overline{n}^2} + \frac{(1-A)C_2^{0.50}\left(\dfrac{\overline{n}}{k}\right)^3}{1.56\left\{\left[1-\left(\dfrac{\overline{n}}{k}\right)^2\right] + C_2\left(\dfrac{\overline{n}}{k}\right)^2\right\}} \quad (5.1.3)$$

式中，k 为两谱峰的旋涡脱落频率之比，$k = -0.175\dfrac{H}{\sqrt{BD}} + 4.7$，$4 \leqslant \dfrac{H}{\sqrt{BD}} \leqslant 8$；能量分配系数 $A = aI_u'^b$，其中 $a = 0.17\dfrac{H}{\sqrt{BD}} + 3.32$，$b = 0.18\dfrac{D}{B} + 0.26$；$I_u'^b$ 为顺风向湍流强度，$I_u' = \dfrac{0.5 \times 35^{1.8(\alpha - 0.16)}(H/15)^{-\alpha}}{4.4}$。获得功率谱密度函数后，就可以得到高度 z_1、z_2 处横向风荷载互谱密度，即

$$S_{PP}(\omega, z_1, z_2) = \frac{1}{4}\rho^2 B^2 V_{10}^4 \left(\frac{z_1}{10}\right)^{2\alpha} \left(\frac{z_2}{10}\right)^{2\alpha} \overline{C_l^2} \sqrt{f_\omega(n, z_1)f_\omega(n, z_2)} R(z_1, z_2)$$

$$(5.1.4)$$

式中，C_l 为均方根升力系数，$C_l = 0.045\left(\dfrac{D}{B}\right)^3 - 0.334\left(\dfrac{D}{B}\right)^2 + 0.868\left(\dfrac{D}{B}\right) - 0.174$；

$R(z_1, z_2)$ 为横向风荷载竖向相干系数，$R(z_1, z_2) = \exp\left[-\left(\dfrac{z_1 - z_2}{\alpha_1 B}\right)^2 \right]$。$\alpha_1$ 见表 5.1.1。

表 5.1.1　α_1 系数

$\dfrac{D}{B}$	1/4	1/3	1/2	1	2	3	4
α_1	5.56	5.56	5.56	5.56	7.7	7.7	7.7

第 i 阶振型和第 j 阶振型横风向广义荷载互谱密度函数就可以写为

$$S_{FiFj} = \frac{\int_0^H \int_0^H \varphi_i(z_1)\varphi_j(z_2) S_{PP}(\omega, z_1, z_2)\,\mathrm{d}z_1\,\mathrm{d}z_2}{m_i^* m_j^*}$$

$$(5.1.5)$$

一般情况下一阶振型占优，二阶振型影响可以忽略[28]。这样只要计算一阶振型横风向广义荷载功率谱密度函数即可，即

$$S_{F1} = \frac{\int_0^H \int_0^H \varphi_1(z_1)\varphi_1(z_2) S_{PP}(\omega, z_1, z_2)\,\mathrm{d}z_1\,\mathrm{d}z_2}{m_1^{*2}}$$

$$(5.1.6)$$

横风向风荷载作用下结构的风振方程和顺风向相同，但横风向没有平均风荷载，利用第 2 章的式(2.2.11)，设 v 为横风向位移，K_b 为结构横风向弯曲刚度，且不考虑转动惯量，这样横风向风振方程为

$$m\frac{\partial^2 \tilde{v}}{\partial t^2} + k_b\frac{\partial^4 \tilde{v}}{\partial s^4} - mg\frac{\partial \tilde{v}}{\partial s} + mg(H-s)\frac{\partial^2 \tilde{v}}{\partial s^2} + \frac{m}{2}\frac{\partial \tilde{v}}{\partial s}\frac{\partial^2 \tilde{v}}{\partial s\partial t}\frac{\partial \tilde{v}}{\partial t}$$

$$+ \frac{m}{2}\frac{\partial^2 \tilde{v}}{\partial s^2}\int_s^H\left(\frac{\partial \tilde{v}}{\partial s}\frac{\partial^2 \tilde{v}}{\partial t^2} - \frac{\partial^2 \tilde{v}}{\partial s\partial t}\frac{\partial \tilde{v}}{\partial t}\right)\mathrm{d}s - K_b\frac{\partial^2 \tilde{v}}{\partial s^2}\int_s^H\frac{\partial^3 \tilde{v}}{\partial s^3}\frac{\partial^2 \tilde{v}}{\partial s^2}\mathrm{d}s - \frac{mg}{2}\frac{\partial^2 \tilde{v}}{\partial s^2}\int_s^H\left(\frac{\partial \tilde{v}}{\partial s}\right)^2\mathrm{d}s$$

$$= f\left[1 - \left(\frac{\partial \tilde{v}}{\partial s}\right)^2\right] + \frac{\partial^2 \tilde{v}}{\partial s^2}\int_s^H f\frac{\partial \tilde{v}}{\partial s}\mathrm{d}s$$

$$(5.1.7)$$

求解上述方程的思路和第 3 章相同，先进行振型分解，对于线性方程有

$$m\frac{\partial^2 \tilde{v}}{\partial t^2} + K_b\frac{\partial^4 \tilde{v}}{\partial s^4} - mg\frac{\partial \tilde{v}}{\partial s} + mg(H-s)\frac{\partial^2 \tilde{v}}{\partial s^2} = \tilde{f}$$

$$(5.1.8)$$

第 i 阶频率为 ω_i，振型为 $\varphi_i(s)$，方程(5.1.8)的解可以写为

$$\tilde{v} = \sum_{i=1}^{\infty} \varphi_i(s)\tilde{q}(t)$$

$$(5.1.9)$$

将式(5.1.9)代入式(5.1.7)，左乘 $\varphi_j(s)$ 并沿全长进行积分，可得

$$m_j^* \ddot{q}_j + K_j^* q_j + \frac{m}{2}\int_0^H \varphi_j \sum_{i=1}^{\infty}\varphi_i' \tilde{q}_i \sum_{i=1}^{\infty}\varphi_i' \dot{q}_i \sum_{i=1}^{\infty}\varphi_i \dot{q}_i \mathrm{d}s + \frac{m}{2}$$

$$\times \int_0^H \varphi_j \sum_{i=1}^{\infty}\varphi_i'' \tilde{q}_i \int_s^H \left(\sum_{i=1}^{\infty}\varphi_i' \tilde{q}_i \sum_{i=1}^{\infty}\varphi_i \ddot{q}_i - \sum_{i=1}^{\infty}\varphi_i' \dot{q}_i \sum_{i=1}^{\infty}\varphi_i \dot{q}_i \right)\mathrm{d}s\mathrm{d}s - K_b$$

$$\times \int_0^H \varphi_j \sum_{i=1}^{\infty}\varphi_i'' \tilde{q}_i \int_s^H \sum_{i=1}^{\infty}\varphi_i''' \tilde{q}_i \sum_{i=1}^{\infty}\varphi_i'' \tilde{q}_i \mathrm{d}s\mathrm{d}s - \frac{mg}{2}\int_0^H \varphi_j \sum_{i=1}^{\infty}\varphi_i'' \tilde{q}_i \int_s^H \left(\sum_{i=1}^{\infty}\varphi_i' \tilde{q}_i \mathrm{d}s \right)^2 \mathrm{d}s\mathrm{d}s$$

$$+ \int_0^H \varphi_j \left[f\left(\sum_{i=1}^{\infty}\varphi_i' \tilde{q}_i \right)^2 - \sum_{i=1}^{\infty}\varphi_i'' \tilde{q}_i f \int_s^H \sum_{i=1}^{\infty}\varphi_i' \tilde{q}_i \mathrm{d}s \right]\mathrm{d}s = f_1^* \tag{5.1.10}$$

在实际工程中一阶振型能量占优，式(5.1.10)可以简化为

$$M_1^* \ddot{\tilde{q}}_1 + K_1^* \tilde{q}_1 + \nu_1 \tilde{q}_1^2 \ddot{\tilde{q}}_1 + \nu_2 \tilde{q}_1 \dot{\tilde{q}}_1^2 - \nu_3 \tilde{q}_1^3 + \nu_4 \tilde{q}_1^2 = f_1^* \tag{5.1.11}$$

式中，$\nu_1 = \frac{m}{2}\int_0^H \left(\varphi_1\varphi_1'' \int_s^H \varphi_1\varphi' \mathrm{d}s \right)\mathrm{d}s$；$\nu_2 = \frac{m}{2}\int_0^H \left(\varphi_1^2\varphi_1'^2 - \varphi_1\varphi_1'' \int_s^H \varphi_1\varphi_1' \mathrm{d}s \right)\mathrm{d}s$；

$\nu_3 = \int_0^H \left(K_b\varphi_1\varphi'' \int_s^H \varphi_1''\varphi_1''' \mathrm{d}s + \frac{mg}{2}\varphi_1\varphi_1'' \int_s^H \varphi_1'^2 \mathrm{d}s \right)\mathrm{d}s$；$\nu_4 = \int_0^H f\left(\varphi_1\varphi_1'^2 - \varphi_1\varphi_1'' \int_s^H \varphi_1' \mathrm{d}s \right)\mathrm{d}s$。

与第3章类似，接下来分析各分项在一个周期内做功大小，这样式(5.1.11)可以进一步简化为

$$M_1^* \ddot{\tilde{q}}_1 + K_1^* \tilde{q}_1 + \nu_1 \tilde{q}_1^2 \ddot{\tilde{q}}_1 = f_1^* \tag{5.1.12}$$

利用一个周期内做功等价的原理，式(5.1.12)可以等价为

$$\overline{M}_1^* \ddot{q}_1 + \overline{K}_1^* q_1 = f_1^* \tag{5.1.13}$$

式中，$\overline{M}_1^* = M_1^* + \frac{3}{4}\nu_1 A^2$；$\overline{K}_1^* = K_1^* - \frac{3}{4}\nu_1 A^2 \omega_1^2$，$A$ 为振动幅值。

由此可以得到一阶圆频率，即

$$\omega_{g1} = \sqrt{\frac{K_1^* - \frac{3}{4}\nu_1 A^2 \omega_1^2}{M_1^* + \frac{3}{4}\nu_1 A^2}} \approx \omega_1 \left(1 - \frac{3}{4}\frac{\nu_1}{M_1^*}A^2 \right) \tag{5.1.14}$$

振幅 A 是个随机变量，因此，质量、刚度和频率也是随机变量，统计意义上的等价线性质量和刚度分别为

$$\overline{M}_1^* = M_1^* + 3\nu_1 \sigma_{u1g}^2 \tag{5.1.15}$$

$$\overline{K}_1^* = K_1^* - 3\nu_1 \omega_1^2 \sigma_{u1g}^2 \tag{5.1.16}$$

等价基频为

$$\omega_{g1} \approx \omega_1 \left(1 - \frac{3}{2}\nu_1 \omega_1^2 \frac{\sigma_{u1g}^2}{M_1^*} \right) \tag{5.1.17}$$

实际工程中要考虑到结构的阻尼，方程(5.1.13)可以进一步写为

$$\overline{M}_1^* \ddot{\tilde{q}}_1 + C \dot{\tilde{q}}_1 + \overline{K}_1^* \tilde{q}_1 = f_1^* \tag{5.1.18}$$

求解式 (5.1.8) 的关键是求出方程的传递函数 H_{1g}，而方程中的刚度与振幅相关，设 $\tilde{q}_1(t) = H_{1g} e^{i\omega t}$，代入方程 (5.1.18) 可以得到

$$-\left(1 + \frac{3}{4}\frac{\nu_1}{M_1^*}|H_{1g}|^2\right)\omega^2 H_{1g}e^{i\omega t} + 2\xi_1\omega_1\omega H_{1g}e^{i\omega t} + \omega_1^2\left[1 - \frac{3\nu_1}{4M_1^*}|H_{1g}|^2\right]H_{1g}e^{i\omega t} = e^{i\omega t}$$

简化得

$$c^2|H_{1g}|^6 - 2ac|H_{1g}|^4 + (a^2 + b^2)|H_{1g}|^2 - 1 = 0 \tag{5.1.19}$$

式中，$a = \omega_1^2 - \omega^2$；$b = 2\xi_1\omega_1\omega$；$c = \dfrac{3}{4}\dfrac{\nu_1}{M_1^*}(\omega^2 + \omega_1^2)$。

横向风荷载作用下的计算与顺风向类似，对于一阶振型的位移和加速度，均方差可以写成

$$\sigma_{v1g}^2 = \int_0^\infty |H_{1g}(i\omega)|^2 S_{F_1}(\omega)\mathrm{d}\omega \tag{5.1.20a}$$

$$\sigma_{\dot{v}1g}^2 = \int_0^\infty |H_{1g}(i\omega)|^2 \omega^4 S_{F_1}(\omega)\mathrm{d}\omega \tag{5.1.20b}$$

5.2 结构参数对横风向风重耦合效应的影响

由于高耸结构的横风向风振的机制与顺风向不同，同时横风向没有平均风荷载，因此，横风向风重耦合效应不同于顺风向。影响横风向风重耦合效应的因素除了重刚比、结构阻尼比、地面粗糙度外，截面形状也是一个重要因素。矩形截面的横风向作用机理较为完善，这里以矩形截面高耸结构为例，分析风重耦合效应在横风向风振中所起的作用。当然，在考虑一般结构的横风向风振时，需要同时考虑顺风向和扭转向振动，三者具有耦合效应，这部分内容将在第 6 章再进行论述，这里只讨论横风向的风重耦合效应。

5.2.1 重刚比的影响

本节算例模型为上下均匀的正方形截面高耸结构，边长 40m，高度 300m，100 层，每层质量为 800000kg，结构阻尼比为 0.01，地面粗糙度为二类地面，地面以上 10m 处顺风向平均风速为 20m/s。

图 5.2.1 是不同重刚比下的结构基频变化曲线。上面一条是未计入风重耦合效应的，

下面一条是计入风重耦合效应的。图5.2.2是图5.2.1两曲线比较后，基频减小系数的曲线，两图表明基本规律与顺风向相同。

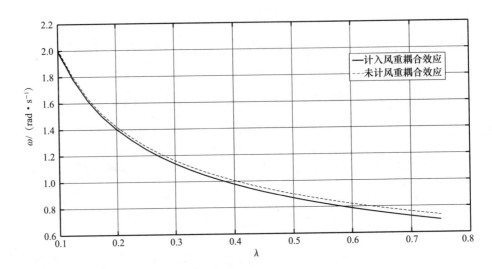

图5.2.1　不同重刚比下结构基频的变化

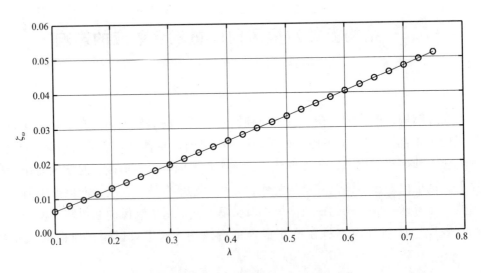

图5.2.2　不同重刚比下基频减小系数的变化

　　结构在横向风作用下的顶部位移和加速度响应变化规律与顺向风基本相同，所不同的是，深宽比加大时横风向的风振响应比顺风向大，由风重耦合效应产生的响应增大系数也比顺风向大些，且随着重刚比增大结构响应呈非线性增大。图5.2.3所示为不同重刚比下结构顶端位移响应随重刚比变化图，从图中可以看到曲线变化均为单调上升。计入风重耦合效应得到的顶部位移响应比传统计算得到的数值大。同时截面深宽比不同，响应变化趋势相同，但响应数值不同：深宽比较大的响应数值大于深宽比较小的。结构顶部加速度响应变化规律与顶部位移响应一致，这里就不再列出其变化图。

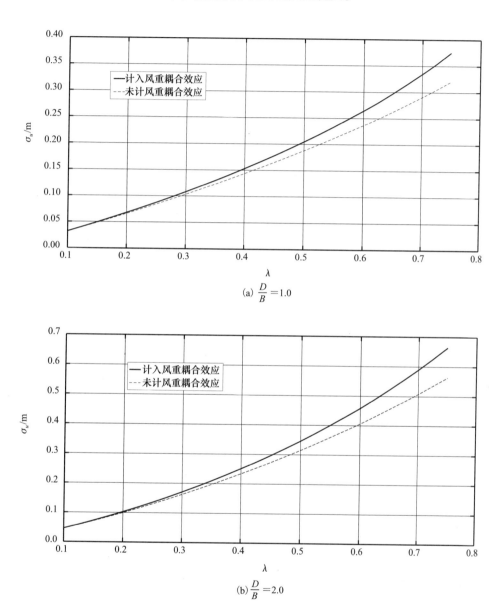

(a) $\dfrac{D}{B}=1.0$

(b) $\dfrac{D}{B}=2.0$

图 5.2.3　不同重刚比下横风向顶端位移响应曲线

图 5.2.4 所示为结构底部弯矩响应变化图，基本上表现为风重耦合效应随着重刚比增大而增大，而且当重刚比较大时增长幅度较大。图 5.2.5 所示为结构底部剪力响应变化图，其变化与顺风向不同，顺风向底部剪力与风重耦合效应无关，而横风向风振产生机理与顺风向不同，旋涡脱落与横向刚度有关，因而受到风重耦合效应的影响。

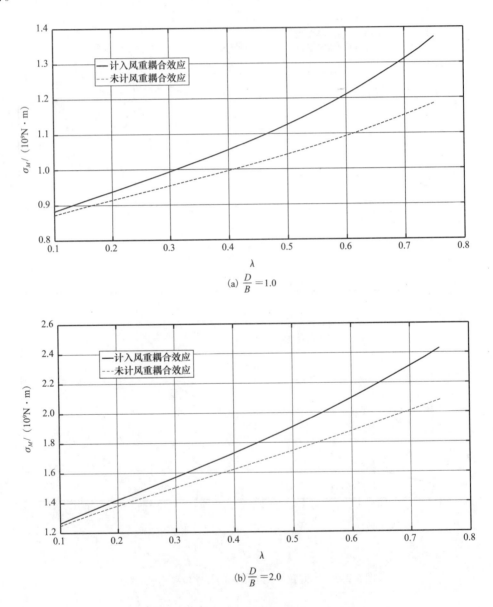

(a) $\dfrac{D}{B}=1.0$

(b) $\dfrac{D}{B}=2.0$

图 5.2.4　不同重刚比下横风向底部弯矩响应曲线

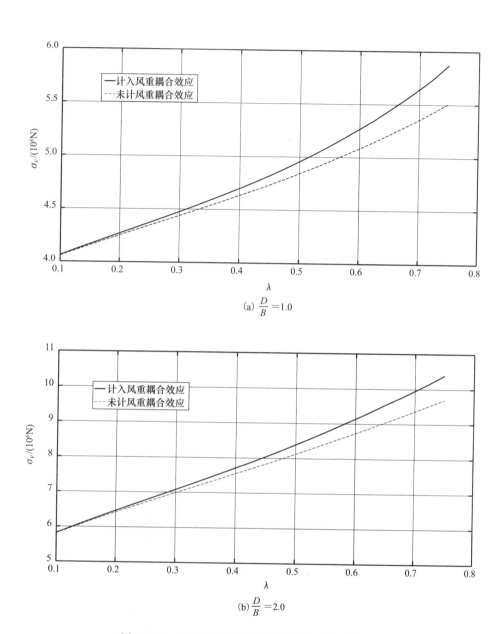

(a) $\dfrac{D}{B}=1.0$

(b) $\dfrac{D}{B}=2.0$

图 5.2.5　不同重刚比下横风向底部剪力响应曲线

图 5.2.6 所示为截面深宽比为 1 时结构顶端位移、速度和加速度响应变化系数（ζ_u、ζ_v、ζ_a）随重刚比变化的曲线图，从图中可知三者在数值变化上的关系：位移变化系数最大，速度变化系数次之，加速度变化系数最小。同时，三条曲线变化趋势一致，与顺风向相比，这三条曲线的上升趋势都比较快。

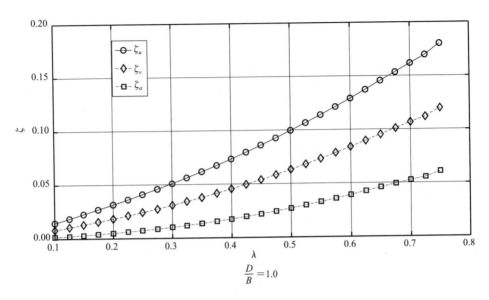

$$\frac{D}{B}=1.0$$

图 5.2.6　深宽比为 1 时不同重刚比下横风向结构响应变化系数曲线

5.2.2　结构阻尼的影响

这里比较结构阻尼对横风向激励下响应的影响。表 5.2.1 和表 5.2.2 分别表示在截面深宽比为 1 的条件下顶部位移响应变化系数和加速度响应变化系数，从总体上看，其变化规律和顺风向一致，阻尼比越大，位移响应变化系数越小，而且顶部位移响应变化系数比加速度响应变化系数要大。从不同的重刚比角度来看，重刚比对响应变化系数的影响要大于结构阻尼比的影响，而且结构响应变化系数随阻尼比增加变化很小。而加速度响应变化系数的变化规律和顶部位移响应变化系数结构有差异，当重刚比较大时，随着结构阻尼比的增加，加速度响应变化系数反而减小，但这种变化并不明显。

表 5.2.1　不同重刚比和阻尼比下的顶部位移响应变化系数　　单位:%

λ	$\xi=0.01$	$\xi=0.02$	$\xi=0.03$	$\xi=0.04$	$\xi=0.05$
0.10	1.370	1.357	1.352	1.348	1.346
0.15	2.113	2.088	2.080	2.075	2.071
0.20	2.899	2.856	2.845	2.839	2.834
0.25	3.732	3.668	3.653	3.646	3.641
0.30	4.620	4.527	4.509	4.501	4.496
0.35	5.571	5.443	5.421	5.412	5.406

λ	$\xi = 0.01$	$\xi = 0.02$	$\xi = 0.03$	$\xi = 0.04$	$\xi = 0.05$
0.40	6.595	6.423	6.396	6.386	6.380
0.45	7.705	7.479	7.445	7.434	7.427
0.50	8.916	8.623	8.580	8.566	8.557
0.55	10.247	9.870	9.814	9.795	9.782
0.60	11.717	11.237	11.162	11.136	11.116
0.65	13.354	12.742	12.644	12.604	12.574
0.70	15.102	14.411	14.278	14.220	14.173
0.75	17.237	16.268	16.090	16.004	15.932

表 5.2.2　不同重刚比和阻尼比下的加速度响应变化系数　　　单位:%

λ	$\xi = 0.01$	$\xi = 0.02$	$\xi = 0.03$	$\xi = 0.04$	$\xi = 0.05$
0.10	0.080	0.082	0.085	0.088	0.091
0.15	0.154	0.156	0.160	0.164	0.168
0.20	0.252	0.254	0.259	0.264	0.269
0.25	0.380	0.381	0.387	0.393	0.400
0.30	0.543	0.542	0.549	0.570	0.565
0.35	0.748	0.743	0.752	0.763	0.774
0.40	1.003	0.993	1.005	1.019	1.033
0.45	1.320	1.302	1.316	1.335	1.353
0.50	1.711	1.681	1.699	1.722	1.746
0.55	2.192	2.143	2.165	2.194	2.224
0.60	2.778	2.705	2.730	2.766	2.801
0.65	3.494	3.384	3.411	3.453	3.494
0.70	4.283	4.200	4.227	4.274	4.320
0.75	5.398	5.177	5.200	5.249	5.298

5.2.3 地面粗糙度的影响

本节要考虑不同地貌特征下位移响应变化，本算例计算条件如前，结构阻尼比为0.01，表 5.2.3 和表 5.2.4 分别表示在深宽比为 1 的条件下计算结构顶端位移响应变化系数和加速度响应变化系数。表中显示了横风向风重耦合效应在一般情况下随着地面粗糙度增长而增大，对于每列粗糙度响应变化系数变化就比较复杂。例如，A、B、C 类地区顶部位移响应变化系数随着重刚比增大而增大；D 类地区($\alpha = 0.30$)则先是随着重刚比增大而增大，而后减小。加速度响应变化系数的变化也符合这一规律，这一点与顺风向有明显不同。

在表格数据的对比中也可以看到，当结构重刚比较小时，结构响应随着地貌系数变化缓慢，当重刚比较大时这种变化就显得较快。此外，单纯从数值上看，当结构重刚比较大而建筑物又处于 D 类地区时，风重耦合效应使结构响应变化达到 1/3 以上，这说明横风向风振计算时，必须计入风重耦合效应，否则会给结构设计留下严重隐患。

表 5.2.3　不同地面粗糙度和重刚比下的结构顶端位移响应变化系数　　单位:%

λ	$\alpha = 0.12$	$\alpha = 0.16$	$\alpha = 0.22$	$\alpha = 0.30$
0.10	1.359	1.370	1.392	1.441
0.15	2.089	2.113	2.165	2.293
0.20	2.854	2.899	3.000	3.282
0.25	3.657	3.732	3.911	4.464
0.30	4.503	4.620	4.916	5.921
0.35	5.395	5.571	6.039	7.761
0.40	6.339	6.595	7.309	10.130
0.45	7.343	7.705	8.762	13.220
0.50	8.414	8.916	10.445	17.279
0.55	9.561	10.247	12.411	22.542
0.60	10.795	11.717	14.731	28.799
0.65	12.130	13.354	17.491	33.785
0.70	13.496	15.102	20.707	31.705
0.75	15.145	17.237	24.777	21.425

表 5.2.4　不同地面粗糙度和重刚比下的结构顶端加速度响应变化系数　　单位:%

λ	$\alpha=0.12$	$\alpha=0.16$	$\alpha=0.22$	$\alpha=0.30$
0.10	0.069	0.080	0.101	0.147
0.15	0.131	0.154	0.202	0.325
0.20	0.211	0.252	0.348	0.620
0.25	0.311	0.380	0.550	1.088
0.30	0.434	0.543	0.825	1.810
0.35	0.584	0.748	1.194	2.888
0.40	0.765	1.003	1.686	4.458
0.45	0.982	1.320	2.332	6.696
0.50	1.241	1.711	3.174	9.822
0.55	1.551	2.192	4.260	14.032
0.60	1.917	2.778	5.649	19.095
0.65	2.353	3.494	7.417	22.873
0.70	2.789	4.283	9.566	20.071
0.75	3.461	5.398	12.452	9.823

5.2.4　顺风向平均风速的影响

结构在横风向下的激励因素主要是旋涡脱落，而旋涡脱落的频率与顺风向平均风速成正比，一般情况下又是与横风向风功率谱成反比的。也就是说，旋涡脱落频率越高，风功率谱就越小。此外，横风向风功率谱又与结构固有频率大小成正比，因此，结构刚度较小时会引起主结构自振频率过小，再加上旋涡脱落频率高等因素，结构响应值会大幅度减小。而风重耦合效应相当于减小了结构自振频率，在这种情况下计入风重耦合效应的计算结果就会比传统计算结果要小。

从以上分析可以看出，当顺风向平均风速增大时，结构响应变化就会比较复杂，结构计入风重耦合效应产生的响应与未计入风重耦合效应的计算结果相比较，有增大的现象，也有减小的现象。图 5.2.7 所示为不同重刚比下顺风向平均风速与顶部位移响应之间的关系，与前述原因相同，由于旋涡脱落频率与顺风向平均风速成正比，尤其是当旋涡脱落频率接近或等于结构基频时，柔性结构响应达到峰值，而峰值的位置随重刚比增大而左移。从图中可以看出，计入风重耦合效应计算的结果曲线左移，也就是说，计入风重耦合效应时结构固有频率比未计风重耦合效应的要小。

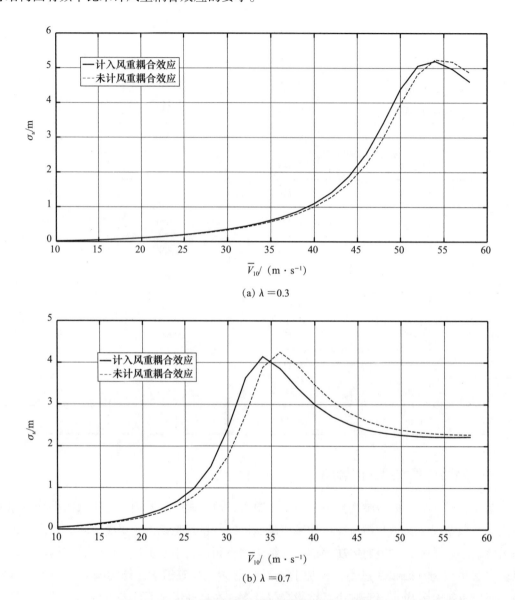

(a) λ=0.3

(b) λ=0.7

图 5.2.7　结构顶端位移响应与顺风向平均风速关系图

　　图 5.2.8 所示是三种不同顺风向平均风速情况下，是否计入风重耦合效应的结构顶端位移响应对比图。其采用的计算条件同前，地貌类别是 B 类。图中显示随着顺风向平均风速的增大，结构顶端位移响应整体呈现增长趋势。在每张图所示个体曲线上，当顺风向平均风速很小时，结构顶端位移响应与结构重刚比成正比；当顺风向平均风速较大时，结构顶端位移响应随结构重刚比增大呈加速增长趋势；当顺风向平均风速进一步加大时，结构顶端位移响应随着重刚比的增大先加速增长后又下降，也就

是说，曲线存在一个峰值。从另一个角度可以看到，当顺风向平均风速增长时，曲线的峰值逐渐向左侧移动。

此外，计入风重耦合效应的曲线和不计风重耦合效应的曲线相比较，存在如下规律：曲线位于峰值以左部分，计入风重耦合效应的计算结果要大于未计风重耦合效应的计算结果；曲线位于峰值以右部分，情况刚好相反。另外，随着顺风向平均风速的增长，两者之间的相对差异呈减小趋势。

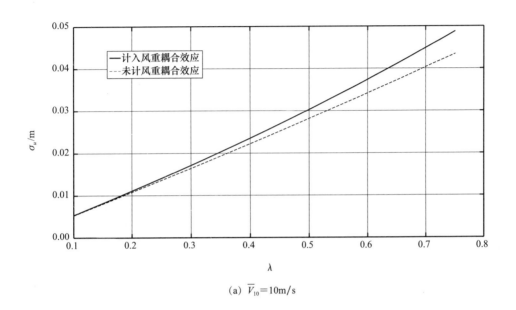

(a) $\overline{V}_{10}=10\text{m/s}$

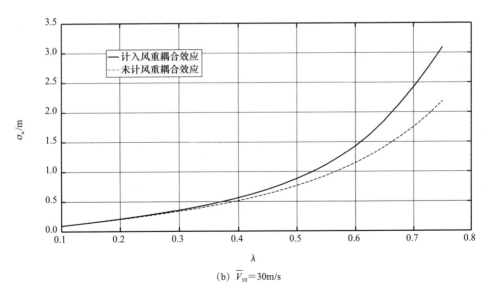

(b) $\overline{V}_{10}=30\text{m/s}$

图 5.2.8 不同顺风向平均风速下结构顶端位移响应与重刚比曲线

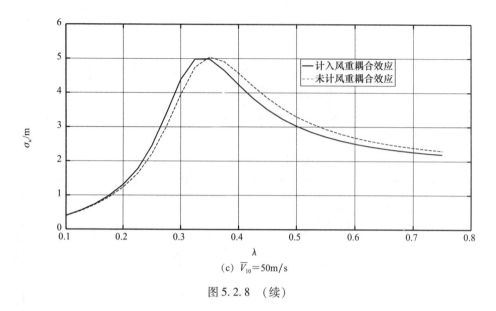

(c) $\overline{V}_{10} = 50\text{m/s}$

图 5.2.8 （续）

    表 5.2.5 为不同重刚比和顺风向平均风速下结构顶端位移响应变化系数，其反映了风重耦合效应的影响程度，表中正值表示风重耦合效应对响应起增大作用，负值表示起减小作用，这种现象可以由图 5.2.7 看出，正是由于计入风重耦合效应的曲线左移，才出现表中的现象。

    顺风向平均风速对应于规范的基本风压，其对风重耦合效应的影响在顺风向和横风向下是不同的，其原因是两者风重耦合效应起作用的机制不同，横风向由于作用机理更为复杂，产生的结果也是千差万别，而且本算例也仅仅考虑建筑物横截面为正方形的情况，当宽深比变化时，结果更为复杂，因此建议在横风向的响应计算中均应计入风重耦合效应。

    表 5.2.6 为不同重刚比和顺风向平均风速下结构顶端加速度响应变化系数，结果表明其规律与位移响应变化类似，变化幅度更大。

表 5.2.5　不同重刚比和顺风向平均风速下结构顶端位移响应变化系数　　单位:%

λ	$\overline{V}_{10}=10\text{m/s}$	$\overline{V}_{10}=20\text{m/s}$	$\overline{V}_{10}=30\text{m/s}$	$\overline{V}_{10}=40\text{m/s}$	$\overline{V}_{10}=50\text{m/s}$	$\overline{V}_{10}=60\text{m/s}$
0.10	1.330	1.370	1.429	1.531	1.725	2.111
0.15	2.028	2.113	2.263	2.581	3.322	5.008
0.20	2.749	2.899	3.211	4.011	6.128	8.585
0.25	3.493	3.732	4.319	6.059	10.781	-1.780
0.30	4.259	4.620	5.646	9.071	11.159	-5.915
0.35	5.051	5.571	7.272	13.477	-1.170	-5.873
0.40	5.867	6.595	9.299	19.045	-7.374	-5.005
0.45	6.711	7.705	11.860	20.201	-8.778	-4.157
0.50	7.582	8.916	15.298	8.483	-8.437	-3.470

λ	$\overline{V}_{10}=10\text{m/s}$	$\overline{V}_{10}=20\text{m/s}$	$\overline{V}_{10}=30\text{m/s}$	$\overline{V}_{10}=40\text{m/s}$	$\overline{V}_{10}=50\text{m/s}$	$\overline{V}_{10}=60\text{m/s}$
0.55	8.483	10.247	19.328	−3.920	−7.584	−2.925
0.60	9.415	11.717	24.695	−10.366	−6.679	−2.486
0.65	10.382	13.354	31.304	−12.995	−5.864	−2.118
0.70	11.301	15.102	38.131	−13.721	−5.232	−1.872
0.75	12.406	17.237	41.698	−13.368	−4.583	−1.532

表5.2.6　不同重刚比和顺风向平均风速下结构顶部加速度响应变化系数

λ	$\overline{V}_{10}=10\text{m/s}$	$\overline{V}_{10}=20\text{m/s}$	$\overline{V}_{10}=30\text{m/s}$	$\overline{V}_{10}=40\text{m/s}$	$\overline{V}_{10}=50\text{m/s}$	$\overline{V}_{10}=60\text{m/s}$
0.10	0.041	0.080	0.136	0.234	0.428	0.823
0.15	0.074	0.154	0.295	0.610	1.363	3.086
0.20	0.113	0.252	0.551	1.350	3.500	6.018
0.25	0.159	0.380	0.946	2.692	7.441	−4.686
0.30	0.210	0.543	1.538	4.967	7.177	−9.160
0.35	0.269	0.748	2.404	8.570	−5.317	−9.540
0.40	0.334	1.003	3.639	13.235	−11.742	−9.136
0.45	0.407	1.320	5.365	13.621	−13.503	−8.757
0.50	0.487	1.711	7.737	1.844	−13.596	−8.525
0.55	0.575	2.192	10.946	−10.381	−13.219	−8.414
0.60	0.671	2.778	15.193	−16.870	−12.805	−8.382
0.65	0.777	3.494	20.510	−19.733	−12.479	−8.399
0.70	0.817	4.283	25.917	−20.802	−12.305	−8.487
0.75	1.005	5.3978	28.228	−20.893	−12.137	−8.515

5.2.5　截面深宽比的影响

　　矩形截面的结构横风向激励不同于顺风向风的一个特点是横风向激励与截面的深宽比有关,下面以顶端位移响应和加速度响应为例说明风重耦合效应的变化规律。考虑到高耸结构深宽比差距一般不会很大,这里将深宽比限定在0.5~2进行计算。在计算中为了可比较性,设建筑楼层平面面积相同,这样每层的代表质量也相同,并且设某个方向弯矩刚度与截面宽度和高度的三次方成正比,其他计算条件同5.2.1节。

　　图5.2.9和图5.2.10所示分别为不同重刚比时的横风向顶端位移响应和加速度响应随深宽比变化的曲线,每幅图中的两条曲线分别是计入和未计风重耦合效应的计算结果。从图中可以看出,无论是顶端位移响应还是加速度响应,计入风重耦合效应的计算结果都比未计风重耦合效应的结果要大。

　　从每幅曲线图来看,结构响应的较大值均位于深宽比较大处,深宽比在1~1.5范围时，结构响应最小。同时，当深宽比一定时比较同一响应变化，可以分析出，随着重刚比增加，风重耦合效应增加，图形曲线也逐渐变平缓，此外，重刚比增加也使得响应曲线最低点对应的深宽比呈减小的趋势。

顶端位移响应图和加速度响应图中曲线的变化也存在差别：顶端位移响应两条曲线相对变化趋势随深宽比增大变化小；而加速度响应的两条曲线在深宽比较小时很接近，当深宽比较大时两条曲线逐渐分开。

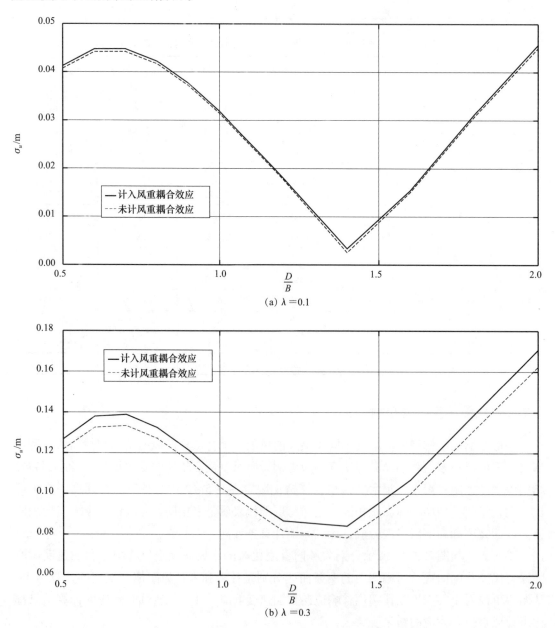

图 5.2.9　不同截面深宽比下结构顶端位移响应曲线

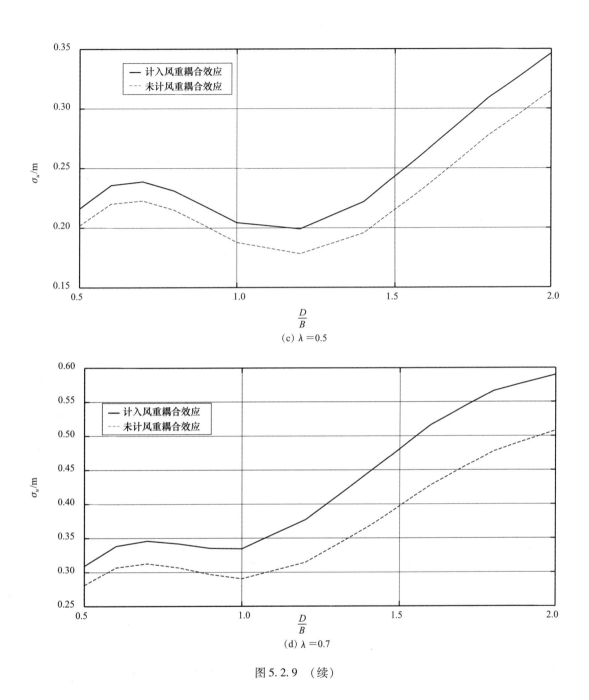

(c) $\lambda = 0.5$

(d) $\lambda = 0.7$

图 5.2.9　（续）

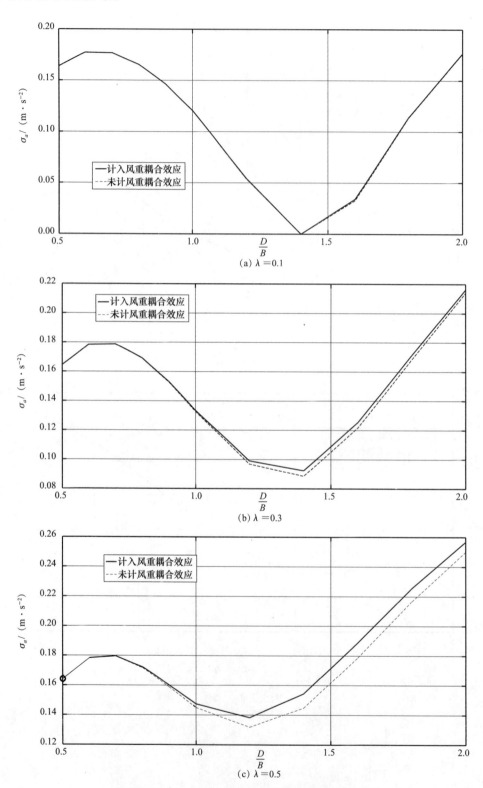

图 5.2.10 不同截面深宽比下结构加速度响应曲线

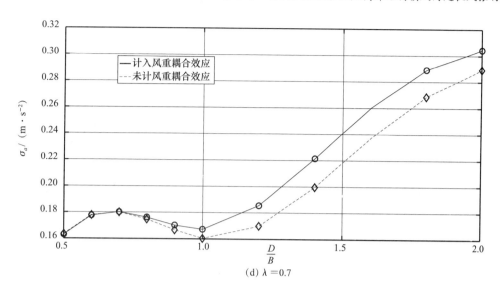

(d) $\lambda = 0.7$

图 5.2.10　（续）

图 5.2.11 所示为结构顶端位移、速度和加速度变化系数的曲线，曲线反映的情形与前面不同，中间大、两端小，也就是说，对应一个深宽比存在着一个响应变化系数最大值。此外，对应同一重刚比三条曲线形状基本一致，当重刚比较小时，三条曲线变化比较突兀，随着重刚比增大三条曲线就变得平缓。

进一步计算表明，当深宽比大于 2 时，风重耦合效应变化系数会产生负值，而且变化不规则。这是由于风重耦合效应在一定程度上使结构更为柔弱，而结构过于柔弱，气弹效应就会增强，动力特性也会发生变化。这里要说明的是，一般高耸结构深宽比不会很大，图 5.2.11 所示深宽比范围是一般高耸结构常见的比例。

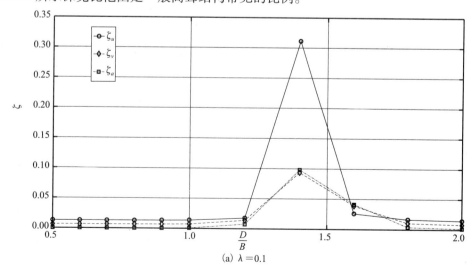

(a) $\lambda = 0.1$

图 5.2.11　不同重刚比下结构响应变化系数随深宽比变化曲线

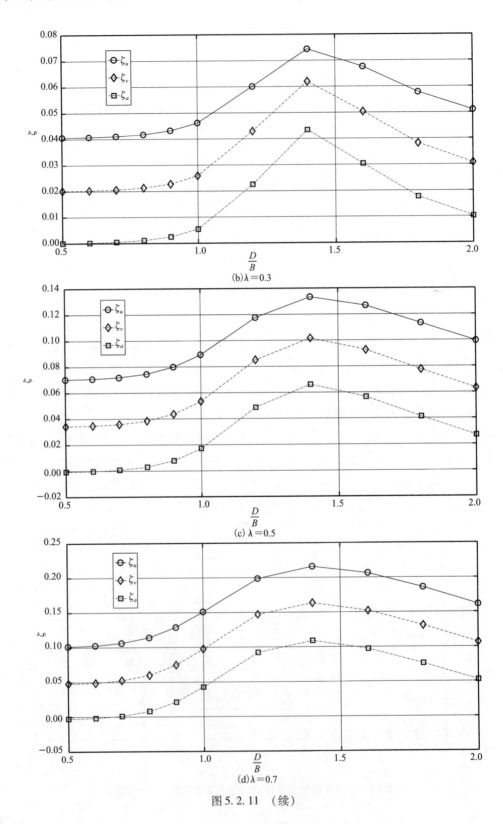

图 5.2.11 （续）

5.3　矩形截面高耸结构横风向等效静力风荷载

与顺风向荷载理论相比，横风向等效静力风荷载理论十分不成熟，其主要原因在于横风向激励来自尾流激励、紊流激励和气动弹性激励，准常定假设不再适用，同时横风向激励平均值为零，阵风荷载因子法不再适用。国内一些研究人员[27,28]在研究一些特殊截面高耸结构风洞试验的基础上推导了横风向等效静力风荷载。日本规范和我国现行荷载规范都给出了横风向等效静力风荷载的计算方法，也仅仅考虑了共振部分分量。当计入风重耦合效应后，等效静力荷载共振部分发生了变化，也就是说重力导致了结构自身的动力特性改变。本节和第4章步骤相同，同样可以得到计入风重耦合效应的等效静力风荷载表达式，所不同的是横风向激励的功率谱密度函数不同于顺风向。

根据式(5.1.8)，横风向结构顶部位移和加速度响应量分别为

$$\sigma_{v1g}^2 = \int_0^\infty |H_{1g}(i\omega)|^2 S_{F_1}(\omega)\,\mathrm{d}\omega$$

$$= \int_0^\infty |H_{1g}(i\omega)|^2 \frac{\int_0^H\int_0^H \varphi_1(z_1)\varphi_1(z_2)S_{PP}(\omega,z_1,z_2)\,\mathrm{d}z_1\mathrm{d}z_2}{m_1^{*2}}\mathrm{d}\omega \tag{5.3.1a}$$

$$\sigma_{\ddot{v}1g}^2 = \int_0^\infty |H_{1g}(i\omega)|^2\omega^4 S_{F_1}(\omega)\,\mathrm{d}\omega$$

$$= \int_0^\infty |H_{1g}(i\omega)|^2\omega^4 \frac{\int_0^H\int_0^H \varphi_1(z_1)\varphi_1(z_2)S_{PP}(\omega,z_1,z_2)\,\mathrm{d}z_1\mathrm{d}z_2}{m_1^{*2}}\mathrm{d}\omega \tag{5.3.1b}$$

这样与第4章顺风向惯性力风荷载分布值类似，惯性力分量和重力分量分布值可以分别写成

$$p_{rRL} = g_R m(z)\varphi_1(z)\sigma_{\ddot{v}R1}$$

$$= \frac{g_R m(z)\varphi_1(z)}{m_1^*}\sqrt{\int_0^\infty |H_{1g}(i\omega)|^2\omega^4\left[\int_0^H\int_0^H \varphi_1(z_1)\varphi_1(z_2)S_{PP}(\omega,z_1,z_2)\,\mathrm{d}z_1\mathrm{d}z_2\right]\mathrm{d}\omega}$$

$$\tag{5.3.2a}$$

$$p_{rGL} = g_R[N(s)\varphi_1''(s) - m(s)g\varphi_1'(s)]\sigma_{vR1}$$

$$= \frac{g_R[N(s)\varphi_1''(s) - m(s)g\varphi_1'(s)]}{m_1^*}\sqrt{\int_0^\infty |H_{1g}(i\omega)|^2\left[\int_0^H\int_0^H \varphi_1(z_1)\varphi_1(z_2)S_{PP}(\omega,z_1,z_2)\,\mathrm{d}z_1\mathrm{d}z_2\right]\mathrm{d}\omega}$$

$$\tag{5.3.2b}$$

最后的等效静力风荷载的合成公式与第 4 章类似。下面通过计算来分析风重耦合效应对横风向等效静力风荷载的影响，计算条件同 5.2 节。

图 5.3.1 所示是横风向风荷载各个分量沿建筑物高度分布图，图中点画线是重力分量，虚线是惯性分量，实线是两者的合量。从图中可以看出，重力分项底部大、上部小，而合力也呈现出底部大(由于重力分项存在而增大很多)的特征，上部基本上与惯性分量一致。同时图 5.3.1(a)、(b)分别是重刚比为 0.3 和 0.6 时的情况。从图中可以看出，重刚比较大时，重力分项显著增大。

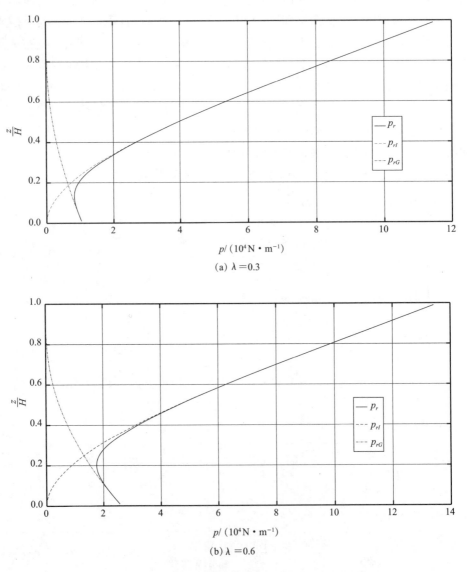

(a) $\lambda = 0.3$

(b) $\lambda = 0.6$

图 5.3.1 等效静力风荷载及分量沿建筑高度的分布图

图 5.3.2 给出了不同重刚比下横风向等效静力风荷载的分布图,从图中可知,重刚比对风重耦合效应的影响还是很大的:重刚比为 0.3 时基本上只有底部存在差异,上部的差异很小,由于底部横向荷载对结构影响很小,因此,对结构整体响应影响不大;当重刚比为 0.6 时,很明显结构上部的差异增大,因而结构响应也就增大。

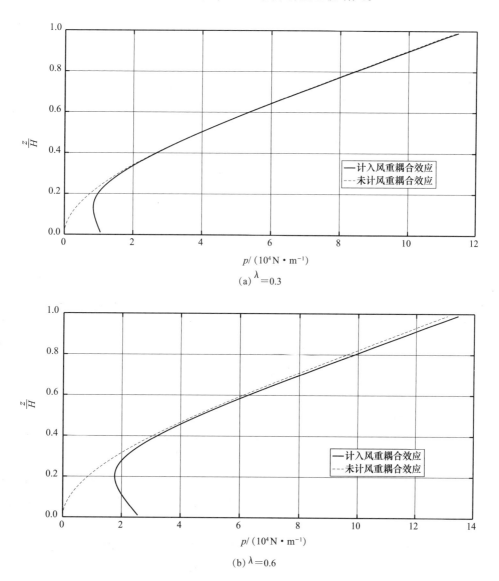

图 5.3.2　不同重刚比等效静力风荷载沿建筑高度的分布对比

5.4 小 结

本章针对横风向激励的风重耦合效应进行了计算，分析了结构参数和地貌等对风重耦合效应的影响，并计算了横风向等效静力风荷载。总结本章成果，可以得到以下结论：

（1）考虑风重耦合效应的横风向结构响应变化比顺风向要大，而且随结构重刚比增加加速增长，在超高层结构的设计中横风向的风重耦合效应不能忽略。同时就结构顶部位移、速度和加速度而言，结构顶部位移对风重耦合效应最敏感。速度次之，加速度最不敏感。

（2）结构阻尼比对横风向风重耦合效应有影响，阻尼比越大，风重耦合效应就相对越弱一点，但这种变化很小，可以忽略不计。

（3）地貌对横风向风重耦合效应影响较大，当重刚比较大时，地面粗糙度越大，风重耦合效应就越大。此外，在结构重刚比较小的情况下，不同的地貌地区差异较小，而重刚比较大时则差异很大。

（4）基本风压对横风向影响是多方面的，当基本风压较小时，风重耦合效应使结构响应随着重刚比增长而增长，当基本分压增加时，风重耦合效应使结构响应先是随着重刚比增长而增长，达到峰值后随着重刚比增长而下降。

（5）不同深宽比对风重耦合有较大影响，在深宽比小于 2 时，风重耦合效应有增大、减小、再增大的变化，但当深宽比大于 2 时，没有确切的规律，计算时应考虑风重耦合效应。

（6）横风向等效静力风荷载在计入风重耦合效应时，惯性项也会因为重力影响而发生变化，同时还会多出重力项，重力项对分布荷载的影响主要是在底部，只有当结构重刚比较大时，对分布荷载上部的影响才会比较明显。

（7）与顺风向类似，当结构重刚比大于 0.3 时，需要进行风重耦合效应验算，同时建议对横风向进行动力失稳计算，以识别个别情况下结构可能发生的失稳状况。

参 考 文 献

［1］KWOK K C S, MELBOURNE W H. Cross wind response of structures due to displacement dependent lock in excitation［J］. Journal of Wind Engineering, 1979, 2：458.

［2］SOLARI G. Mathematical model to predict 3-D wind loading on buildings［J］. Journal of Engineering Mechanics, 1985, 111(2)：245.

［3］ISLAM S M, ELLINGWOOD B, COROTIS R B. Dynamic response of tall buildings to stochastic wind load［J］. Journal of Wind Engineering, 1990, 116(11)：2982.

［4］KAREEM A. Dynamic response of high-rise buildings to stochastic wind loads［J］. Journal of Wind Engineering and Industrial Aerodynamics, 1992, 42(1-3)：1101.

［5］CHENG C M, LU P C, TSAI M S. Across-wind aerodynamic damping of isolated square-shaped buildings［J］. Journal of Wind Engineering and Industrial Aerodynamics, 2002, 90(12-15)：1743.

［6］KWOK K C S, MELBOURNE W H. Wind-induced lock in excitation of tall structures［J］. Journal of the Structural Division, ASCE, 1981, 107(1)：57.

［7］STECKLY A. Motion-induced wind forces on chimneys and tall buildings［D］. Ontario：The University of Western Ontario, 1989.

［8］全涌, 顾明. 超高层建筑横风向气动力谱［J］. 同济大学学报(自然科学版), 2002, 30(5)：627.

［9］CHENG C M, LU P C, CHEN R H. Wind loads on square cylinder in homogenous turbulent flows［J］. Journal of Wind Engineering and Industrial Aerodynamics, 1992, 41(1-3)：739.

［10］YEH H, WAKAHARA T. Wind-induced forces on a slender rectangular column structure［C］. Proceedings of the 2nd European & African Conference on Wind Engineering Genova：［s. n.］, 1997：312-326.

［11］梁枢果, 刘胜春, 张亮亮, 等. 矩形高层建筑横风向动力风荷载解析模型［J］. 空气动力学学报, 2002, 20(1)：32.

［12］张建国, 叶丰, 顾明. 典型超高层建筑横风向气动力谱的构成分析［J］. 北京工业大学学报, 2006, 32(2)：104.

［13］MARUKAWA H, OHKUMA T, MOMOMURA Y. Across-wind and torsional acceleration of prismatic high rise building［J］. Journal of Wind Engineering and Industrial Aerodynamics, 1992, 42(1-3)：1139.

［14］KANDA J, CHOI H. Correlating dynamic wind force components on 3-D cylinders［J］. Journal of Wind Engineering and Industrial Aerodynamic, 1992, 41(1-3)：785.

［15］ISYUMOV N, FEDIW A A, COLACO J, et al. Performance of a tall building under wind action［J］. Journal of Wind Engineering and Industrial Aerodynamic, 1992, 42(1-3)：1053.

［16］KAREEM A. Wind excited motion of building［D］. Fort Collin：Colorado University, 1978.

［17］STECKLEY A, VICKERY B J, ISYUMOV N. On the measurement of motion induced forces on models in turbulent shear flow［J］. Journal of Wind Engineering and Industrial Aerodynamics, 1990, 36(1-3)：339.

［18］VICKERY B J, STECKLEY A. Aerodynamic damping and vortex excitation on an oscillating prism in turbulent shear flow［J］. Journal of Wind Engineering and Industrial Aerodynamics, 1993, 49(1-3)：121.

［19］WATANABE Y, ISYUMOV N, DAVENPORT A G. Empirical aerodynamic damping function for tall buildings［J］. Journal of Wind Engineering and Industrial Aerodynamics, 1997, 72(1-3): 313.

［20］JEARY A P. Establishing non – linear damping characteristics of structures from non – stationary response time history［J］. Structural. Engineer, 1992, 70(4): 61.

［21］JEARY A P. The Description and measurement of nonlinear damping in structure［J］. Journal of Wind Engineering and Industrial Aerodynamics, 1996, 59(2-3): 103.

［22］TAMURA Y, SUGANUMA S Y. Evaluation of amplitude – dependent damping and natural frequency of buildings during strong winds［J］. Journal of Wind Engineering and Industrial Aerodynamics, 1996, 59(2-3): 115.

［23］Architectural Institute of Japan-AIJ. AIJ 2004 Recommendations for loads on building［S］. Tokyo: Architectural Institute of Japan, 2004.

［24］中华人民共和国住房和城乡建设部, 中华人民共和国质量监督检验检疫总局. 建筑结构荷载规范: GB 50009—2012［S］. 北京: 中国建筑工业出版社, 2012.

［25］全涌. 超高层建筑气动弹性模型风洞试验研究［D］. 上海: 同济大学, 1999.

［26］梁枢果, 夏法宝, 邹良浩, 等. 矩形高层建筑横风向风振响应简化计算［J］. 建筑结构学报, 2004, 25(5): 48-54.

［27］鞠红梅, 田玉基. 矩形截面高层建筑横风向等效静力荷载分析［J］. 武汉理工大学学报, 2010, 32(9): 170-173.

［28］邹垚, 梁枢果, 彭德喜, 等. 考虑二阶振型的矩形高层建筑横风向风振响应简化计算［J］. 建筑结构学报, 2011, 32(4): 39-45.

第 6 章　计入风重耦合效应超高层建筑
三维响应分析

前面几章讨论了顺风向和横风向高耸结构的风重耦合效应问题，为了处理问题方便，只考虑了单个方向的风重耦合问题。但实际工程是复杂的，特别是对于平面形状复杂的高层建筑，其平面形心、刚心和质心均不一致，由于偏心的存在，在振动时楼层平面往往会产生扭转。因此，实际工程的计算往往比单向振动要复杂得多。国内外高层建筑中有不少建筑是因为扭转而产生严重的振动响应的。例如，1926 年的美国迈阿密耶基塞大楼[1]、20 世纪 70 年代的加拿大（Commerce Court）大楼等。1975 年，Hart 整理了洛杉矶近 100 栋高层建筑的实测数据，发现建筑物周边的加速度数值中结构扭转加速度的影响超过结构平动加速的影响[2]。

从 20 世纪 80 年代开始，不少学者都开始进行偏心结构风振问题的研究[3-18]，并且已经形成了一套比较成熟的方法。由于实际工程偏心问题的复杂性，每个工程都需要特定试验和分析，因此一般无特殊的规律可循。本章在前面工作的基础上，探讨超高层建筑风重耦合在实际工程中计算分析的有效方法，为风重耦合效应工程计算提供理论支撑和计算方法。

6.1　计入风重耦合效应超高层建筑三维有限元方程

前面是在建立连续体的动力方程基础上进行分析的，考虑到三维分析的复杂性，本章通过直接建立有限元方程来分析计算风重耦合效应的影响。

一般高层结构楼层在水平荷载作用下均会发生两个水平方向和一个扭转方向的运动。在风重耦合效应中，采用以楼层为节点和以层间杆件为单元的有限元模型，既可以分析结构整体运动状态，又可以有效减小计算的自由度。这里以每个楼层顺风向、横风向和扭转向位移为未知数，考虑层间构件的双向弯曲变形和扭转变形，以此来构建整体结构的有限元方程。

6.1.1　基本假设

结构分析的第一步是建立方程，与前面相同，本章的计算以楼层两个水平方向的位移和楼层旋转角为求解参数建立结构整体分析的模型，在计算中采用以下假设：

（1）在风重耦合作用下，结构产生的变形是线弹性变形。

（2）只考虑结构的抖振，不考虑气弹效应。

（3）建筑楼层平面外会产生变形，但由于此变形属于局部变形，对整体结构影响不大，在整体分析中可以只考虑楼面做整体转动。

（4）不考虑结构竖向压缩变形。

（5）结构整体变形为弯曲变形和楼面扭转变形，变形由层间结构构件产生。

以上假设基本与第2章2.1节相同，（3）、（4）、（5）条假设是为了考虑建立三维模型而设定的，这也符合一般高层建筑的变形情况，许多文献都采用这种模型来分析结构三维风振[19-21]。图6.1.1所示为计算模型示意图。

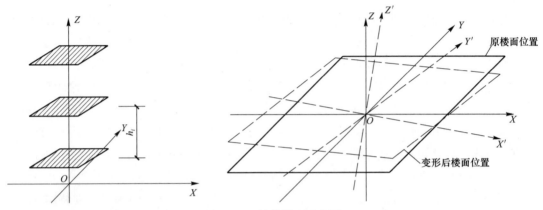

图 6.1.1　计算模型示意图

6.1.2　层间构件端部力与位移的关系

本章的目的和第2章相同，为了减少未知数，均采用楼层部位的位移和转角作为未知量。要获得楼层构件端部力和楼面位移的表达式，就需要考虑两个水平方向的弯曲变形和绕 Z 轴的扭转变形，这里设 X、Y、Z 三个方向位移分别为 u、v、ω，转角位移分别为 α、β、γ。下面分别给出这三种变形力与位移的表达式。

1. 绕 Y 轴弯曲的剪力和弯矩

在这部分可以按照结构力学的公式得到位移与力的公式，假设 i 层和 $i-1$ 层之间弯曲杆件的弯曲刚度为 $k_{y,i}$，弯矩与剪力的表达式分别为：

第一层下部：

$$M_{y,1}^b = -\left[\frac{4k_{y,1}}{h_1}\beta_{r,1}^{(1)} - \frac{6k_{y,1}}{h_1^2}u_{r,1}^{(1)}\right] \tag{6.1.1a}$$

$$Q_{x,1}^b = -\left[-\frac{6k_{y,1}}{h_1^2}\beta_{r,1}^{(1)} + \frac{12k_{y,1}}{h_1^3}u_{r,1}^{(1)}\right] \tag{6.1.1b}$$

第一层上部：

$$M_{y,1}^t = -\left\{\frac{k_{y,2}}{h_2}\left[4\beta_{r,1}^{(2)} + 2\beta_{r,2}^{(2)}\right] + \frac{6k_{y,2}}{h_2^2}\left[u_{r,1}^{(2)} - u_{r,2}^{(2)}\right]\right\} \tag{6.1.1c}$$

$$Q_{x,1}^t = -\left\{ \frac{6k_{y,2}}{h_2^2}\left[\beta_{r,1}^{(2)} + \beta_{r,2}^{(2)}\right] + \frac{12k_{y,1}}{h_2^3}\left[u_{r,1}^{(2)} - u_{r,2}^{(2)}\right]\right\} \tag{6.1.1d}$$

中间层下部：

$$M_{y,i}^b = -\left\{ \frac{k_{y,i}}{h_i}\left[4\beta_{r,i}^{(i)} + 2\beta_{r,i-1}^{(i)}\right] - \frac{6k_{y,i}}{h_i^2}\left[u_{r,i}^{(i)} - u_{r,i-1}^{(i)}\right]\right\} \tag{6.1.1e}$$

$$Q_{x,i}^b = -\left\{ -\frac{6k_{y,i}}{h_i^2}\left[\beta_{r,i}^{(i)} + \beta_{r,i-1}^{(i)}\right] + \frac{12k_{y,i}}{h_i^3}\left[u_{r,i}^{(i)} - u_{r,i-1}^{(i)}\right]\right\} \tag{6.1.1f}$$

中间层上部：

$$M_{y,i}^t = -\left\{ \frac{k_{y,i+1}}{h_{i+1}}\left[4\beta_{r,i}^{(i+1)} + 2\beta_{r,i+1}^{(i+1)}\right] + \frac{6k_{y,i+1}}{h_{i+1}^2}\left[u_{r,i}^{(i+1)} - u_{r,i+1}^{(i+1)}\right]\right\} \tag{6.1.1g}$$

$$Q_{x,i}^t = -\left\{ \frac{6k_{x,i+1}}{h_{i+1}^2}\left[\beta_{r,i}^{(i+1)} + \beta_{r,i+1}^{(i+1)}\right] + \frac{12k_{x,i+1}}{h_{i+1}^3}\left[u_{r,i}^{(i+1)} - u_{r,i+1}^{(i+1)}\right]\right\} \tag{6.1.1h}$$

顶层下部：

$$M_{y,n}^b = -\left\{ \frac{k_{y,n}}{h_n}\left[4\beta_{r,n}^{(n)} + 2\beta_{r,n-1}^{(n)}\right] - \frac{6k_{y,n}}{h_n^2}\left[u_{r,n}^{(n)} - u_{r,n-1}^{(n)}\right]\right\} \tag{6.1.1i}$$

$$Q_{x,n}^b = -\left\{ -\frac{6k_{x,n}}{h_n^2}\left[\beta_{r,n}^{(n)} + \beta_{r,n-1}^{(n)}\right] + \frac{12k_{x,n}}{h_n^3}\left[u_{r,n}^{(n)} - u_{r,n-1}^{(n)}\right]\right\} \tag{6.1.1j}$$

式中，M 表示弯矩；Q 表示剪力；下标表示方向和层号；上标表示第几层杆件。

由于刚度中心与坐标中心不一致，体系绕 O 点转动，会使刚度中心产生额外的位移，因而水平方向的受弹性力应该是弯曲刚度乘合位移；上述公式中的位移变形是指刚度中心的变形，而每层刚度中心位移是不同的，上式中的位移可以通过下式换算，即

$$u_{r,j}^{(i)} = u_j - y_{r,i}\gamma_j \tag{6.1.2}$$

将式(6.1.2)代入(6.1.1)各式，同时将构件杆端力相加，可以得到

$$M_{y,1}^b + M_{y,1}^t = -4\left(\frac{k_{y,1}}{h_1} + \frac{k_{y,2}}{h_2}\right)\beta_1 - \frac{2k_{y,2}}{h_2}\beta_2 + 6\left(\frac{k_{y,1}}{h_1^2} - \frac{k_{y,2}}{h_2^2}\right)u_1 + \frac{6k_{y,2}}{h_2^2}u_2$$
$$+ 4\left(\frac{k_{y,1}y_{r,1}}{h_1} + \frac{k_{y,2}y_{r,2}}{h_2}\right)\gamma_1' + \frac{2k_{y,2}y_{r,2}}{h_2}\gamma_2' - 6\left(\frac{k_{y,1}y_{r,1}}{h_1^2} - \frac{k_{y,2}y_{r,2}}{h_2^2}\right)\gamma_1 - \frac{6k_{y,2}y_{r,2}}{h_2^2}\gamma_2$$

$$\tag{6.1.3a}$$

$$Q_{x,1}^b + Q_{x,1}^t = 6\left(\frac{k_{y,1}}{h_1^2} - \frac{k_{y,2}}{h_2^2}\right)\beta_1 - \frac{6k_{y,2}}{h_2^2}\beta_2 - 12\left(\frac{k_{y,1}}{h_1^3} + \frac{k_{y,2}}{h_2^3}\right)u_1 + \frac{12k_{y,2}}{h_2^3}u_2$$
$$- 6\left(\frac{k_{y,1}y_{r,1}}{h_1^2} - \frac{k_{y,2}y_{r,2}}{h_2^2}\right)\gamma_1' + \frac{6k_{y,2}}{h_2^2}\gamma_2' + 12\left(\frac{k_{y,1}y_{r,1}}{h_1^3} + \frac{k_{y,2}y_{r,2}}{h_2^3}\right)\gamma_1 - \frac{12k_{y,2}y_{r,2}}{h_2^3}\gamma_2$$

$$\tag{6.1.3b}$$

$$M_{y,i}^b + M_{y,i}^t = -\frac{2k_{y,i}}{h_i}\beta_{i-1} - 4\left(\frac{k_{y,i}}{h_i} + \frac{k_{y,i+1}}{h_{i+1}}\right)\beta_i - \frac{2k_{y,i+1}}{h_{i+1}}\beta_{i+1} - \frac{6k_{y,i}}{h_i^2}u_{i-1} + 6\left(\frac{k_{y,i}}{h_i^2} - \frac{k_{y,i+1}}{h_{i+1}^2}\right)u_i$$

$$+ \frac{6k_{y,i+1}}{h_{i+1}^2}u_{i+1} + \frac{2k_{y,i}y_{r,i}}{h_i}\gamma'_{i-1} + 4\left(\frac{k_{y,i}y_{r,i}}{h_i} + \frac{k_{y,i+1}y_{r,i+1}}{h_{i+1}}\right)\gamma'_i + \frac{2k_{y,i+1}y_{r,i+1}}{h_{i+1}}\gamma'_{i+1}$$

$$+ \frac{6k_{y,i}y_{r,i}}{h_i^2}\gamma_{i-1} - 6\left(\frac{k_{y,i}y_{r,i}}{h_i^2} - \frac{k_{y,i+1}y_{r,i+1}}{h_{i+1}^2}\right)\gamma_i - \frac{6k_{y,i+1}y_{r,i+1}}{h_{i+1}^2}\gamma_{i+1} \qquad (6.1.3c)$$

$$Q_{x,i}^b + Q_{x,i}^t = \frac{6k_{y,i}}{h_i^2}\beta_{i-1} + 6\left(\frac{k_{y,i}}{h_i^2} - \frac{k_{y,i+1}}{h_{i+1}^2}\right)\beta_i - \frac{6k_{y,i+1}}{h_{i+1}^2}\beta_{i+1} + \frac{12k_{y,i}}{h_i^3}u_{i-1} - 12\left(\frac{k_{y,i}}{h_i^3} + \frac{k_{y,i+1}}{h_{i+1}^3}\right)u_i$$

$$+ \frac{12k_{y,i+1}}{h_{i+1}^3}u_{i+1} - \frac{6k_{y,i}y_{r,i}}{h_i^2}\gamma'_{i-1} - 6\left(\frac{k_{y,i}y_{r,i}}{h_i^2} - \frac{k_{y,i+1}y_{r,i+1}}{h_{i+1}^2}\right)\gamma'_i + \frac{6k_{y,i+1}y_{r,i+1}}{h_{i+1}^2}\gamma'_{i+1}$$

$$- \frac{12k_{y,i}y_{r,i}}{h_i^3}\gamma_{i-1} + 12\left(\frac{k_{y,i}y_{r,i}}{h_i^3} + \frac{k_{y,i+1}y_{r,i+1}}{h_{i+1}^3}\right)\gamma_i - \frac{12k_{y,i+1}y_{r,i+1}}{h_{i+1}^3}\gamma_{i+1} \qquad (6.1.3d)$$

$$M_{y,n}^b = -\frac{k_{y,n}}{h_n}(4\beta_n + 2\beta_{n-1}) + \frac{6k_{y,n}}{h_n^2}(u_n - u_{n-1}) + \frac{k_{y,n}y_{r,n}}{h_n}(4\gamma'_n + 2\gamma'_{n-1}) - \frac{6k_{y,n}y_{r,n}}{h_n^2}(\gamma_n - \gamma_{n-1})$$

$$\qquad (6.1.3e)$$

$$Q_{x,n}^b = \frac{6k_{y,n}}{h_n^2}(\beta_n + \beta_{n-1}) - \frac{12k_{y,n}}{h_n^3}(u_n - u_{n-1}) - \frac{6k_{y,n}y_{r,n}}{h_n^2}(\gamma'_n + \gamma'_{n-1}) + \frac{12k_{y,n}y_{r,n}}{h_n^3}(\gamma_n - \gamma_{n-1})$$

$$\qquad (6.1.3f)$$

2. 绕 X 轴弯曲的剪力和弯矩

和前面过程相同, 同时考虑到刚度中心处 Y 方向位移和扭转角 γ 的关系式为

$$v_{r,j}^{(i)} = v_j + y_{r,i}\gamma_j \qquad (6.1.4)$$

这样可以得到以下关系式:

$$M_{x,1}^b + M_{x,1}^t = -4\left(\frac{k_{x,1}}{h_1} + \frac{k_{x,2}}{h_2}\right)\alpha_1 - \frac{2k_{x,2}}{h_2}\alpha_2 + 6\left(\frac{k_{x,1}}{h_1^2} - \frac{k_{x,2}}{h_2^2}\right)v_1 + \frac{6k_{x,2}}{h_2^2}v_2$$

$$-4\left(\frac{k_{x,1}x_{r,1}}{h_1} + \frac{k_{x,2}x_{r,2}}{h_2}\right)\gamma'_1 - \frac{2k_{x,2}x_{r,2}}{h_2}\gamma'_2 + 6\left(\frac{k_{x,1}x_{r,1}}{h_1^2} - \frac{k_{x,2}x_{r,2}}{h_2^2}\right)\gamma_1 + \frac{6k_{x,2}x_{r,2}}{h_2^2}\gamma_2$$

$$\qquad (6.1.5a)$$

$$Q_{y,1}^b + Q_{y,1}^t = 6\left(\frac{k_{x,1}}{h_1^2} - \frac{k_{y,2}}{h_2^2}\right)\alpha_1 - \frac{6k_{x,2}}{h_2^2}\alpha_2 - 12\left(\frac{k_{x,1}}{h_1^3} + \frac{k_{x,2}}{h_2^3}\right)v_1 + \frac{12k_{x,2}}{h_2^3}v_2$$

$$+ 6\left(\frac{k_{x,1}x_{r,1}}{h_1^2} - \frac{k_{x,2}x_{r,2}}{h_2^2}\right)\gamma'_1 - \frac{6k_{x,2}}{h_2^2}\gamma'_2 - 12\left(\frac{k_{x,1}x_{r,1}}{h_1^3} + \frac{k_{x,2}x_{r,2}}{h_2^3}\right)\gamma_1 + \frac{12k_{x,2}x_{r,2}}{h_2^3}\gamma_2$$

$$\qquad (6.1.5b)$$

$$M_{x,i}^b + M_{x,i}^t = -\frac{2k_{x,i}}{h_i}\alpha_{i-1} - 4\left(\frac{k_{x,i}}{h_i} + \frac{k_{x,i+1}}{h_{i+1}}\right)\alpha_i - \frac{2k_{x,i+1}}{h_{i+1}}\alpha_{i+1} - \frac{6k_{x,i}}{h_i^2}v_{i-1} + 6\left(\frac{k_{x,i}}{h_i^2} - \frac{k_{x,i+1}}{h_{i+1}^2}\right)v_i$$

$$+ \frac{6k_{x,i+1}}{h_{i+1}^2}v_{i+1} - \frac{2k_{x,i}x_{r,i}}{h_i}\gamma'_{i-1} - 4\left(\frac{k_{x,i}y_{r,i}}{h_i} + \frac{k_{x,i+1}x_{r,i+1}}{h_{i+1}}\right)\gamma'_i - \frac{2k_{x,i+1}x_{r,i+1}}{h_{i+1}}\gamma'_{i+1}$$

$$- \frac{6k_{x,i}x_{r,i}}{h_i^2}\gamma_{i-1} + 6\left(\frac{k_{x,i}x_{r,i}}{h_i^2} - \frac{k_{x,i+1}x_{r,i+1}}{h_{i+1}^2}\right)\gamma_i + \frac{6k_{x,i+1}x_{r,i+1}}{h_{i+1}^2}\gamma_{i+1} \qquad (6.1.5c)$$

$$Q_{y,i}^b + Q_{y,i}^t = \frac{6k_{x,i}}{h_i^2}\alpha_{i-1} + 6\left(\frac{k_{x,i}}{h_i^2} - \frac{k_{x,i+1}}{h_{i+1}^2}\right)\alpha_i - \frac{6k_{x,i+1}}{h_{i+1}^2}\alpha_{i+1} + \frac{12k_{x,i}}{h_i^3}v_{i-1} - 12\left(\frac{k_{x,i}}{h_i^3} + \frac{k_{x,i+1}}{h_{i+1}^3}\right)v_i$$

$$+ \frac{12k_{x,i+1}}{h_{i+1}^3}v_{i+1} + \frac{6k_{x,i}x_{r,i}}{h_i^2}\gamma_{i-1}' + 6\left(\frac{k_{x,i}x_{r,i}}{h_i^2} - \frac{k_{x,i+1}x_{r,i+1}}{h_{i+1}^2}\right)\gamma_i' - \frac{6k_{x,i+1}x_{r,i+1}}{h_{i+1}^2}\gamma_{i+1}'$$

$$+ \frac{12k_{x,i}x_{r,i}}{h_i^3}\gamma_{i-1} - 12\left(\frac{k_{x,i}x_{r,i}}{h_i^3} + \frac{k_{x,i+1}x_{r,i+1}}{h_{i+1}^3}\right)\gamma_i + \frac{12k_{x,i+1}x_{r,i+1}}{h_{i+1}^3}\gamma_{i+1} \qquad (6.1.5d)$$

$$M_{x,n}^b = -\frac{k_{x,n}}{h_n}(4\alpha_n + 2\alpha_{n-1}) + \frac{6k_{x,n}}{h_n^2}(v_n - v_{n-1}) - \frac{k_{x,n}x_{r,n}}{h_n}(4\gamma_n' + 2\gamma_{n-1}') + \frac{6k_{x,n}x_{r,n}}{h_n^2}(\gamma_n - \gamma_{n-1}) \qquad (6.1.5e)$$

$$Q_{x,n}^b = \frac{6k_{x,n}}{h_n^2}(\alpha_n + \alpha_{n-1}) - \frac{12k_{x,n}}{h_n^3}(v_n - v_{n-1}) + \frac{6k_{x,n}x_{r,n}}{h_n^2}(\gamma_n' + \gamma_{n-1}') - \frac{12k_{x,n}x_{r,n}}{h_n^3}(\gamma_n - \gamma_{n-1}) \qquad (6.1.5f)$$

3. 绕 Z 轴扭转的扭矩与双力矩

层间结构发生扭转的受力情况相对而言较为复杂。一般高层建筑的层间构件都由柱子和剪力墙所组成，在发生扭转时，层间结构扭矩变形由自由扭转变形和约束扭转变形两部分组成[22]。自由扭转变形较为简单，扭矩可以用刚度和扭转角变化率的乘积来表示，即

$$M_d = -EI_d\gamma' \qquad (6.1.6)$$

式中，E 为材料的弹性模量；I_d 为楼面构件的极惯性矩，扭转刚度记为 $k_d = EI_d$。

约束扭转变形与受力的关系较为复杂，约束扭转产生的内力由双力矩 B 和约束扭矩 M_ω 组成，两者的关系就像弯曲变形时弯矩和剪力的关系一样，它们与扭转角度的关系为

$$B = -\frac{E}{1-\mu^2}I_\omega\gamma'' \qquad (6.1.7a)$$

$$M_\omega = -\frac{E}{1-\mu^2}I_\omega\gamma''' \qquad (6.1.7b)$$

式中，ν 为材料的泊松比；I_ω 为楼层间构件的主扇性惯性矩。

层间构件由许多柱子和剪力墙构成，约束扭转主要由这些构件产生，设第 i 层内第 j 个构件的极惯性矩为 $I_{\omega,ij}$，这样约束扭转刚度可以表示为

$$k_{\omega,i} = \frac{E}{1-\mu^2}\sum_j I_{\omega,ij} \qquad (6.1.8)$$

在建立有限元方程时，已知构件两端的位移值，由此获得构件两端力的表达式。对于中间部位不受力的构件，构件的扭转变形可以采用和弯曲构件类似的位移模式，并由此得到扭矩与扭转角和双力矩与扭转角的关系式[23]。

第一层下部：

$$M_{z,1}^b = -\left[-\frac{6k_{\omega,1}}{h_1^2}\gamma_1'^{(1)} + \frac{12k_{\omega,1}}{h_1^3}\gamma_1^{(1)}\right] - \left[-\frac{k_{d,1}}{10}\gamma_1'^{(1)} + \frac{6k_{d,1}}{5h_1}\gamma_1^{(1)}\right] \qquad (6.1.9a)$$

$$B_{z,1}^b = -\left[\frac{4k_{\omega,1}}{h_1}\gamma_1'^{(1)} - \frac{6k_{\omega,1}}{h_1^2}\gamma_1^{(1)}\right] - \left[\frac{2k_{d,1}h_1}{15}\gamma_1'^{(1)} - \frac{k_{d,1}}{10}\gamma_1^{(1)}\right] \quad (6.1.9b)$$

第一层上部：

$$M_{z,1}^t = -\left\{\frac{6k_{\omega,2}}{h_2^2}\left[\gamma_1'^{(2)} + \gamma_2'^{(2)}\right] + \frac{12k_{\omega,2}}{h_2^3}\left[\gamma_1^{(2)} - \gamma_2^{(2)}\right]\right\} - \left\{\frac{k_{d,2}}{10}\left[\gamma_1'^{(2)} + \gamma_2'^{(2)}\right] + \frac{6k_{d,2}}{5h_2}\left[\gamma_1^{(2)} - \gamma_2^{(2)}\right]\right\}$$
$$(6.1.9c)$$

$$B_{z,1}^t = -\left\{\frac{k_{\omega,2}}{h_2}\left[4\gamma_1'^{(2)} + 2\gamma_2'^{(2)}\right] + \frac{6k_{\omega,2}}{h_2^2}\left[\gamma_1^{(2)} - \gamma_2^{(2)}\right]\right\} - \left\{k_{d,2}h_2\left[\frac{2}{15}\gamma_1'^{(2)} - \frac{1}{30}\gamma_2'^{(2)}\right] + \frac{k_{d,2}}{10}\left[\gamma_1^{(2)} - \gamma_2^{(2)}\right]\right\}$$
$$(6.1.9d)$$

中间层下部：

$$M_{z,i}^b = -\left\{-\frac{6k_{\omega,i}}{h_i^2}\left[\gamma_i'^{(i)} + \gamma_{i-1}'^{(i)}\right] + \frac{12k_{\omega,i}}{h_i^3}\left[\gamma_i^{(i)} - \gamma_{i-1}^{(i)}\right]\right\} - \left\{-\frac{k_{d,i}}{10}\left[\gamma_i'^{(i)} + \gamma_{i-1}'^{(i)}\right] + \frac{6k_{d,i}}{5h_i}\left[\gamma_i^{(i)} - \gamma_{i-1}^{(i)}\right]\right\}$$
$$(6.1.9e)$$

$$B_{z,i}^b = -\left\{\frac{k_{\omega,i}}{h_i}\left[4\gamma_i'^{(i)} + 2\gamma_{i-1}'^{(i)}\right] - \frac{6k_{\omega,i}}{h_i^2}\left[\gamma_i^{(i)} - \gamma_{i-1}^{(i)}\right]\right\} - \left\{k_{d,i}h_i\left[\frac{2\gamma_i'^{(i)}}{15} - \frac{\gamma_{i-1}'^{(i)}}{30}\right] - \frac{k_{d,i}}{10}\left[\gamma_i^{(i)} - \gamma_{i-1}^{(i)}\right]\right\}$$
$$(6.1.9f)$$

中间层上部：

$$M_{z,i}^t = -\left\{\frac{6k_{\omega,i+1}}{h_{i+1}^2}\left[\gamma_i'^{(i+1)} + \gamma_{i+1}'^{(i+1)}\right] + \frac{12k_{\omega,i+1}}{h_{i+1}^3}\left[\gamma_i^{(i+1)} - \gamma_{i+1}^{(i+1)}\right]\right\}$$
$$-\left\{\frac{k_{d,i+1}}{10}\left[\gamma_i'^{(i+1)} + \gamma_{i+1}'^{(i+1)}\right] + \frac{6k_{d,i+1}}{5h_{i+1}}\left[\gamma_i^{(i+1)} - \gamma_{i+1}^{(i+1)}\right]\right\} \quad (6.1.9g)$$

$$B_{z,i}^t = -\left\{\frac{k_{\omega,i+1}}{h_{i+1}}\left[4\gamma_i'^{(i+1)} + 2\gamma_{i+1}'^{(i+1)}\right] + \frac{6k_{\omega,i+1}}{h_{i+1}^2}\left[\gamma_i^{(i+1)} - \gamma_{i+1}^{(i+1)}\right]\right\}$$
$$-\left\{k_{d,i+1}h_{i+1}\left[\frac{2}{15}\gamma_i'^{(i+1)} - \frac{1}{30}\gamma_{i+1}'^{(i+1)}\right] + \frac{k_{d,i+1}}{10}\left[\gamma_i^{(i+1)} - \gamma_{i+1}^{(i+1)}\right]\right\} \quad (6.1.9h)$$

顶层下部：

$$M_{z,n}^b = -\left\{-\frac{6k_{\omega,n}}{h_n^2}\left[\gamma_n'^{(n)} + \gamma_{n-1}'^{(n)}\right] + \frac{12k_{\omega,n}}{h_n^3}\left[\gamma_n^{(n)} - \gamma_{n-1}^{(n)}\right]\right\} - \left\{-\frac{k_{d,n}}{10}\left[\gamma_n'^{(n)} + \gamma_{n-1}'^{(n)}\right] + \frac{6k_{d,n}}{5h_n}\left[\gamma_n^{(n)} - \gamma_{n-1}^{(n)}\right]\right\}$$
$$(6.1.9i)$$

$$B_{z,n}^b = -\left\{\frac{k_{\omega,n}}{h_n}\left[4\gamma_n'^{(n)} + 2\gamma_{n-1}'^{(n)}\right] - \frac{6k_{\omega,n}}{h_n^2}\left[\gamma_n^{(n)} - \gamma_{n-1}^{(n)}\right]\right\} - \left\{k_{d,n}h_n\left[\frac{2}{15}\gamma_n'^{(n)} - \frac{1}{30}\gamma_{n-1}'^{(n)}\right]\right.$$
$$\left. -\frac{k_{d,n}}{10}\left[\gamma_n^{(n)} - \gamma_{n-1}^{(n)}\right]\right\} \quad (6.1.9j)$$

将杆端力相加，可以得到以下关系式：

$$M_{z,1}^b + M_{z,1}^t = \left(\frac{6k_{\omega,1}}{h_1^2} - \frac{6k_{\omega,2}}{h_2^2} + \frac{k_{d,1}}{10} - \frac{k_{d,2}}{10}\right)\gamma_1' - \left(\frac{6k_{\omega,2}}{h_2^2} + \frac{k_{d,2}}{10}\right)\gamma_2'$$

$$-\left(\frac{12k_{\omega,1}}{h_1^3}+\frac{12k_{\omega,2}}{h_2^3}+\frac{6k_{d,1}}{5h_1}+\frac{6k_{d,2}}{5h_2}\right)\gamma_1+\left(\frac{12k_{\omega,2}}{h_2^3}+\frac{6k_{d,2}}{5h_2}\right)\gamma_2 \tag{6.1.10a}$$

$$B_{z,1}^b+B_{z,1}^t=-\left(\frac{4k_{\omega,1}}{h_1}+\frac{4k_{\omega,2}}{h_2}+\frac{2k_{d,1}h_1}{15}+\frac{2k_{d,2}h_2}{15}\right)\gamma_1'-\left(\frac{2k_{\omega,2}}{h_2}-\frac{k_{d,2}h_2}{30}\right)\gamma_2'$$

$$+\left(\frac{6k_{\omega,1}}{h_1^2}-\frac{6k_{\omega,2}}{h_2^2}+\frac{k_{d,1}}{10}-\frac{k_{d,2}}{10}\right)\gamma_1+\left(\frac{6k_{\omega,2}}{h_2^2}+\frac{k_{d,2}}{10}\right)\gamma_2 \tag{6.1.10b}$$

$$M_{z,i}^b+M_{z,i}^t=\left(\frac{6k_{\omega,i}}{h_i^2}+\frac{k_{d,i}}{10}\right)\gamma_{i-1}'+\left(\frac{6k_{\omega,i}}{h_i^2}-\frac{6k_{\omega,i+1}}{h_{i+1}^2}+\frac{k_{d,i}}{10}-\frac{k_{d,i+1}}{10}\right)\gamma_i'-\left(\frac{6k_{\omega,i+1}}{h_{i+1}^2}+\frac{k_{d,i+1}}{10}\right)\gamma_{i+1}'$$

$$+\left(\frac{12k_{\omega,i}}{h_i^3}+\frac{6k_{d,i}}{5h_i}\right)\gamma_{i-1}-\left(\frac{12k_{\omega,i}}{h_i^3}+\frac{12k_{\omega,i+1}}{h_{i+1}^3}+\frac{6k_{d,i}}{5h_i}+\frac{6k_{d,i+1}}{5h_{i+1}}\right)\gamma_i+\left(\frac{12k_{\omega,i+1}}{h_{i+1}^3}+\frac{6k_{d,i+1}}{5h_{i+1}}\right)\gamma_{i+1} \tag{6.1.10c}$$

$$B_{z,i}^b+B_{z,i}^t=-\left(\frac{2k_{\omega,i}}{h_i}-\frac{k_{d,i}h_i}{30}\right)\gamma_{i-1}'-\left(\frac{4k_{\omega,i}}{h_i}+\frac{4k_{\omega,i+1}}{h_{i+1}}+\frac{2k_{d,i}h_i}{15}+\frac{2k_{d,i+1}h_{i+1}}{15}\right)\gamma_i'$$

$$-\left(\frac{2k_{\omega,i+1}}{h_{i+1}}-\frac{k_{d,i+1}h_{i+1}}{30}\right)\gamma_{i+1}'-\left(\frac{6k_{\omega,i}}{h_i^2}+\frac{k_{d,i}}{10}\right)\gamma_{i-1}$$

$$+\left(\frac{6k_{\omega,i}}{h_i^2}-\frac{6k_{\omega,i+1}}{h_{i+1}^2}+\frac{k_{d,i}}{10}-\frac{k_{d,i+1}}{10}\right)\gamma_i+\left(\frac{6k_{\omega,i+1}}{h_{i+1}^2}+\frac{k_{d,i+1}}{10}\right)\gamma_{i+1} \tag{6.1.10d}$$

$$M_{z,n}^b=\left(\frac{6k_{\omega,n}}{h_n^2}+\frac{k_{d,n}}{10}\right)\gamma_{n-1}'+\left(\frac{6k_{\omega,n}}{h_n^2}+\frac{k_{d,n}}{10}\right)\gamma_n'+\left(\frac{12k_{\omega,n}}{h_n^3}+\frac{6k_{d,n}}{5h_n}\right)\gamma_{n-1}-\left(\frac{12k_{\omega,n}}{h_n^3}+\frac{6k_{d,n}}{5h_n}\right)\gamma_n \tag{6.1.10e}$$

$$B_{z,n}^b=-\left(\frac{2k_{\omega,n}}{h_n}-\frac{k_{d,n}h_n}{30}\right)\gamma_{n-1}'-\left(\frac{4k_{\omega,n}}{h_n}+\frac{2k_{d,n}h_n}{15}\right)\gamma_n'-\left(\frac{6k_{\omega,n}}{h_n^2}+\frac{k_{d,n}}{10}\right)\gamma_{n-1}+\left(\frac{6k_{\omega,n}}{h_n^2}+\frac{k_{d,n}}{10}\right)\gamma_n \tag{6.1.10f}$$

至此，得到全部弯矩和扭矩与位移和扭转角的关系。

6.1.3　楼层受力平衡方程

如前所述，超高层建筑的整体变形分析可以用悬臂梁结构模型，同样，本章中也可以使用这样的模型，只不过这个模型除了考虑悬臂梁两个方向的弯曲变形外，还必须考虑沿竖向轴的扭转变形。因此，我们将每个楼层的未知位移变形向量设为

$$d=[U\quad V\quad \varGamma]^T \tag{6.1.11}$$

式中，U 为 X 方向的位移，$U=\{u_1,\cdots,u_i,\cdots,u_n\}^T$；$V$ 为 Y 方向的位移，$V=\{v_1,\cdots,v_i,\cdots,v_n\}^T$；$\varGamma$ 为扭转角位移，$\varGamma=\{\gamma_1,\cdots,\gamma_i,\cdots,\gamma_n\}^T$。

同时，假设第 i 楼楼层质量为 m_i，X、Y 两个方向的弯曲刚度分别为 $k_{x,i}$、$k_{y,i}$，X、Y 两个方向上的楼层质量中心与计算参考中心偏差分别为 $x_{m,i}$、$y_{m,i}$。变形构件集中在层间，因此刚度中心也位于两层楼面的中心部位，设 i 楼楼面下层在 X、Y 两个方向上的弯曲刚度中心与计算参考中心偏差分别为 $x_{r,i}$、$y_{r,i}$，楼面上层为 $x_{r,i+1}$、$y_{r,i+1}$。每个楼层的风荷载

合力应位于 i 楼楼层上下各半楼层高之间，这里把风荷载合力集中到楼面中心，在 X、Y 方向上的偏移分别为 $x_{f,i}$、$y_{f,i}$。楼层平面在外力作用下发生弯曲后的变形如图 6.1.2 所示。

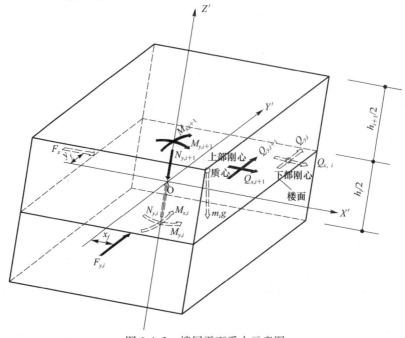

图 6.1.2　楼层平面受力示意图

如图 6.1.2 所示，为了分析结构受力情况，先取出一个楼层，楼层受到三个方向的力和一个方向的力矩作用。我们将质量集中于楼层，上下层之间的内力均作用于两个楼层中间部位，即不计层间构件质量和横向作用力，层间构件仅起杆件作用。轴向压力作用于计算坐标中心，剪力作用于刚度中心部位。同时由于阻尼力形成比较复杂，这里先不将阻尼力计入，等方程解耦后再根据结构类型加入阻尼。同时顶层上部无作用力，与其他楼层受力有差异，因此，这里分为非顶层和顶层两个类型，非顶层有六个方程，即

$$m_i(\ddot{u}_i - y_{m,i}\ddot{\gamma}_i) - (Q_{x,i}^b + Q_{x,i}^t) + (N_i^t - N_i^b)\beta_i = F_{x,i} \tag{6.1.12a}$$

$$m_i(\ddot{v}_i + x_{m,i}\ddot{\gamma}_i) - (Q_{y,i}^b + Q_{y,i}^t) + (N_i^t - N_i^b)\alpha_i = F_{y,i} \tag{6.1.12b}$$

$$m_i\ddot{w} = -(Q_{x,i}^b + Q_{x,i}^t)\beta_i - (Q_{y,i}^b + Q_{y,i}^t)\alpha_i - m_ig - (N_i^t - N_i^b) \tag{6.1.12c}$$

$$J_{y,i}\ddot{\alpha}_i = -M_{y,i}^t - M_{y,i}^b + m_igx_{m,i} \tag{6.1.12d}$$

$$J_{x,i}\ddot{\beta}_i = -M_{x,i}^t - M_{x,i}^b + m_igy_{m,i} \tag{6.1.12e}$$

$$J_{z,i}\ddot{\gamma}_i - m_iy_{m,i}\ddot{u}_i + m_ix_{m,i}\ddot{v}_i + m_igy_{m,i}\beta_i - m_igx_{m,i}\alpha_i - (M_{z,i}^b + M_{z,i}^t)$$
$$+ (Q_{x,i}^t y_{r,i+1} + Q_{x,i}^b y_{r,i}) - (Q_{y,i}^t x_{r,i+1} + Q_{y,i}^b x_{r,i}) = T_i \tag{6.1.12f}$$

式中，$F_{x,i} = \dfrac{1}{2}p_{x,i}(h_{i+1} + h_i)$；$F_{y,i} = \dfrac{1}{2}p_{y,i}(h_{i+1} + h_i)$；

$T_i = \dfrac{1}{2}p_{y,i}x_{f,i}(h_{i+1} + h_i) - \dfrac{1}{2}p_{x,i}y_{f,i}(h_{i+1} + h_i)$。

其中，p 为均布线荷载。

除此之外，还有双力矩平衡方程，事实上只有在楼层上下层双力矩和为零时才能满足平衡条件。

对于顶层楼面有边界条件：$Q_{n+1}=0$、$N_{n+1}=0$、$M_{n+1}=0$ ，由此可以得顶层楼面六个动力方程，即

$$m_n(\ddot{u}_n - y_{m,n}\ddot{\gamma}_n) - Q_{x,n}^b - N_m^b\beta_m = F_{n,x} \tag{6.1.13a}$$

$$m_n(\ddot{v}_n + x_{m,n}\ddot{\gamma}_n) - Q_{y,n}^b - N_m^b\alpha_m = F_{n,y} \tag{6.1.13b}$$

$$m_n\ddot{w} = -Q_{x,n}^b\beta_n - Q_{y,n}^b\alpha_n - m_ng + N_n^b \tag{6.1.13c}$$

$$J_{y,n}\ddot{\beta}_i = -M_{y,n}^t + m_ngx_{m,n} \tag{6.1.13d}$$

$$J_{x,n}\ddot{\alpha}_n = -M_{x,n}^b + m_ngy_{m,n} \tag{6.1.13e}$$

$$J_{z,n}\ddot{\gamma}_n - m_ny_{m,n}\ddot{u}_n + m_nx_{m,n}\ddot{v}_n + m_ngy_{m,n}\beta_n - m_ngx_{m,n}\alpha_n - M_{z,n}^b$$
$$+ Q_{x,n}^b y_{r,n} - Q_{y,n}^b x_{r,n} = T_n \tag{6.1.13f}$$

式中，$F_{x,n}=\frac{1}{2}p_{x,n}h_n$；$F_{y,n}=\frac{1}{2}p_{y,n}h_n$；$T_n=\frac{1}{2}p_{y,n}x_{f,n}h_n - \frac{1}{2}p_{x,n}x_{f,n}h_n$。

上述六个方程存在七个未知数，求解较为复杂。根据高层建筑的质量和刚度分布的特点，可以将方程由六个缩减为三个，将其中四个方程做简化处理。这四个方程分别为竖向受力方程、双力矩方程、y 轴方向转动方程和 x 轴方向转动方程。

1. 竖向受力方程

忽略式(6.1.12c)和式(6.1.13c)中的竖向加速度和二阶小量可得

$$N_i^t - N_i^b = -m_ig \tag{6.1.14a}$$

$$N_n^b = m_ng \tag{6.1.14b}$$

同时可知：$N_i^t = N_{i+1}^b = N_{i+1}$。

将上面两式分别代入式(6.1.12a)~式(6.1.12c)和式(6.1.13a)~式(6.1.13c)可得

$$m_i\ddot{u}_i - m_iy_{m,i}\ddot{\gamma}_i - m_ig\beta_i - (Q_{x,i}^b + Q_{x,i}^t) = F_{x,i} \tag{6.1.15a}$$

$$m_i\ddot{v}_i + m_ix_{m,i}\ddot{\gamma}_i - m_ig\alpha_i - (Q_{y,i}^b + Q_{y,i}^t) = F_{y,i} \tag{6.1.15b}$$

$$J_{z,i}\ddot{\gamma}_i - m_iy_{m,i}\ddot{u}_i + m_ix_{m,i}\ddot{v}_i + m_igy_{m,i}\beta_i - m_igx_{m,i}\alpha_i - (M_{z,i}^b + M_{z,i}^t)$$
$$+ (Q_{x,i}^t y_{r,i+1} + Q_{x,i}^b y_{r,i}) - (Q_{y,i}^t x_{r,i+1} + Q_{y,i}^b x_{r,i}) = T_i \tag{6.1.15c}$$

$$m_n\ddot{u}_n - m_ny_{m,n}\ddot{\gamma}_n - Q_{x,n}^b + N_n\beta_m = F_{n,x} \tag{6.1.16a}$$

$$m_n\ddot{v}_n + m_nx_{m,n}\ddot{\gamma}_n - Q_{y,n}^b + N_n\alpha_m = F_{n,y} \tag{6.1.16b}$$

$$J_{z,n}\ddot{\gamma}_n - m_ny_{m,n}\ddot{u}_n + m_nx_{m,n}\ddot{v}_n + m_ngy_{m,n}\beta_n - m_ngx_{m,n}\alpha_n - M_{z,n}$$
$$+ Q_{x,n}^b y_{r,n} - Q_{y,n}^b x_{r,n} = T_n \tag{6.1.16c}$$

2. 双力矩方程

双力矩是薄壁结构由于约束扭转产生的力矩，使楼面发生扭曲。由于楼面在平面外

的刚度很小，其抗力远远小于双力矩对其产生的作用，同时楼面在竖向局部的运动量很小，因此，楼面在局部扭曲中的惯性力可以忽略不计，令式(6.1.10b)、式(6.1.10d)和式(6.1.10f)三式分别等于零，可以得到以下关系式：

第一层：

$$\left(\frac{4k_{\omega,1}}{h_1}+\frac{4k_{\omega,2}}{h_2}+\frac{2k_{d,1}h_1}{15}+\frac{2k_{d,2}h_2}{15}\right)\gamma_1' +\left(\frac{2k_{\omega,2}}{h_2}-\frac{k_{d,2}h_2}{30}\right)\gamma_2'$$

$$=\left(\frac{6k_{\omega,1}}{h_1^2}-\frac{6k_{\omega,2}}{h_2^2}+\frac{k_{d,1}}{10}-\frac{k_{d,2}}{10}\right)\gamma_1 +\left(\frac{6k_{\omega,2}}{h_2^2}+\frac{k_{d,2}}{10}\right)\gamma_2$$

第 i 层：

$$\left(\frac{2k_{\omega,i}}{h_i}-\frac{k_{d,i}h_i}{30}\right)\gamma_{i-1}' +\left(\frac{4k_{\omega,i}}{h_i}+\frac{4k_{\omega,i+1}}{h_{i+1}}+\frac{2k_{d,i}h_i}{15}+\frac{2k_{d,i+1}h_{i+1}}{15}\right)\gamma_i' +\left(\frac{2k_{\omega,i+1}}{h_{i+1}}-\frac{k_{d,i+1}h_{i+1}}{30}\right)\gamma_{i+1}'$$

$$=-\left(\frac{6k_{\omega,i}}{h_i^2}+\frac{k_{d,i}}{10}\right)\gamma_{i-1} +\left(\frac{6k_{\omega,i}}{h_i^2}-\frac{6k_{\omega,i+1}}{h_{i+1}^2}+\frac{k_{d,i}}{10}-\frac{k_{d,i+1}}{10}\right)\gamma_i +\left(\frac{6k_{\omega,i+1}}{h_{i+1}^2}+\frac{k_{d,i+1}}{10}\right)\gamma_{i+1}$$

顶层：

$$\left(\frac{2k_{\omega,n}}{h_n}-\frac{k_{d,n}h_n}{30}\right)\gamma_{n-1}' +\left(\frac{4k_{\omega,n}}{h_n}+\frac{2k_{d,n}h_n}{15}\right)\gamma_n' =-\left(\frac{6k_{\omega,n}}{h_n^2}+\frac{k_{d,n}}{10}\right)\gamma_{n-1} +\left(\frac{6k_{\omega,n}}{h_n^2}+\frac{k_{d,n}}{10}\right)\gamma_n$$

将上式整理成矩阵形式得

$$T_r\boldsymbol{\Gamma}' = T_r\boldsymbol{\Gamma} \tag{6.1.17}$$

式中，$\boldsymbol{\Gamma}=\{\gamma_1,\cdots,\gamma_i,\cdots,\gamma_n\}^{\mathrm{T}}$，$T_r$ 和 $T_{r'}$ 为转换矩阵，详见本章附录。

进一步得到

$$\boldsymbol{\Gamma}' = T_{r'}^{-1}T_r\boldsymbol{\Gamma} \tag{6.1.18}$$

3. Y 轴方向转动方程

式(6.1.12d)和式(6.1.13d)可以进行简化。由于结构层上下构件刚度较大，因此，不会产生较大的角加速度，在工程计算中可以在保证精度的前提下将其略去，这样可以简化绕 Y 轴转动方程，得到转角和位移的关系式为

第一层：

$$4\left(\frac{k_{y,1}}{h_1}+\frac{k_{y,2}}{h_2}\right)\beta_1+\frac{2k_{y,2}}{h_2}\beta_2 =6\left(\frac{k_{y,1}}{h_1^2}-\frac{k_{y,2}}{h_2^2}\right)u_1+\frac{6k_{y,2}}{h_2^2}u_2+4\left(\frac{k_{y,1}y_{r,1}}{h_1}+\frac{k_{y,2}y_{r,2}}{h_2}\right)\gamma_1'$$

$$+\frac{2k_{y,2}y_{r,2}}{h_2}\gamma_2'-6\left(\frac{k_{y,1}y_{r,1}}{h_1^2}-\frac{k_{y,2}y_{r,2}}{h_2^2}\right)\gamma_1 -\frac{6k_{y,2}y_{r,2}}{h_2^2}\gamma_2-m_1gy_{m,1}$$

第 i 层：

$$\frac{2k_{y,i}}{h_i}\beta_{i-1}+4\left(\frac{k_{y,i}}{h_i}+\frac{k_{y,i+1}}{h_{i+1}}\right)\beta_i+\frac{2k_{y,i+1}}{h_{i+1}}\beta_{i+1}$$

$$=-\frac{6k_{y,i}}{h_i^2}u_{i-1}+6\left(\frac{k_{y,i}}{h_i^2}-\frac{k_{y,i+1}}{h_{i+1}^2}\right)u_i+\frac{6k_{y,i+1}}{h_{i+1}^2}u_{i+1}+\frac{2k_{y,i}y_{r,i}}{h_i}\gamma_{i-1}'+4\left(\frac{k_{y,i}y_{r,i}}{h_i}+\frac{k_{y,i+1}y_{r,i+1}}{h_{i+1}}\right)\gamma_i'$$

$$+ \frac{2k_{y,i+1}y_{r,i+1}}{h_{i+1}}\gamma'_{i+1} + \frac{6k_{y,i}y_{r,i}}{h_i^2}\gamma_{i-1} - 6\left(\frac{k_{y,i}y_{r,i}}{h_i^2} - \frac{k_{y,i+1}y_{r,i+1}}{h_{i+1}^2}\right)\gamma_i - \frac{6k_{y,i+1}y_{r,i+1}}{h_{i+1}^2}\gamma_{i+1} - m_i g y_{m,i}$$

第 n 层：

$$\frac{k_{y,n}}{h_n}(4\beta_n + 2\beta_{n-1}) = \frac{6k_{y,n}}{h_n^2}(u_n - u_{n-1}) + \frac{k_{y,n}y_{r,n}}{h_n}(4\gamma'_n + 2\gamma'_{n-1}) - \frac{6k_{y,n}y_{r,n}}{h_n^2}(\gamma_n - \gamma_{n-1})$$
$$- m_n g y_{m,n}$$

上面三式可以写成矩阵形式，得到

$$\boldsymbol{T}_\beta \boldsymbol{B} = \boldsymbol{T}_{uu}\boldsymbol{U} + \boldsymbol{T}_{ur'}\boldsymbol{\Gamma}' - \boldsymbol{T}_{ur}\boldsymbol{\Gamma} - g\boldsymbol{M}_{xr} \qquad (6.1.19)$$

式中，转角向量 $\boldsymbol{B} = \{\beta_1, \cdots, \beta_i, \cdots, \beta_n\}^T$，转换矩阵 $\boldsymbol{T}_\beta$、$\boldsymbol{T}_{uu}$、$\boldsymbol{T}_{ur'}$、$\boldsymbol{T}_{ur}$ 在本章附录中给出。将式(6.1.18)代入式(6.1.19)可以得到

$$\boldsymbol{B} = \boldsymbol{T}_\beta^{-1}\boldsymbol{T}_{uu}\boldsymbol{U} + (\boldsymbol{T}_\beta^{-1}\boldsymbol{T}_{ur'}\boldsymbol{T}_{r'}^{-1}\boldsymbol{T}_r - \boldsymbol{T}_\beta^{-1}\boldsymbol{T}_{ur})\boldsymbol{\Gamma} - g\boldsymbol{T}_\beta^{-1}\boldsymbol{M}_{xr} \qquad (6.1.20)$$

4. X 轴方向转动方程

同前面一样处理，绕 X 轴方向转动方程可以得到

$$\boldsymbol{A} = \boldsymbol{T}_\alpha^{-1}\boldsymbol{T}_{vv}\boldsymbol{V} - (\boldsymbol{T}_\alpha^{-1}\boldsymbol{T}_{vr'}\boldsymbol{T}_{r'}^{-1}\boldsymbol{T}_r - \boldsymbol{T}_\alpha^{-1}\boldsymbol{T}_{vr})\boldsymbol{\Gamma} - g\boldsymbol{T}_\alpha^{-1}\boldsymbol{M}_{yr} \qquad (6.1.21)$$

式中，转角向量 $\boldsymbol{A} = \{\alpha_1, \cdots, \alpha_i, \cdots, \alpha_n\}^T$，转换矩阵 $\boldsymbol{T}_\alpha$、$\boldsymbol{T}_{vv}$、$\boldsymbol{T}_{vr}$、$\boldsymbol{T}_{vr'}$ 在本章附录中给出。上式各矩阵表达式详见本章附录。

将式(6.1.3b)、式(6.1.3d)、式(6.1.3f)、式(6.1.5b)、式(6.1.5d)、式(6.1.5f)、式(6.1.10a)、式(6.1.10c)、式(6.1.10e)代入式(6.1.15a)~式(6.1.15c)和式(6.1.16a)~式(6.1.16c)六个平衡方程，可以得到各层结构动力方程。

第一层动力方程：

$$m_1\ddot{u}_1 - m_1 y_{m,1}\ddot{\gamma}_1 - m_1 g\beta_1 - 6\left(\frac{k_{y,1}}{h_1^2} - \frac{k_{y,2}}{h_2^2}\right)\beta_1 + \frac{6k_{y,2}}{h_2^2}\beta_2 + 12\left(\frac{k_{y,1}}{h_1^3} + \frac{k_{y,2}}{h_2^3}\right)u_1 - \frac{12k_{y,2}}{h_2^3}u_2$$
$$+ 6\left(\frac{k_{y,1}y_{r,1}}{h_1^2} - \frac{k_{y,2}y_{r,2}}{h_2^2}\right)\gamma'_1 - \frac{6k_{y,2}y_{r,2}}{h_2^2}\gamma'_2 - 12\left(\frac{k_{y,1}y_{r,1}}{h_1^3} + \frac{k_{y,2}y_{r,2}}{h_2^3}\right)\gamma_1 + \frac{12k_{y,2}y_{r,2}}{h_2^3}\gamma_2 = F_{x,1}$$

$$(6.1.22a)$$

$$m_1\ddot{v}_1 + m_1 x_{m,1}\ddot{\gamma}_1 - m_1 g\alpha_1 - 6\left(\frac{k_{x,1}}{h_1^2} - \frac{k_{x,2}}{h_2^2}\right)\alpha_1 + \frac{6k_{x,2}}{h_2^2}\alpha_2 + 12\left(\frac{k_{x,1}}{h_1^3} + \frac{k_{x,2}}{h_2^3}\right)v_1 - \frac{12k_{x,2}}{h_2^3}v_2$$
$$- 6\left(\frac{k_{x,1}x_{r,1}}{h_1^2} - \frac{k_{x,2}x_{r,2}}{h_2^2}\right)\gamma'_1 + \frac{6k_{x,2}x_{r,2}}{h_2^2}\gamma'_2 + 12\left(\frac{k_{x,1}x_{r,1}}{h_1^3} + \frac{k_{x,2}x_{r,2}}{h_2^3}\right)\gamma_1 - \frac{12k_{x,2}x_{r,2}}{h_2^3}\gamma_2 = F_{y,1}$$

$$(6.1.22b)$$

$$J_{z,1}\ddot{\gamma}_1 - m_1 y_{m,1}\ddot{u}_1 + m_1 x_{m,1}\ddot{v}_1 + m_1 g y_{m,1}\beta_1 - m_1 g x_{m,1}\alpha_1$$
$$+ 6\left(\frac{k_{y,1}y_{r,1}}{h_1^2} - \frac{k_{y,2}y_{r,2}}{h_2^2}\right)\beta_1 - \frac{6k_{y,2}y_{r,2}}{h_2^2}\beta_2 - 12\left(\frac{k_{y,1}y_{r,1}}{h_1^3} + \frac{k_{y,2}y_{r,2}}{h_2^3}\right)u_1 + \frac{12k_{y,2}y_{r,2}}{h_2^3}u_2$$
$$- 6\left(\frac{k_{x,1}x_{r,1}}{h_1^2} - \frac{k_{x,2}x_{r,2}}{h_2^2}\right)\alpha_1 + \frac{6k_{x,2}x_{r,2}}{h_2^2}\alpha_2 - 12\left(\frac{k_{x,1}x_{r,1}}{h_1^3} + \frac{k_{x,2}x_{r,2}}{h_2^3}\right)v_{r,1} + \frac{12k_{x,2}x_{r,2}}{h_2^3}v_{r,2}$$

$$-6\left(\frac{k_{x,1}x_{r,1}^2+k_{y,1}y_{r,1}^2}{h_1^2}-\frac{k_{x,2}x_{r,2}^2+k_{y,2}y_{r,2}^2}{h_2^2}\right)\gamma_1'+6\frac{k_{x,2}x_{r,2}^2+k_{y,2}y_{r,2}^2}{h_2^2}\gamma_2'$$

$$+12\left(\frac{k_{x,1}x_{r,1}^2+k_{y,1}y_{r,1}^2}{h_1^3}+\frac{k_{x,2}x_{r,2}^2+k_{y,2}y_{r,2}^2}{h_2^3}\right)\gamma_1-12\frac{k_{x,2}x_{r,2}^2+k_{y,2}y_{r,2}^2}{h_2^3}\gamma_2$$

$$-\left(\frac{6k_{\omega,1}}{h_1^2}-\frac{6k_{\omega,2}}{h_2^2}+\frac{k_{d,1}}{10}-\frac{k_{d,2}}{10}\right)\gamma_1'+\left(\frac{6k_{\omega,2}}{h_2^2}+\frac{k_{d,2}}{10}\right)\gamma_2'$$

$$+\left(\frac{12k_{\omega,1}}{h_1^3}+\frac{12k_{\omega,2}}{h_2^3}+\frac{6k_{d,1}}{5h_1}+\frac{6k_{d,2}}{5h_2}\right)\gamma_1-\left(\frac{12k_{\omega,2}}{h_2^3}+\frac{6k_{d,2}}{5h_2}\right)\gamma_2=T_1 \tag{6.1.22c}$$

中间楼层动力方程：

$$m_i\ddot{u}_i-m_iy_{m,i}\ddot{\gamma}_i-m_ig\beta_i-\frac{6k_{y,i}}{h_i^2}\beta_{i-1}-6\left(\frac{k_{y,i}}{h_i^2}-\frac{k_{y,i+1}}{h_{i+1}^2}\right)\beta_i+\frac{6k_{y,i+1}}{h_{i+1}^2}\beta_{i+1}-\frac{12k_{y,i}}{h_i^3}u_{i-1}$$

$$+12\left(\frac{k_{y,i}}{h_i^3}+\frac{k_{y,i+1}}{h_{i+1}^3}\right)u_i-\frac{12k_{y,i+1}}{h_{i+1}^3}u_{i+1}+\frac{6k_{y,i}y_{r,i}}{h_i^2}\gamma_{i-1}'+6\left(\frac{k_{y,i}y_{r,i}}{h_i^2}-\frac{k_{y,i+1}y_{r,i+1}}{h_{i+1}^2}\right)\gamma_i'$$

$$-\frac{6k_{y,i+1}y_{r,i+1}}{h_{i+1}^2}\gamma_{i+1}'+\frac{12k_{y,i}y_{r,i}}{h_i^3}\gamma_{i-1}-12\left(\frac{k_{y,i}y_{r,i}}{h_i^3}+\frac{k_{y,i+1}y_{r,i+1}}{h_{i+1}^3}\right)\gamma_i+\frac{12k_{y,i+1}y_{r,i+1}}{h_{i+1}^3}\gamma_{i+1}=F_{x,i}$$

$$\tag{6.1.23a}$$

$$m_i\ddot{v}_i+m_ix_{m,i}\ddot{\gamma}_i-m_ig\alpha_i-\frac{6k_{x,i}}{h_i^2}\alpha_{i-1}-6\left(\frac{k_{x,i}}{h_i^2}-\frac{k_{x,i+1}}{h_{i+1}^2}\right)\alpha_i+\frac{6k_{x,i+1}}{h_{i+1}^2}\alpha_{i+1}-\frac{12k_{x,i}}{h_i^3}v_{i-1}$$

$$+12\left(\frac{k_{x,i}}{h_i^3}+\frac{k_{x,i+1}}{h_{i+1}^3}\right)v_i-\frac{12k_{x,i+1}}{h_{i+1}^3}v_{i+1}-\frac{6k_{x,i}x_{r,i}}{h_i^2}\gamma_{i-1}'-6\left(\frac{k_{x,i}x_{r,i}}{h_i^2}-\frac{k_{x,i+1}x_{r,i+1}}{h_{i+1}^2}\right)\gamma_i'$$

$$+\frac{6k_{x,i+1}x_{r,i+1}}{h_{i+1}^2}\gamma_{i+1}'-\frac{12k_{x,i}x_{r,i}}{h_i^3}\gamma_{i-1}+12\left(\frac{k_{x,i}x_{r,i}}{h_i^3}+\frac{k_{x,i+1}x_{r,i+1}}{h_{i+1}^3}\right)\gamma_i-\frac{12k_{x,i+1}x_{r,i+1}}{h_{i+1}^3}\gamma_{i+1}=F_{y,i}$$

$$\tag{6.1.23b}$$

$$J_{z,i}\ddot{\gamma}_i-m_iy_{m,i}\ddot{u}_i+m_ix_{m,i}\ddot{v}_i+m_igy_{m,i}\beta_i-m_igx_{m,i}\alpha_i+\frac{6k_{y,i}y_{r,i}}{h_i^2}\beta_{i-1}+6\left(\frac{k_{y,i}y_{r,i}}{h_i^2}-\frac{k_{y,i+1}y_{r,i+1}}{h_{i+1}^2}\right)\beta_i$$

$$-\frac{6k_{y,i+1}y_{r,i+1}}{h_{i+1}^2}\beta_{i+1}+\frac{12k_{y,i}y_{r,i}}{h_i^3}u_{i-1}-12\left(\frac{k_{y,i}y_{r,i}}{h_i^3}+\frac{k_{y,i+1}y_{r,i+1}}{h_{i+1}^3}\right)u_i+\frac{12k_{y,i+1}y_{r,i+1}}{h_{i+1}^3}u_{i+1}$$

$$-\frac{6k_{x,i}x_{r,i}}{h_i^2}\alpha_{i-1}-6\left(\frac{k_{x,i}x_{r,i}}{h_i^2}-\frac{k_{x,i+1}x_{r,i+1}}{h_{i+1}^2}\right)\alpha_i+\frac{6k_{x,i+1}x_{r,i+1}}{h_{i+1}^2}\alpha_{i+1}-\frac{12k_{x,i}x_{r,i}}{h_i^3}v_{i-1}$$

$$+12\left(\frac{k_{x,i}x_{r,i}}{h_i^3}+\frac{k_{x,i+1}x_{r,i+1}}{h_{i+1}^3}\right)v_i-\frac{12k_{x,i+1}x_{r,i+1}}{h_{i+1}^3}v_{i+1}-6\frac{k_{x,i}x_{r,i}^2+k_{y,i}y_{r,i}^2}{h_i^2}\gamma_{i-1}'$$

$$-6\left(\frac{k_{x,i}x_{r,i}^2+k_{y,i}y_{r,i}^2}{h_i^2}-\frac{k_{x,i+1}x_{r,i+1}^2+k_{y,i+1}y_{r,i+1}^2}{h_{i+1}^2}\right)\gamma_i'+6\frac{k_{x,i+1}x_{r,i+1}^2+k_{y,i+1}y_{r,i+1}^2}{h_{i+1}^2}\gamma_{i+1}'$$

$$-12\frac{k_{x,i}x_{r,i}^2+k_{y,i}y_{r,i}^2}{h_i^3}\gamma_{i-1}+12\left(\frac{k_{x,i}x_{r,i}^2+k_{y,i}y_{r,i}^2}{h_i^3}+\frac{k_{x,i+1}x_{r,i+1}^2+k_{y,i+1}y_{r,i+1}^2}{h_{i+1}^3}\right)\gamma_i$$

$$-12\frac{k_{x,i+1}x_{r,i+1}^2+k_{y,i+1}y_{r,i+1}^2}{h_{i+1}^3}\gamma_{i+1}-\left(\frac{6k_{\omega,i}}{h_i^2}+\frac{k_{d,i}}{10}\right)\gamma_{i-1}'-\left(\frac{6k_{\omega,i}}{h_i^2}-\frac{6k_{\omega,i+1}}{h_{i+1}^2}+\frac{k_{d,i}}{10}-\frac{k_{d,i+1}}{10}\right)\gamma_i'$$

$$+ \left(\frac{6k_{\omega,i+1}}{h_{i+1}^2} + \frac{k_{d,i+1}}{10} \right) \gamma'_{i+1} - \left(\frac{12k_{\omega,i}}{h_i^3} + \frac{6k_{d,i}}{5h_i} \right) + \left(\frac{12k_{\omega,i}}{h_i^3} + \frac{12k_{\omega,i+1}}{h_{i+1}^3} + \frac{6k_{d,i}}{5h_i} + \frac{6k_{d,i+1}}{5h_{i+1}} \right) \gamma_i$$

$$- \left(\frac{12k_{\omega,i+1}}{h_{i+1}^3} + \frac{6k_{d,i+1}}{5h_{i+1}} \right) \gamma_{i+1} = T_i \tag{6.1.23c}$$

顶层动力方程：

$$m_n \ddot{u}_n - m_n y_{m,n} \ddot{\gamma}_n - m_n g \beta_n - \frac{6k_{y,n}}{h_n^2} (\beta_n + \beta_{n-1}) + \frac{12k_{y,n}}{h_n^3} (u_n - u_{n-1}) + \frac{6k_{y,n} y_{r,n}}{h_n^3} (\gamma'_n + \gamma'_{n-1})$$

$$- \frac{12k_{y,n} y_{r,n}}{h_n^3} (\gamma_n - \gamma_{n-1}) = F_{x,n} \tag{6.1.24a}$$

$$m_n \ddot{u}_n - m_n y_{m,n} \ddot{\gamma}_n + m_n g \alpha_n - \frac{6k_{x,n}}{h_n^2} (\alpha_n + \alpha_{n-1}) + \frac{12k_{x,n}}{h_n^3} (v_n - v_{n-1}) - \frac{6k_{x,n} x_{r,n}}{h_n^2} (\gamma'_n + \gamma'_{n-1})$$

$$+ \frac{12k_{x,n} x_{r,n}}{h_n^3} (\gamma_n - \gamma_{n-1}) = F_{y,n} \tag{6.1.24b}$$

$$J_{z,n} \ddot{\gamma}_n - m_n y_{m,n} \ddot{u}_n + m_n x_{m,n} \ddot{v}_n + m_n g y_{m,n} \beta_n - m_n g x_{m,n} \alpha_n + \frac{6k_{y,n} y_{r,n}}{h_n^2} (\beta_n + \beta_{n-1})$$

$$- \frac{12k_{y,n} y_{r,n}}{h_n^3} (u_n - u_{n-1}) - \frac{6k_{x,n} x_{r,n}}{h_n^2} (\alpha_n + \alpha_{n-1}) + \frac{12k_{x,n} x_{r,n}}{h_n^3} (v_n - v_{n-1}) - 6 \frac{k_{x,n} x_{r,n}^2 + k_{y,n} y_{r,n}^2}{h_n^2}$$

$$(\gamma'_n + \gamma'_{n-1}) + 12 \frac{k_{x,n} x_{r,n}^2 + k_{y,n} y_{r,n}^2}{h_n^3} (\gamma_n - \gamma_{n-1}) - \left(\frac{6k_{\omega,n}}{h_n^2} + \frac{k_{d,n}}{10} \right) \gamma'_{n-1} - \left(\frac{6k_{\omega,n}}{h_n^2} + \frac{k_{d,n}}{10} \right) \gamma'_n$$

$$- \left(\frac{12k_{\omega,n}}{h_n^3} + \frac{6k_{d,n}}{5h_n} \right) \gamma_{n-1} + \left(\frac{12k_{\omega,n}}{h_n^3} + \frac{6k_{d,n}}{5h_n} \right) \gamma_n = T_n \tag{6.1.24c}$$

6.1.4　最终矩阵方程

将方程(6.1.22a)~方程(6.1.24d)进行集合，可以写成简明的矩阵形式，即

$$\boldsymbol{M}\ddot{\boldsymbol{U}} - \boldsymbol{M}_{xr}\ddot{\boldsymbol{\Gamma}} - (\boldsymbol{S}_{uu} + g\boldsymbol{M})\boldsymbol{B} + \boldsymbol{K}_{uu}\boldsymbol{U} + \boldsymbol{K}_{ur'}\boldsymbol{\Gamma}' - \boldsymbol{K}_{ur}\boldsymbol{\Gamma} = \boldsymbol{F}_x \tag{6.1.25a}$$

$$\boldsymbol{M}\ddot{\boldsymbol{V}} + \boldsymbol{M}_{yr}\ddot{\boldsymbol{\Gamma}} - (\boldsymbol{S}_{vv} + g\boldsymbol{M})\boldsymbol{A} + \boldsymbol{K}_{vv}\boldsymbol{V} - \boldsymbol{K}_{vr'}\boldsymbol{\Gamma}' + \boldsymbol{K}_{vr}\boldsymbol{\Gamma} = \boldsymbol{F}_y \tag{6.1.25b}$$

$$-\boldsymbol{M}_{rx}\ddot{\boldsymbol{U}} + \boldsymbol{M}_{ry}\ddot{\boldsymbol{V}} + \boldsymbol{J}\ddot{\boldsymbol{\Gamma}} + (\boldsymbol{K}_{ur'} + g\boldsymbol{M}_{rx})\boldsymbol{B} - (\boldsymbol{K}_{vr'} + g\boldsymbol{M}_{ry})\boldsymbol{A} - \boldsymbol{K}_{ru}\boldsymbol{U} + \boldsymbol{K}_{rv}\boldsymbol{V} + \boldsymbol{K}_{rr}\boldsymbol{\Gamma}$$

$$+ \boldsymbol{K}_{r'r}\boldsymbol{\Gamma}' = \boldsymbol{T} \tag{6.1.25c}$$

式中，扭转刚度矩阵可以写成 $\boldsymbol{K}_{rr} = \boldsymbol{K}_{rr1} + \boldsymbol{K}_{rr2}$，其中，$\boldsymbol{K}_{rr1}$ 表示刚心处的扭转刚度矩阵，$\boldsymbol{K}_{rr2}$ 表示由于偏心产生的附加扭转刚度。同样地，扭率刚度矩阵也可以写为 $\boldsymbol{K}_{r'r} = \boldsymbol{K}_{r'r1} + \boldsymbol{K}_{r'r2}$，其他各矩阵表达式详见本章附录。

将式(6.1.18)、式(6.1.20)和式(6.1.21)代入式(6.1.25a)~式(6.1.25c)，整理后可以得到

$$\boldsymbol{M}\ddot{\boldsymbol{U}} - \boldsymbol{M}_{xr}\ddot{\boldsymbol{\Gamma}} + \left[\boldsymbol{K}_{uu} - (\boldsymbol{S}_{uu} + g\boldsymbol{M})\boldsymbol{T}_\beta^{-1}\boldsymbol{T}_{uu} \right]\boldsymbol{U} - \left[\boldsymbol{K}_{ur} - \boldsymbol{K}_{ur'}\boldsymbol{T}_{r'}^{-1}\boldsymbol{T}_r \right.$$

$$+ (\boldsymbol{S}_{uu} + g\boldsymbol{M})(\boldsymbol{T}_\beta^{-1}\boldsymbol{T}_{ur}\boldsymbol{T}_{r'}^{-1}\boldsymbol{T}_r - \boldsymbol{T}_\beta^{-1}\boldsymbol{T}_{ur}) \right]\boldsymbol{\Gamma} = \boldsymbol{F}_x - g(\boldsymbol{S}_{uu} + g\boldsymbol{M})\boldsymbol{T}_\beta^{-1}\boldsymbol{M}_{xr} \tag{6.1.26a}$$

$$M\ddot{V} + M_{yr}\ddot{\Gamma} + [K_{vv} - (S_{vv} + gM)T_{\alpha}^{-1}T_{vv}]V + [K_{vr} - K_{vr'}T_{r'}^{-1}{}'T_r$$

$$+ (S_{vv} + gM)(T_{\alpha}^{-1}T_{vr'}T_{r'}^{-1}T_r - T_{\alpha}^{-1}T_{vr})]\Gamma = F_y - g(S_{vv} + gM)T_{\alpha}^{-1}M_{yr} \qquad (6.1.26b)$$

$$-M_{rx}\ddot{U} + M_{ry}\ddot{V} + J\ddot{\Gamma} - [K_{ru} - (K_{ur'} + gM_{rx})T_{\beta}^{-1}T_{uu}]U + [K_{rv} - (K_{vr'} + gM_{ry})T_{\alpha}^{-1}T_{vv}]V$$

$$+ [(K_{ur'} + gM_{rx})(T_{\beta}^{-1}T_{ur'}T_{r'}^{-1}T_r - T_{\beta}^{-1}T_{ur}) + (K_{vr'} + gM_{ry})(T_{\alpha}^{-1}T_{vr'}T_{r'}^{-1}T_r - T_{\alpha}^{-1}T_{vr}) + K_{rr}$$

$$+ K_{r'r'}T_{r'}^{-1}T_r]\Gamma = T - g(K_{vr'} + gM_{ry})T_{\alpha}^{-1}M_{yr} + g(K_{ur'} + gM_{rx})T_{\beta}^{-1}M_{xr} \qquad (6.1.26c)$$

进一步凝聚成一个方程得

$$M_T\ddot{d} + (K_T - G_T)d = F_T \qquad (6.1.27)$$

式中，

$$M_T = \begin{bmatrix} M & 0 & M_{xr} \\ 0 & M & M_{yr} \\ M_{rx} & M_{ry} & J \end{bmatrix}$$

$$K_T = \begin{bmatrix} K_{uu} - S_{uu}T_{\beta}^{-1}T_{uu} & 0 \\ 0 & K_{vv} - S_{vv}T_{\alpha}^{-1}T_{vv} \\ -[K_{ru} - K_{ur'}T_{\beta}^{-1}T_{uu}] & K_{rv} - K_{vr'}T_{\alpha}^{-1}T_{vv} \end{bmatrix}$$

$$\begin{matrix} -[K_{ur} - K_{ur'}T_{r'}^{-1}T_r + S_{uu}(T_{\beta}^{-1}T_{ur'}T_{r'}^{-1}T_r - T_{\beta}^{-1}T_{ur})] \\ K_{vr} - K_{vr'}T_{r'}^{-1}T_r + S_{vv}(T_{\alpha}^{-1}T_{vr'}T_{r'}^{-1}T_r - T_{\alpha}^{-1}T_{vr}) \\ K_{ur'}(T_{\beta}^{-1}T_{ur'}T_{r'}^{-1}T_r - T_{\beta}^{-1}T_{ur}) + K_{vr'}(T_{\alpha}^{-1}T_{vr'}T_{r'}^{-1}T_r - T_{\alpha}^{-1}T_{vr}) + K_{rr} + K_{r'r'}T_{r'}^{-1}T_r \end{matrix}$$

$$G_T = g\begin{bmatrix} MT_{\beta}^{-1}T_{uu} & 0 & M(T_{\beta}^{-1}T_{ur'}T_{r'}^{-1}T_r - T_{\beta}^{-1}T_{ur}) \\ 0 & MT_{\alpha}^{-1}T_{vv} & -M(T_{\alpha}^{-1}T_{vr'}T_{r'}^{-1}T_r - T_{\alpha}^{-1}T_{vr}) \\ M_{rx}T_{\beta}^{-1}T_{uu} & M_{ry}T_{\alpha}^{-1}T_{vv} & M_{rx}(T_{\beta}^{-1}T_{ur'}T_{r'}^{-1}T_r - T_{\beta}^{-1}T_{ur}) + M_{ry}(T_{\alpha}^{-1}T_{vr'}T_{r'}^{-1}T_r - T_{\alpha}^{-1}T_{vr}) \end{bmatrix}$$

$$F_T = \begin{Bmatrix} F_x - g(S_{uu} + gM)T_{\beta}^{-1}M_{xr} \\ F_y - g(S_{vv} + gM)T_{\alpha}^{-1}M_{yr} \\ T - g(K_{vr'} + gM_{ry})T_{\alpha}^{-1}M_{yr} + g(K_{ur'} + gM_{rx})T_{\beta}^{-1}M_{xr} \end{Bmatrix}$$

方程(6.1.27)表明结构的刚度由两部分组成，一部分是自身结构的刚度，另一部分是由于重力效应引起的结构刚度变化，这个和前面几章分析的结果一致；同时，从方程中也可以看到，对于平动，重力效应减小了体系平动刚度，但对于转动来说，重力产生的刚度效应增大和减小并不确定，但一般高层建筑中对于质量偏心和刚度偏心都有严格的限制，这样对于扭转，风重耦合效应影响没有像平动那么大，后续的计算分析中将进一步证明这一点。另外，对于偏心结构来说，偏心的存在相当于加大了结构静力荷载作用。此外，从扭转刚度看，刚度偏心存在加大了结构的扭转刚度。

上述方程的刚度矩阵虽为非对称矩阵，但还是正定矩阵，可以得到正特征值。如果在一般高层建筑中刚度和层高相差不大，也可以简化为对称矩阵。

6.1.5　方程的简化

式(6.1.27)是一个复杂的方程，当结构每层的质心、刚心位于同一竖轴，每层回转半径相等，并且每层的水平方向和转角方向刚度比例均相等时，方程可以进一步简化为

$$\begin{bmatrix} M & 0 & -My_m \\ 0 & M & Mx_m \\ -My_m & Mx_m & Mr^2 \end{bmatrix}\begin{Bmatrix} \ddot{U} \\ \ddot{V} \\ \ddot{\Gamma} \end{Bmatrix} + \left(\begin{bmatrix} K_{xx} & 0 & -K_{xx}y_r \\ 0 & K_{yy} & K_{yy}x_r \\ -K_{xx}y_r & K_{yy}x_r & K_{tt} \end{bmatrix} + \begin{bmatrix} -G_x & 0 & (G_x-G_z)y_r \\ 0 & -G_y & -(G_y-G_z)x_r \\ G_xy_m & -G_yx_m & -G_{tt} \end{bmatrix} \right)$$

$$\times \begin{Bmatrix} U \\ V \\ \Gamma \end{Bmatrix} = \begin{Bmatrix} F_x \\ F_y \\ T \end{Bmatrix} \tag{6.1.28}$$

式中，

$K_{xx} = K_{uu} - S_{uu}T_\beta^{-1}T_{uu}$，$K_{yy} = K_{vv} - S_{vv}T_\beta^{-1}T_{vv}$；

$K_{tt} = S_{uu}(T_{r'}^{-1}T_r - T_\beta^{-1}T_{uu})y_r^2 + S_{vv}(T_{r'}^{-1}T_r - T_\alpha^{-1}T_{vv})x_r^2 + K_{rr} + K_{r'r'}T_{r'}^{-1}T_r$；

$G_x = gMT_\beta^{-1}T_{uu}$，$G_y = gMT_\alpha^{-1}T_{vv}$，$G_z = gMT_{\gamma'}^{-1}T_\gamma$；

$G_{tt} = (G_x-G_z)y_my_r + (G_y-G_z)x_mx_r$。

从上式可以看到，当刚心和计算中心重合时，扭转的风重耦合效应对 X、Y 两个方向的振动无影响，同样，若质心与计算中心重合，则重力效应对 Z 轴方向的扭转振动无影响，也即，只要刚心或质心有一个和计算中心重合，扭转重力影响就为零。

1977 年，Kan 在理论证明的基础上提出只要高层建筑偏心结构满足以下条件：各层的质心均位于同一竖向直线，各层回转半径相等，每层刚心位于同一竖向直线，各层两个平动弯曲刚度和扭转向的刚度之比均相同，那么空间结构的振型就可以由无偏结构的线性组合来表示[20]，即

$$\varphi_j = \begin{bmatrix} \psi_{xj} & 0 & 0 \\ 0 & \psi_{yj} & 0 \\ 0 & 0 & \psi_{rj} \end{bmatrix}\begin{Bmatrix} \alpha_{xj} \\ \alpha_{yj} \\ \alpha_{rj} \end{Bmatrix} = \psi_j\alpha_j \tag{6.1.29}$$

式中，α 为待定标量；ψ_{xj}、ψ_{yj} 和 ψ_{rj} 分别为无偏心结构考虑了重力效应后 X、Y 和水平转角方向第 j 振型。

Kan 指出，如果一般偏心结构不严格满足前面四个条件，采用式(6.1.29)在前几阶振型中也能获得工程计算所需的精度，这就拓宽了这种线性表示的使用范围，使得很多的结构可以采用简化方法计算。

由式(6.1.29)可将位移写为

$$\begin{Bmatrix} u \\ v \\ \theta \end{Bmatrix}_j = \psi_j\alpha_jq_j(t), \quad \begin{Bmatrix} \ddot{u} \\ \ddot{v} \\ \ddot{\theta} \end{Bmatrix}_j = \psi_j\alpha_j\ddot{q}_j(t) \tag{6.1.30}$$

代入方程(6.1.28)再左乘 $\boldsymbol{\psi}_j^T$ 凝聚后可得

$$\boldsymbol{M}_j\begin{Bmatrix}\alpha_{xj}\\\alpha_{yj}\\\alpha_{rj}\end{Bmatrix}\ddot{q}_j + \boldsymbol{K}_j\begin{Bmatrix}\alpha_{xj}\\\alpha_{yj}\\\alpha_{rj}\end{Bmatrix}q_j = \begin{Bmatrix}\boldsymbol{\psi}_{xj}^T\boldsymbol{F}_{xj}/m_{xj}^*\\\boldsymbol{\psi}_{yj}^T\boldsymbol{F}_{yj}/m_{yj}^*\\\boldsymbol{\psi}_{rj}^T\boldsymbol{T}_{rj}/m_{rj}^*\end{Bmatrix} \tag{6.1.31}$$

式中，质量矩阵和刚度矩阵分别为

$$\boldsymbol{M}_j = \begin{bmatrix} 1 & 0 & -\dfrac{\boldsymbol{\psi}_{xj}^T\boldsymbol{M}\boldsymbol{\psi}_{rj}}{m_{xj}^*}y_m \\[3mm] 0 & 1 & \dfrac{\boldsymbol{\psi}_{yj}^T\boldsymbol{M}\boldsymbol{\psi}_{rj}}{m_{yj}^*}x_m \\[3mm] -\dfrac{\boldsymbol{\psi}_{rj}^T\boldsymbol{M}\boldsymbol{\psi}_{xj}}{m_{rj}^*}y_m & \dfrac{\boldsymbol{\psi}_{rj}^T\boldsymbol{M}\boldsymbol{\psi}_{yj}}{m_{rj}^*}x_m & r^2 \end{bmatrix}$$

$$\boldsymbol{K}_j = \begin{bmatrix} \omega_{xj}^2 & 0 & -\dfrac{\boldsymbol{\psi}_{xj}^T\boldsymbol{K}_{xx}\boldsymbol{\psi}_{rj}}{m_{xj}^*}y_r \\[3mm] 0 & \omega_{yj}^2 & \dfrac{\boldsymbol{\psi}_{yj}^T\boldsymbol{K}_{yy}\boldsymbol{\psi}_{rj}}{m_{yj}^*}x_r \\[3mm] -\dfrac{\boldsymbol{\psi}_{rj}^T\boldsymbol{K}_{xx}\boldsymbol{\psi}_{xj}}{m_{rj}^*}y_r & \dfrac{\boldsymbol{\psi}_{rj}^T\boldsymbol{K}_{yy}\boldsymbol{\psi}_{yj}}{m_{rj}^*}x_r & \omega_{rj}^2r^2 \end{bmatrix}$$

$$-\begin{bmatrix} 0 & 0 & -\dfrac{\boldsymbol{\psi}_{xj}^T(\boldsymbol{G}_x-\boldsymbol{G}_z)\boldsymbol{\psi}_{rj}}{m_{xj}^*}y_r \\[3mm] 0 & 0 & \dfrac{\boldsymbol{\psi}_{yj}^T(\boldsymbol{G}_y-\boldsymbol{G}_z)\boldsymbol{\psi}_{rj}}{m_{yj}^*}x_r \\[3mm] -\dfrac{\boldsymbol{\psi}_{rj}^T\boldsymbol{G}_x\boldsymbol{\psi}_{xj}}{m_{rj}^*}y_m & \dfrac{\boldsymbol{\psi}_{rj}^T\boldsymbol{G}_y\boldsymbol{\psi}_{yj}}{m_{rj}^*}x_m & 0 \end{bmatrix}$$

式中，$\omega_{xj}^2 = \dfrac{\boldsymbol{\psi}_{xj}^T(\boldsymbol{K}_{xx}-\boldsymbol{G}_x)\boldsymbol{\psi}_{xj}}{m_{xj}^*}$；$\omega_{yj}^2 = \dfrac{\boldsymbol{\psi}_{yj}^T(\boldsymbol{K}_{yy}-\boldsymbol{G}_y)\boldsymbol{\psi}_{xj}}{m_{yj}^*}$；$\omega_{rj}^2 = \dfrac{\boldsymbol{\psi}_{xj}^T(\boldsymbol{K}_{tt}-\boldsymbol{G}_{tt})\boldsymbol{\psi}_{xj}}{m_{rj}^*}$。

求解方程(6.1.31)，再代入式(6.1.30)即可得到

$$\begin{Bmatrix}U\\V\\\Gamma\end{Bmatrix} = \sum_{j=1}^n \boldsymbol{\psi}_j[\boldsymbol{\alpha}_{xj}q_{xj}(t)+\boldsymbol{\alpha}_{yj}q_{yj}(t)+\boldsymbol{\alpha}_{rj}q_{rj}(t)] \tag{6.1.32}$$

对于实际复杂工程结构，采用式(6.1.28)直接求解涉及的未知数比 ANSYS 建模的未知数要少得多，而且能得到精度较高的解。本章主要对结构偏心后风重耦合效应问题进行分析，因此采用式(6.1.28)求解，将单个自由度振动频率还换算成实际振动频率。

6.2　偏心结构风重耦合效应对结构动力特性的影响

由于风重耦合效应产生的偏心结构的动力特性变化比顺风向复杂得多，而且特殊体形的结构需要单独试验分析，这里主要就形体规整、每个楼层有统一偏心率的结构进行频率、模态及响应分析，以找出其共同特征，供设计参考。

6.2.1　偏心结构风重耦合效应对频率和模态的影响

6.1 节中式(6.1.28)较为复杂，在求特征值之前，将该方程的一些参数进行以下变换：

$$\tilde{y}_{rj} = \frac{\boldsymbol{\psi}_{rj}^{\mathrm{T}} \boldsymbol{K}_{xx} \boldsymbol{\psi}_{xj} y_r}{m_{xj}^* \omega_{xj}^2}, \quad \tilde{x}_{rj} = \frac{\boldsymbol{\psi}_{rj}^{\mathrm{T}} \boldsymbol{K}_{yy} \boldsymbol{\psi}_{yj} x_r}{m_{yj}^* \omega_{yj}^2}, \quad \tilde{y}_{mj} = \frac{\boldsymbol{\psi}_{rj}^{\mathrm{T}} \boldsymbol{M} \boldsymbol{\psi}_{xj} y_m}{m_{xj}^* \omega_{xj}^2}, \quad \tilde{x}_{mj} = \frac{\boldsymbol{\psi}_{rj}^{\mathrm{T}} \boldsymbol{M} \boldsymbol{\psi}_{yj} x_m}{m_{yj}^* \omega_{yj}^2}$$

于是未考虑风重耦合效应的特征方程可以写为

$$\begin{bmatrix} \omega_{xj}^2 - \omega^2 & 0 & -\omega_{xj}^2 \tilde{y}_{rj} + \omega^2 \tilde{y}_{mj} \\ 0 & \omega_{yj}^2 - \omega^2 & \omega_{yj}^2 \tilde{x}_{rj} - \omega^2 \tilde{x}_{mj} \\ -\omega_{xj}^2 \tilde{y}_{rj} + \omega^2 \tilde{y}_{mj} & \omega_{yj}^2 \tilde{x}_{rj} - \omega^2 \tilde{x}_{mj} & \omega_{rj}^2 r^2 - \omega^2 r^2 \end{bmatrix} \begin{Bmatrix} \alpha_{xj} \\ \alpha_{yj} \\ \alpha_{rj} \end{Bmatrix} = \begin{Bmatrix} 0 \\ 0 \\ 0 \end{Bmatrix} \tag{6.2.1}$$

进一步进行参数变换：$r_{mx} = \dfrac{\tilde{x}_{mj}}{r}$，$r_{my} = \dfrac{\tilde{y}_{mj}}{r}$，$r_{rx} = \dfrac{\tilde{x}_{rj}}{r}$，$r_{ry} = \dfrac{\tilde{y}_{rj}}{r}$，$w_x = \left(\dfrac{\omega_x}{\omega_{rj}}\right)^2$，$w_y = \left(\dfrac{\omega_y}{\omega_{rj}}\right)^2$，

$w = \left(\dfrac{\omega}{\omega_{rj}}\right)^2$。一般高层建筑结构中扭转的频率要比侧向振动的频率大，因此，w_1 和 w_2 小于 1。这样式(6.2.1)的特征值求解行列式可以写成

$$\begin{vmatrix} w_x - w & 0 & -w_x r_{ry} + w r_{my} \\ 0 & w_y - w & w_y r_{rx} - w r_{mx} \\ -w_x r_{ry} + w r_{my} & w_y r_{rx} - w r_{mx} & 1 - w \end{vmatrix} = 0 \tag{6.2.2}$$

式(6.2.2)化简后得

$$(1 - r_{mx}^2 - r_{my}^2) w^3 + \left[w_y(r_{my}^2 + 2 r_{rx} r_{mx} - 1) + w_x(r_{mx}^2 + 2 r_{ry} r_{my} - 1) - 1 \right] w^2 + \left[w_x + w_y \right.$$
$$\left. + w_x w_y - w_x^2 r_{ry}^2 - w_y^2 r_{rx}^2 - 2 w_x w_y (r_{ry} r_{my} + r_{rx} r_{mx}) \right] w + w_x w_y (w_x r_{ry}^2 + w_y r_{rx}^2 - 1) = 0 \tag{6.2.3}$$

方程(6.2.3)较为复杂，为了进一步分析偏心对振动频率的影响，这里分为两种情况讨论：一种是刚度中心发生偏移，另一种是刚心在 X 方向发生偏转。

1. 刚度中心偏位影响

首先不考虑重力效应的影响，质量中心即位于计算中心，同时刚度中心的任意一个方

向都不产生偏位，即 $r_{mx} = r_{my} = r_{ry} = 0$，但 $r_{rx} \neq 0$，这样可以将式(6.2.3)简化为

$$w^3 - (w_y + w_x + 1)w^2 + (w_x + w_y + w_x w_y - w_y^2 r_{rx}^2)w + w_x w_y (w_y r_{rx}^2 - 1) = 0 \quad (6.2.4)$$

文献[24]给出方程(6.2.4)的解为

$$w_{1,2} = \frac{1 + w_y \mp \sqrt{(1 - w_y)^2 + 4w_y^2 r_{rx}^2}}{2}, \quad w_3 = w_x \quad (6.2.5)$$

w_3 与 w_x 的关系较为简单，这里不再讨论。利用式(6.2.5)作出 w_1、w_2 与 w_y 的关系图，如图6.2.1所示。

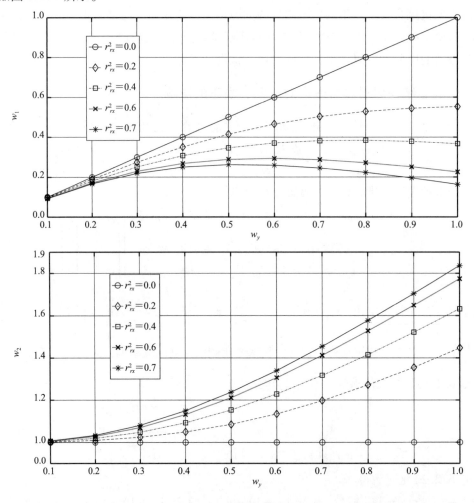

图6.2.1　不计重力影响时频率系数 w_1、w_2 与 w_y 的关系图

本例中由于质心偏位均为零，因此，重力效应对扭转圆频率没有影响，只对两个平动方向的圆频率产生影响。计入重力效应的竖直悬臂结构单向振动频率可采用式(6.2.6)估算。

$$w^2 = \omega_0^2 (1 - \beta\lambda) \quad (6.2.6)$$

式中，ω_0 表示未考虑重力效应时结构的圆频率；λ 为重刚比；β 为振型系数。

记频率比 $\beta_\omega = \beta\lambda$，这样式（6.2.5）可以写为

$$w_{1,2} = \frac{1 + w_y(1 - \beta_{\omega y}) \mp \sqrt{[1 - w_y(1 - \beta_{\omega y})^2]^2 + 4w_y^2(1 - \beta_{\omega y})^2 r_{rx}^2}}{2}, \quad w_3 = w_x(1 - \beta_{\omega y})$$

$$(6.2.7)$$

w_3 与 w_x 是简单的线性关系，这里不再详述。图 6.2.2 表示计入重力影响时频率系数 w_1、w_2 与 w_y 的关系图。图中显示在一般情况下随着重刚比增大，频率比呈减小的趋势，这符合前几章分析的原因。但也有特殊情况，例如，当刚度偏心达到一定程度后，情况发生变化，即随着重刚比增大，w_1 增大，这是因为刚度偏心增大后重力效应会导致扭转频率减小，在扭转振动时重力效应对于偏心点是稳定点，重力效应相当于起到促进刚度增大的作用。此外，当偏心为零时，w_1 在不同重刚比下均为零，这也很好理解，即在偏心为零时一个方向的自振频率对另一方向的自振频率无影响。

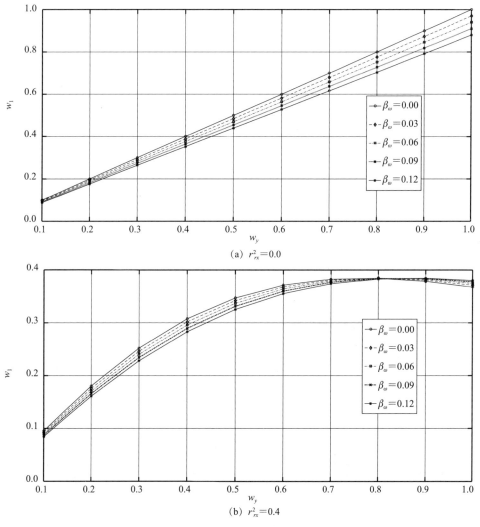

（a）$r_{rx}^2 = 0.0$

（b）$r_{rx}^2 = 0.4$

图 6.2.2　计入重力影响时频率系数 w_1、w_2 与 w_y 的关系图

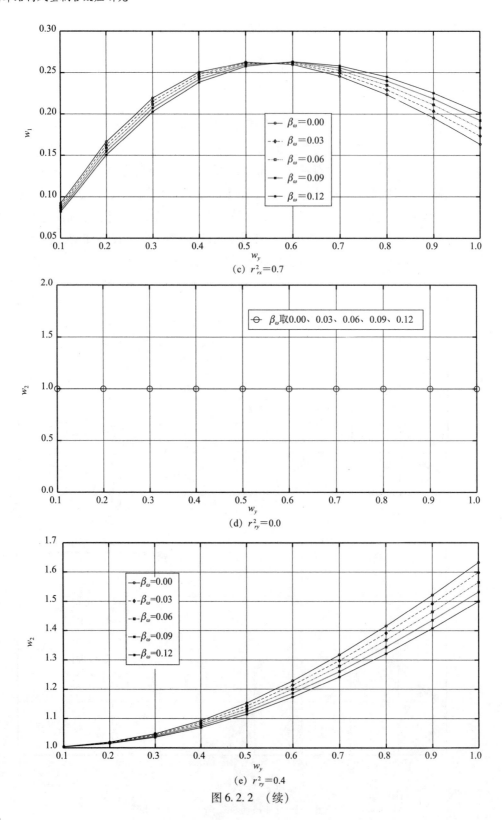

(c) $r_{rx}^2 = 0.7$

(d) $r_{ry}^2 = 0.0$

(e) $r_{ry}^2 = 0.4$

图 6.2.2 （续）

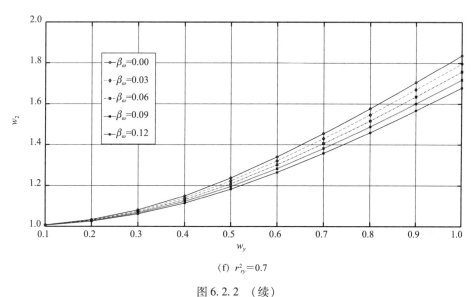

(f) $r_{ry}^2 = 0.7$

图 6.2.2　（续）

2. 质量中心偏位影响

当刚度中心位于计算中心，同时质量中心的方向也不产生偏位，即 $r_{rx} = r_{ry} = r_{my} = 0$，但 $r_{mx} \neq 0$ 时，文献[24]也给出了未计入重力耦合效应的方程，即

$$(1 - r_{mx}^2)w^3 + [-w_y + (r_{mx}^2 - 1)w_x - 1]w^2 + (w_x + w_x w_y + w_y)w - w_x w_y = 0$$

$$(6.2.8)$$

上述方程的解为

$$w_{1,2} = \frac{1 + w_y \mp \sqrt{(1 - w_y)^2 + 4w_y^2 r_{mx}^2}}{2(1 - r_{mx}^2)}, \quad w_3 = w_x \quad (6.2.9)$$

利用式(6.2.9)作出 w_1、w_2 与 w_y 的关系图，如图 6.2.3 所示。

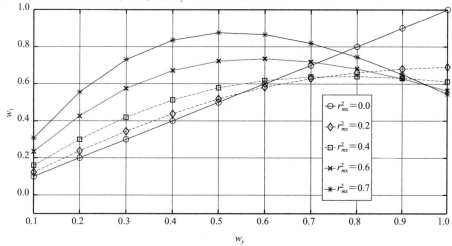

图 6.2.3　不计重力影响时频率系数 w_1、w_2 与 w_y 的关系图

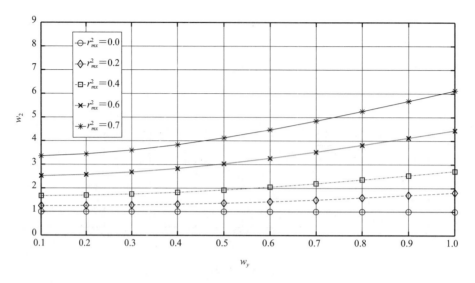

图 6.2.3 （续）

可以得到计入重力后方程的解，即

$$w_{1,2} = \frac{1 + w_y(1-\beta_{\omega y}) \mp \sqrt{[1-w_y(1-\beta_{\omega y})^2]^2 + 4w_y^2(1-\beta_{\omega y})^2 r_{mx}^2}}{2(1-r_{mx}^2)}, \quad w_3 = w_x(1-\beta_{\omega y})$$

$$(6.2.10)$$

与前面一样，可以计算得到不同重刚比下 w_1、w_2 与 w_y 的关系图。其基本规律也与前面相同，只不过数值不同，这里不再列出。

于是根据振型可以写成

$$\boldsymbol{\alpha}_j = \begin{bmatrix} (\omega_{xj}^2\tilde{y}_{Rj} - \omega_{1j}^2\tilde{y}_{Mj})(\omega_{yj}^2 - \omega_{1j}^2) & (\omega_{xj}^2\tilde{y}_{Rj} - \omega_{2j}^2\tilde{y}_{Mj})(\omega_{yj}^2 - \omega_{2j}^2) & (\omega_{xj}^2\tilde{y}_{Rj} - \omega_{3j}^2\tilde{y}_{Mj})(\omega_{yj}^2 - \omega_{3j}^2) \\ -(\omega_{yj}^2\tilde{x}_{Rj} - \omega_{1j}^2\tilde{x}_{Mj})(\omega_{xj}^2 - \omega_{1j}^2) & (\omega_{yj}^2\tilde{x}_{Rj} - \omega_{2j}^2\tilde{x}_{Mj})(\omega_{xj}^2 - \omega_{2j}^2) & (\omega_{yj}^2\tilde{x}_{Rj} - \omega_{3j}^2\tilde{x}_{Mj})(\omega_{xj}^2 - \omega_{3j}^2) \\ (\omega_{xj}^2 - \omega_{1j}^2)(\omega_{yj}^2 - \omega_{1j}^2) & (\omega_{xj}^2 - \omega_{2j}^2)(\omega_{yj}^2 - \omega_{2j}^2) & (\omega_{xj}^2 - \omega_{3j}^2)(\omega_{yj}^2 - \omega_{3j}^2) \end{bmatrix}$$

$$(6.2.11)$$

上述振型与整体结构振型的关系为

$$\boldsymbol{\varphi}_j = \begin{bmatrix} (\omega_{xj}^2\tilde{y}_{Rj} - \omega_{1j}^2\tilde{y}_{Mj})(\omega_{yj}^2 - \omega_{1j}^2)\boldsymbol{\psi}_{xj} & (\omega_{xj}^2\tilde{y}_{Rj} - \omega_{2j}^2\tilde{y}_{Mj})(\omega_{yj}^2 - \omega_{2j}^2)\boldsymbol{\psi}_{xj} & (\omega_{xj}^2\tilde{y}_{Rj} - \omega_{3j}^2\tilde{y}_{Mj})(\omega_{yj}^2 - \omega_{3j}^2)\boldsymbol{\psi}_{xj} \\ -(\omega_{yj}^2\tilde{x}_{Rj} - \omega_{1j}^2\tilde{x}_{Mj})(\omega_{xj}^2 - \omega_{1j}^2)\boldsymbol{\psi}_{yj} & (\omega_{yj}^2\tilde{x}_{Rj} - \omega_{2j}^2\tilde{x}_{Mj})(\omega_{xj}^2 - \omega_{2j}^2)\boldsymbol{\psi}_{yj} & (\omega_{yj}^2\tilde{x}_{Rj} - \omega_{3j}^2\tilde{x}_{Mj})(\omega_{xj}^2 - \omega_{3j}^2)\boldsymbol{\psi}_{yj} \\ (\omega_{xj}^2 - \omega_{1j}^2)(\omega_{yj}^2 - \omega_{1j}^2)\boldsymbol{\psi}_{rj} & (\omega_{xj}^2 - \omega_{2j}^2)(\omega_{yj}^2 - \omega_{2j}^2)\boldsymbol{\psi}_{rj} & (\omega_{xj}^2 - \omega_{3j}^2)(\omega_{yj}^2 - \omega_{3j}^2)\boldsymbol{\psi}_{rj} \end{bmatrix}$$

$$(6.2.12)$$

式(6.2.12)中各圆频率计入风重耦合效应后产生的变化值，对振型本身影响不大。

6.2.2 三维风振频域计算方法

由于风荷载是随机荷载，采用功率谱来表示风荷载的作用是随机振动分析常用的方法。与前面几章相同，本章的目的也是取得统计意义上的结构响应，为此频域分析必然要涉及风荷载的功率谱密度函数。

根据随机振动理论，方程(6.1.32)的解为

$$S_{F_s F_l}^* = \frac{1}{m_s^* m_l^*} (S_{F_{xs}F_{xl}}^* + S_{F_{ys}F_{yl}}^* + S_{T_s T_l}^* + 2S_{F_{ys}T_l}^*) \tag{6.2.13}$$

式中，F 表示力；T 表示扭转力；各方向互谱功率谱密度函数分别为

$$S_{F_{xs}F_{xl}}^*(f) = \int_0^H \int_0^H S_{F_x}(f,z_i,z_j) \varphi_s(z_i) \varphi_l(z_i) \mathrm{d}z_i \mathrm{d}z_j$$

$$S_{F_{ys}F_{yl}}^*(f) = \int_0^H \int_0^H S_{F_y}(f,z_i,z_j) \varphi_s(z_i) \varphi_l(z_i) \mathrm{d}z_i \mathrm{d}z_j$$

$$S_{T_s T_l}^*(f) = \int_0^H \int_0^H S_T(f,z_i,z_j) \varphi_s(z_i) \varphi_l(z_i) \mathrm{d}z_i \mathrm{d}z_j$$

$$S_{F_{ys}T_l}^*(f) = \int_0^H \int_0^H S_{F_y T}(f,z_i,z_j) \varphi_s(z_i) \varphi_l(z_i) \mathrm{d}z_i \mathrm{d}z_j$$

由此得到结构位移响应谱分别为

$$S_{dx}(z,n) = \sum_{i=1}^n \varphi_i(z) |H_i(f)|^2 S_{F_i F_i}^*(f) \tag{6.2.14a}$$

$$S_{dy}(z,n) = \sum_{i=n+1}^{2n} \varphi_i(z) |H_i(f)|^2 S_{F_i F_i}^*(f) \tag{6.2.14b}$$

$$S_{dr}(z,n) = \sum_{i=2n+1}^{3n} \varphi_i(z) |H_i(f)|^2 S_{F_i F_i}^*(f) \tag{6.2.14c}$$

可以得到位移响应为

$$\sigma_{dk}(z) = \sqrt{\int_{-\infty}^{\infty} S_{dk}(z,f) \mathrm{d}f}, \quad k = x, y, r \tag{6.2.15}$$

加速度响应为

$$\sigma_{ak}(z) = \sqrt{\int_{-\infty}^{\infty} S_{dk}(z,f) f^4 \mathrm{d}f}, \quad k = x, y, r \tag{6.2.16}$$

风荷载由顺风向、横风向和扭转向风荷载组成，在一般情况下这些数据需要通过风洞试验获得。由于本书重点不是探讨风致扭转外加荷载的问题，前面几章也介绍了顺风向和横风向的表达式，因而这里统一表示三种类型的风荷载，都采用文献[24]表达式，其表达方式有所不同，但本质意义是一致的。2006 年，唐意在模型试验数据基础上利用统计方法获得各方向功率谱密度函数的相关参数[24]，这里直接利用其结果。下面相关参数中设建筑物截面 D 为顺风向长度，B 为迎风面宽度，H 为建筑物高度，高宽比定义为 $H/(BD)^{1/2}$，截面深宽比为 D/B。

根据随机振动理论，高度 z_i、z_j 处顺风向风荷载互谱密度为

$$S_{F_x}(f, z_i, z_j) = \frac{1}{2}\rho B V^2(z_i) \frac{1}{2}\rho B V^2(z_j) \tilde{C}_D(z_i) \tilde{C}_D(z_j) R_D(z_i, z_j) \frac{S_{Mx}(f)}{\sigma_{Mx}^2} \tag{6.2.17}$$

式中，f 为频率；$\tilde{C}_D$ 为方差阻力系数；R_D 为阻力竖向相关性系数；S_{Mx} 为顺风向基底弯矩功率谱。其中，C_D 和 R_D 两个值都可以通过风洞试验获得，S_{Mx} 可以表示为

$$\frac{fS_{Mx}(f)}{\sigma_{Mx}^2} = \frac{A_1 \ (\tilde{f}/k)^\gamma}{\{1+\xi(\tilde{f}/k)^{1.5}\}}, \quad \tilde{f} = \frac{fB}{V_H} \tag{6.2.18}$$

式中，V_H 为建筑物顶端风速；A_1、k、ξ 均为待定系数，可以由风洞试验确定。

横向风的作用机理复杂，其风荷载互谱密度同样可以写为

$$S_{F_y}(f, z_i, z_j) = \frac{1}{2}\rho BV^2(z_i) \frac{1}{2}\rho BV^2(z_j) \tilde{C}_L(z_i) \tilde{C}_L(z_j) R_L(z_i, z_j) \frac{S_{My}(f)}{\sigma_{My}^2} \tag{6.2.19}$$

式中，$\tilde{C}_L$ 为方差阻力系数；R_L 为阻力竖向相关性系数；S_{My} 为横风向基底弯矩功率谱。其中，$\tilde{C}_L$ 和 R_L 两个值都可以通过风洞试验获得，S_{My} 可以表示为

$$\frac{fS_{My}(f)}{\sigma_{Mz}^2} = A_0 \frac{fS_{ST}(f)}{\sigma_{ST}^2} + A_1 \frac{fS(f)}{\sigma^2} \tag{6.2.20}$$

式中，

$$\frac{fS_{ST}(f)}{\sigma_{ST}^2} = \frac{(\tilde{f}_1/k)^\gamma}{\{1+\xi(\tilde{f}/\kappa)^c\}^5}$$

$$\frac{fS(f)}{\sigma^2} = \frac{P_1\delta_1(\tilde{f}/k)^\gamma}{\{1-(\tilde{f}_1)^2\}^2 + \delta_1(\tilde{f}_1)^2}$$

这两式中的相关参数也是由风洞试验测得的。

扭转风荷载主要是由迎风面、背风面和侧面不均匀风压所致，与横风向风荷载类似，与来流的脉动风压和尾流旋涡脱落有关。因此，建筑物的外形同样也是影响扭转风荷载的主要因素，特殊截面形状的结构需要风洞试验才能确定。与前面相同，扭转向风荷载互谱密度同样可以写为

$$S_{F_t}(f, z_i, z_j) = \frac{1}{2}\rho B^2 V^2(z_i) \frac{1}{2}\rho B^2 V^2(z_j) \tilde{C}_T(z_i) \tilde{C}_T(z_j) R_T(z_i, z_j) \frac{S_{Mt}(f)}{\sigma_{Mt}^2}$$

$$\tag{6.2.21a}$$

扭转向风荷载功率谱密度函数为

$$\frac{fS_{Mt}(f)}{\sigma_{Mt}^2} = B_0 \frac{fS_{ST}(f)}{\sigma_{ST}^2} + \sum_{i=1}^{2} B_i \frac{fS_i(f)}{\sigma_i^2}$$

式中，

$$\frac{fS_{ST}(f)}{\sigma_{ST}^2} = \frac{(\tilde{f}_1/k)}{[1+\xi(\tilde{f}_1/k)^c]^5}$$

$$\frac{fS_i(f)}{\sigma_i^2} = \frac{r_i\delta_i(\tilde{f}_i)^{\alpha_i}}{[1-(\tilde{f}_i)^2]^2 + \delta_i(\tilde{f}_i)^2}, \qquad \tilde{f}_i = f/f_i$$

式中，相关参数也是由风洞试验测得的，特殊截面形状的结构，其参数可以参考相关文献。

在风荷载功率谱密度函数的计算中，三种类型荷载也会有一定的相关性，但顺风向荷载与横风向荷载、扭转向风荷载相关性很小，可以不计。横风向风荷载与扭转向风荷载的相关系数可以用式(6.2.21b)计算。

$$R_{yT}(f) = -(a_1 + a_2 f') + \cos(a_3 f' + a_4)e^{-(3.8f')^4}, \qquad f' = fB\alpha_{sr}^{0.5}/V_H \qquad (6.2.21b)$$

式中，a_1、a_2、a_3、a_4、α_{sr}系数可由试验测得。

6.2.3 参数分析

利用上述计算方法，可以求得一般高层结构三维风振的解。为了分析方便，这里采用上下均匀结构，建筑物的平面形状为正方形，尺寸为50m×50m，高度为300m，层高为3m，单层质量为$8×10^6$kg，回转半径为16.33m。在计算结构偏心时，均采用每层一致的处理方法，突出主要问题。

考虑风重耦合的情况下，结构的响应会发生变化。本算例主结构的重刚比取0.5，结构偏心为0.5B。图6.2.4~图6.2.6表示结构顶端响应随质量偏心角度的变化情况，虚线表示未考虑风重耦合效应的计算值，实线表示计入风重耦合效应的计算值。图中表明，顺风向和横风向情况下，计入风重耦合效应时结构顶部位移响应都比未计风重耦合效应的大，但又以横风向下的变化较大，这是由于横向风风谱与结构固有频率相关性大，结构刚度计入重力影响后，实际刚度下降。

相对两个平动向风振响应，扭转向情况恰好相反，而且计入风重耦合效应后振动幅度下降很大。其原因很简单，这是由于重力的存在使两个水平方向的运动在平衡点存在不稳定点，而扭转运动存在稳定点，因此，重力致使水平运动增大，扭转向响应减小。

对比顶部位移和加速度的变化，顶部位移的风重耦合效应比较明显。三个方向的加速度风重耦合效应中，顺风向影响最小，横风向和扭转向影响较大。加速度计算主要是考虑建筑物的舒适度，因此，舒适度计算中顺风向风重耦合效应可以忽略不计。

此外，对于顺风向而言，结构响应情况为45°、135°、225°、315°区域最小，90°和270°区域次之，0°、180°、360°区域最大，而风重耦合效应虽然在各区域有差异，但这些差异不是很大。而对横风向响应而言，结构响应峰值出现的位置刚好与顺风向差45°，这与振动方向几何差异90°是一致的；同时，风重耦合效应的最小位置出现在45°、135°、225°和315°区域，最大位置出现在0°、90°、180°，270°和360°区域。

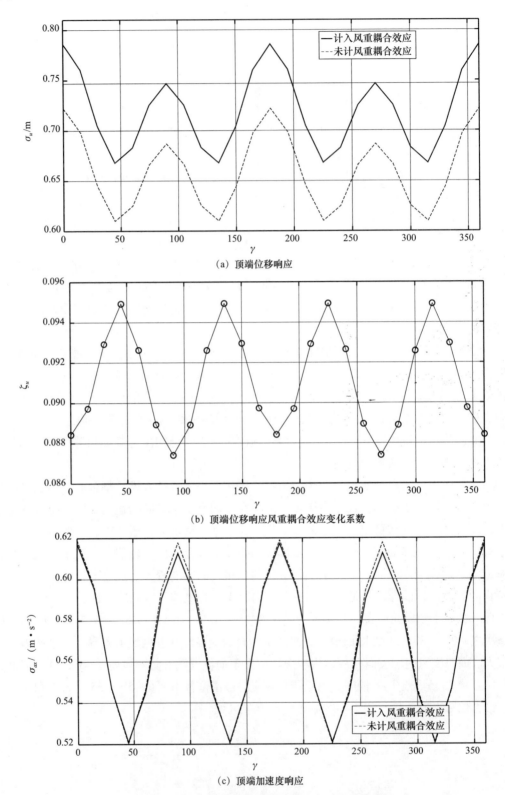

(a) 顶端位移响应

(b) 顶端位移响应风重耦合效应变化系数

(c) 顶端加速度响应

图 6.2.4　顺风向结构顶端响应与质量偏心角度关系图

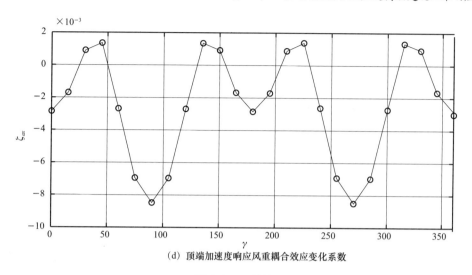

(d) 顶端加速度响应风重耦合效应变化系数

图 6.2.4　（续）

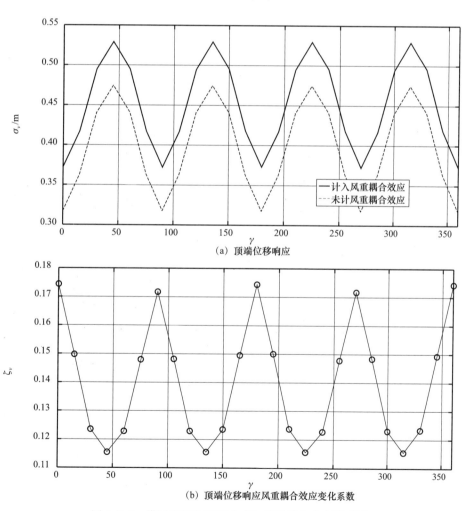

(a) 顶端位移响应

(b) 顶端位移响应风重耦合效应变化系数

图 6.2.5　横风向结构顶端响应与质量偏心角度关系图

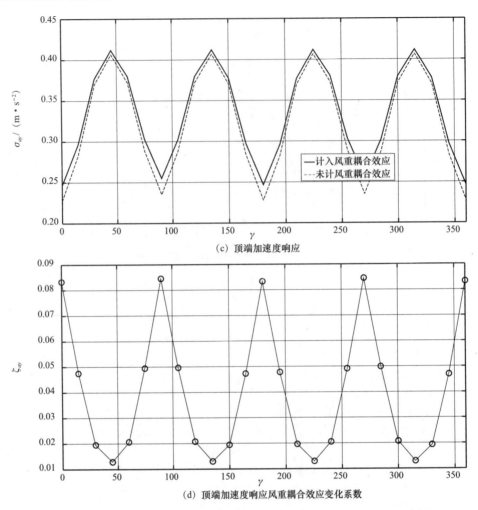

(c) 顶端加速度响应

(d) 顶端加速度响应风重耦合效应变化系数

图 6.2.5 （续）

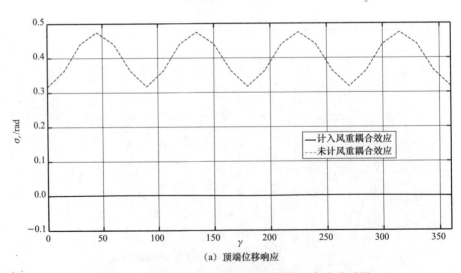

（a）顶端位移响应

图 6.2.6 扭转向结构顶端响应与质量偏心角度关系图

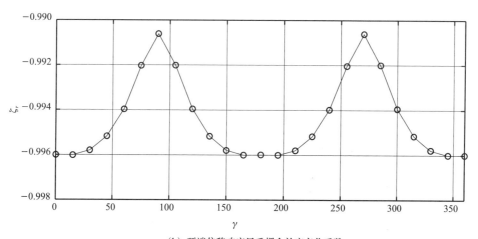

（b）顶端位移响应风重耦合效应变化系数

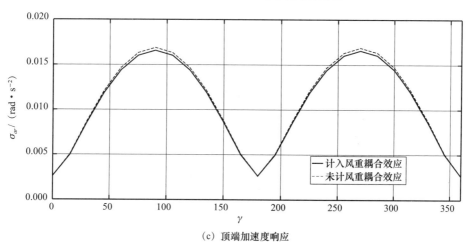

（c）顶端加速度响应

（d）顶端加速度响应风重耦合效应变化系数

图 6.2.6　（续）

图 6.2.7 是偏心角度变化引起结构顶端位移响应变化系数和加速度响应变化系数变化的关系图。由于 180°~360° 与 0°~180° 的变化图对称，这里只给出 0°~180° 的情况。本例的计算条件同前，偏心率分别取 0.1、0.3、0.5、0.7、0.9。从图中可以看到，风重耦合效应在顺风向上的影响和横风向影响刚好相反，曲线平坦，也就是说，横风向结构位移响应对角度变化不敏感；当偏心率较大时，在大致 45° 区域顺风向达到最大值，横风向达到最小值，而偏心率对扭转向风重耦合效应影响并不敏感。从数值上看，顺风向加速度变化率最小，也就是对风重耦合效应不敏感。

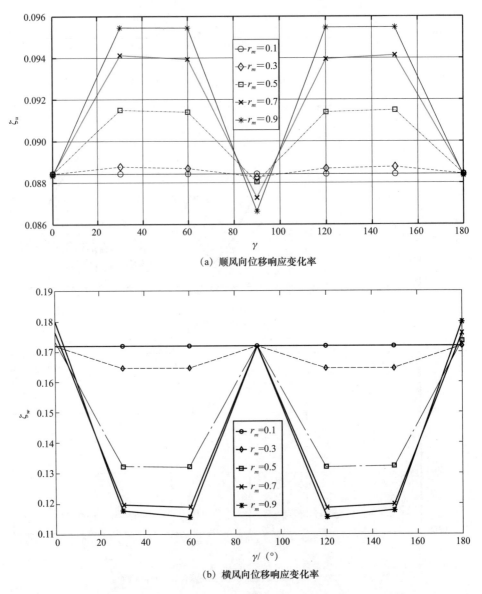

(a) 顺风向位移响应变化率

(b) 横风向位移响应变化率

图 6.2.7　不同径向偏心值下结构响应变化系数与偏心角度关系图

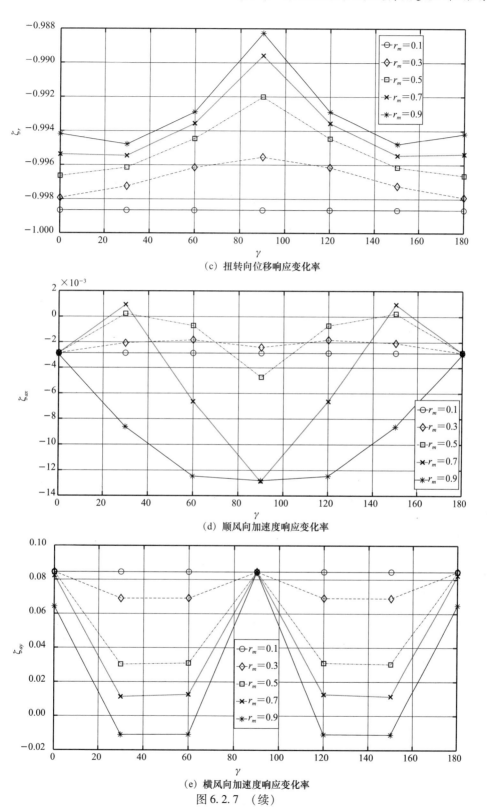

（c）扭转向位移响应变化率

（d）顺风向加速度响应变化率

（e）横风向加速度响应变化率

图 6.2.7　（续）

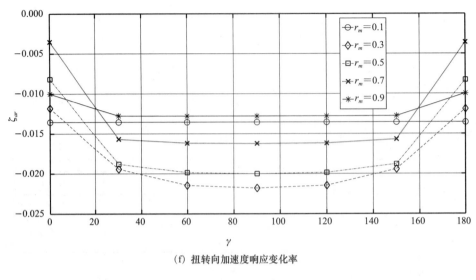

（f）扭转向加速度响应变化率

图 6.2.7 （续）

　　图 6.2.8 是不同重刚比下偏心角度变化与结构顶端位移响应变化系数和加速度响应变化系数的关系图，计算条件是径向偏移为 0.5，重刚比 λ 分别取 0.15、0.25、0.35、0.45、0.55。与前面径向偏移率变化相比较，不同重刚比的曲线形状相似度较高，也就是说，变化规律基本一致，这是由于结构的响应变化基本上与重刚比成正比。

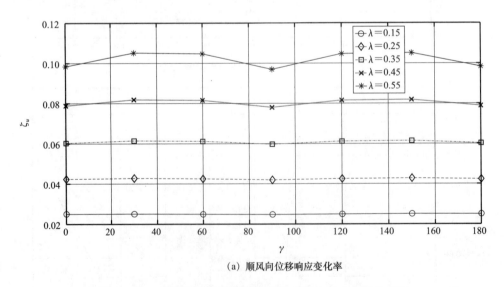

（a）顺风向位移响应变化率

图 6.2.8 不同重刚比下结构响应变化系数与偏心角度关系图

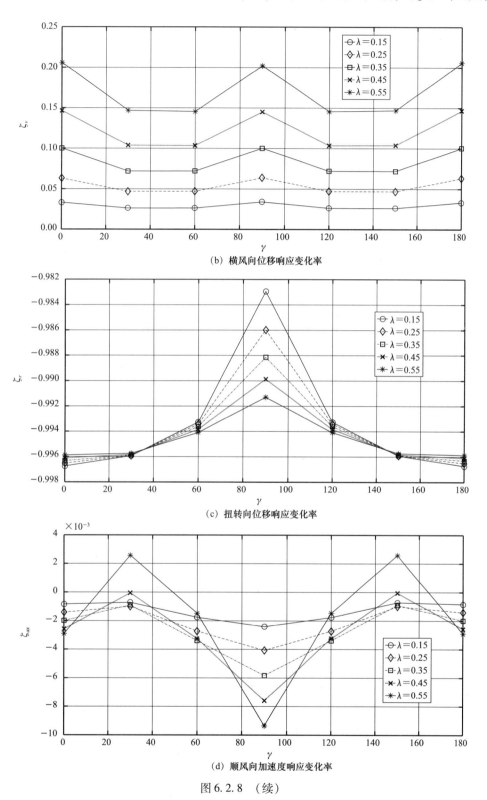

(b) 横风向位移响应变化率

(c) 扭转向位移响应变化率

(d) 顺风向加速度响应变化率

图 6.2.8 （续）

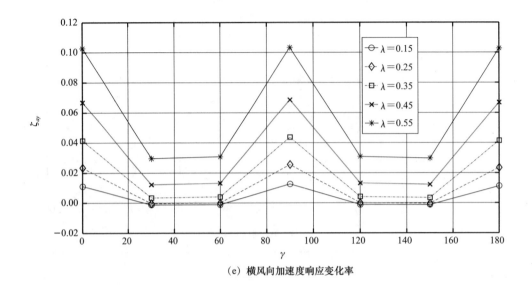

（e）横风向加速度响应变化率

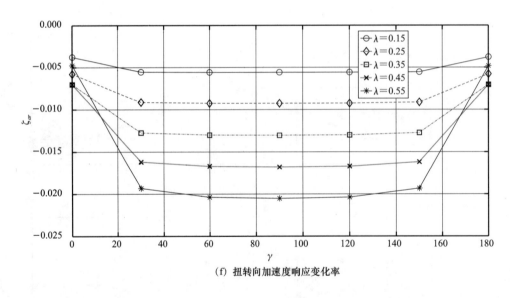

（f）扭转向加速度响应变化率

图 6.2.8 （续）

　　图 6.2.9～图 6.2.11 分别表示刚度偏心角度与结构顶部位移响应、顶部位移响应风重耦合效应变化系数、顶部加速度响应和顶部加速度响应风重耦合效应变化系数的关系图。此算例计算条件取刚度偏心率为 0.1，重刚比为 0.5。情况与前面略微不同，刚度中心偏位的周期性较弱，而且存在不对称性，这是因为刚度偏心不同于质量偏心，刚度中心偏移，结构力学性能表现为各向异性。在其他方面，结构响应的规律基本与质量偏心一致，这里不再重述。

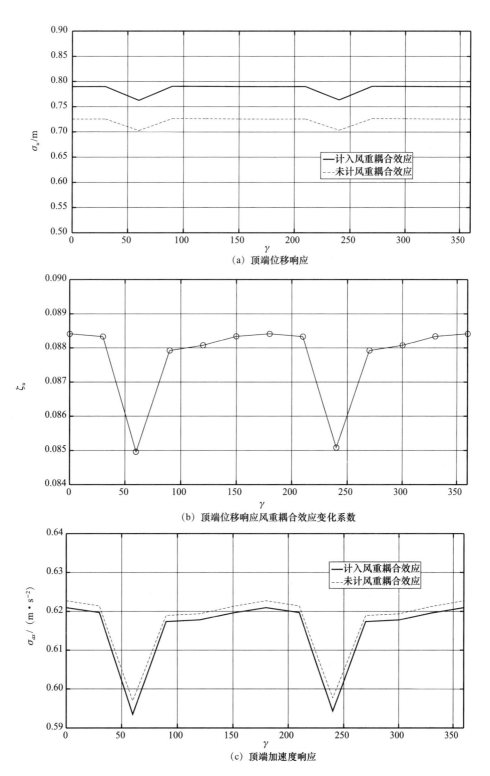

(a) 顶端位移响应

(b) 顶端位移响应风重耦合效应变化系数

(c) 顶端加速度响应

图 6.2.9　顺风向结构顶端响应与刚度偏心角度关系图

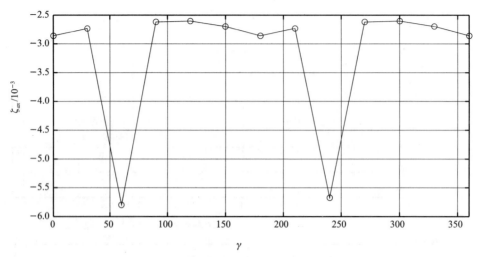

（d）顶端加速度响应风重耦合效应变化系数

图 6.2.9　（续）

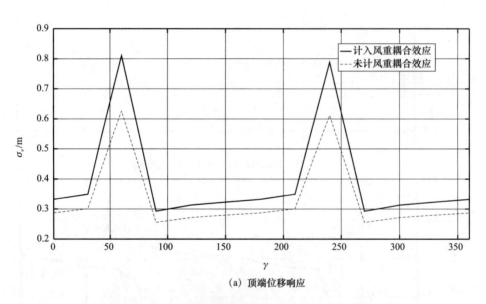

（a）顶端位移响应

图 6.2.10　横风向结构顶部位移响应与刚度偏心角度关系图

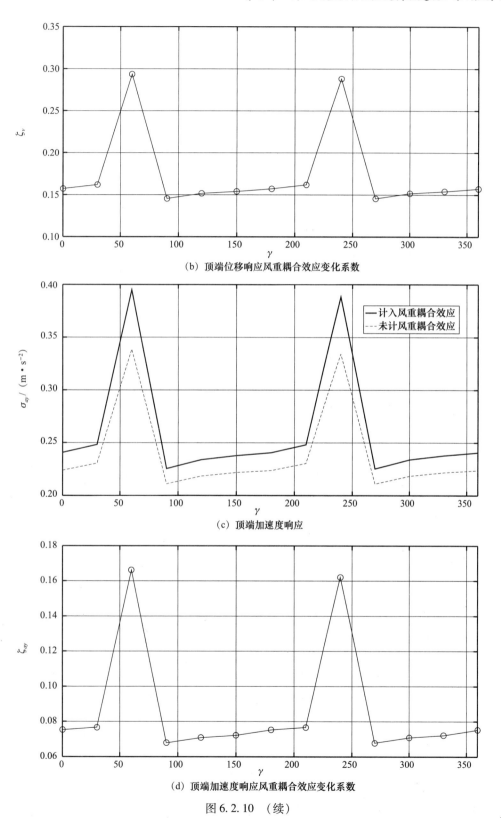

（b）顶端位移响应风重耦合效应变化系数

（c）顶端加速度响应

（d）顶端加速度响应风重耦合效应变化系数

图 6.2.10　（续）

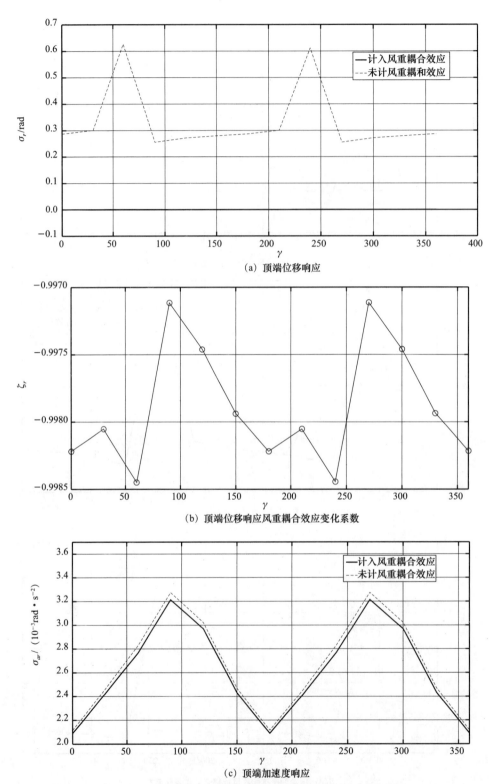

(a) 顶端位移响应

(b) 顶端位移响应风重耦合效应变化系数

(c) 顶端加速度响应

图 6.2.11　扭转向结构顶端位移响应与刚度偏心角度关系图

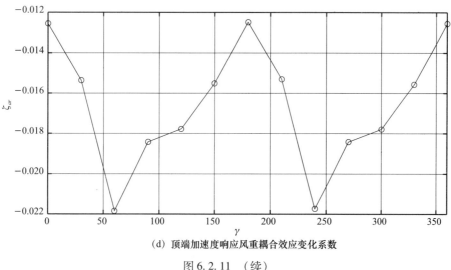

(d) 顶端加速度响应风重耦合效应变化系数

图 6.2.11 （续）

6.3 小　　结

本章推导了超高层建筑三维有限元动力方程，讨论了风振下的结构动力特性，由此可以得到以下结论：

（1）在考虑结构偏心的情况下，结构运动方程是耦合的，也就是说各个方向不能独立计算，并且重力项是与刚度项并列的，其存在使平动刚度减小、转动刚度增大。

（2）在计入风重耦合效应后，结构的固有频率也会发生变化，一般情况下固有频率随着重刚比增大而减小，但当结构质量偏心率较大时，固有频率先随重刚比增大而减小，达到某值后随重刚比增大而增大。对于刚心偏位的情况也有类似结论。

（3）在风荷载作用下，结构计入风重耦合效应时在顺风向和横风向下的响应量要大于不考虑风重耦合效应的响应量，而扭转向的情况与此相反，因此，在实际工程中不考虑扭转向风重耦合效应是偏安全设计。同时在一般情况下，位移响应对风重耦合效应较为敏感，而加速度响应则不明显。

（4）对于不同偏心率的结构风重耦合效应大小并不相同，偏心率较小时，偏心位置的角度对风重耦合效应影响不是很大，而随着偏心率的增大，角度影响就很明显。

（5）结构的重刚比是影响风重耦合效应的一个重要因素，对于不同重刚比，风重耦合效应随角度变化不像随偏心率变化那样突兀，而且对于顺风向和横风向，风重耦合效应产生的最大响应变化率随偏心角变化差45°。

参 考 文 献

[1] SIMIU E, SCANLAN R H. Wind effects on structures – fundamentals and applications to design [M]. New York：John wiley& Sons，1996.

[2] HART G C, DIJULIO R M, Lew M. Torsional response of high – rise buildings[J]. Journal of the Structural Division，1975，101：397-415.

[3] BALENDRA T, NATHAN G K, KANG K H. Deterministic model for wind – induced oscillations of buildings[J]. Journal of Engineering Mechanics，1987，115(1)：179-199.

[4] KATAGIRI J, MARUKAWA H, KATSUMURA A, et al. Effects of structural damping and eccentricity on wind responses of high-rise buildings [J]. Journal of Wind Engineering and Industrial Aerodynamics，1988（74-76）：731-740.

[5] KAREEM A. Wind induced torsional loads on structures[J]. Engineering Structures，1981，3：85-86.

[6] KAREEM A. Across-wind response of buildings[J]. Journal of the Structural Division，1982，108：869-887.

[7] ISLAM M S. Modal coupling and wind-induced vibration of tall buildings[D]. PhD thesis, Baltimore：The Johns Hopkins University，1988.

[8] ISLAM M S, ELLINGWOOD B, COROTIS R B. Dynamic response of tall buildings to stochastic wind load[J]. Journal of Structural Engineering，1989，116(11)：2982-3002.

[9] CAUGHEY T K, O'Kelly M E J. Classical normal modes in damped linear dynamic systems[J]. Journal of Applied Mechanics, ASME，1965，32：583-588.

[10] TEMPLIN J T, COOPER K R. Design and performance of a multi-degree-of -freedom aeroelastic building model[J]. Journal of Wind Engineering and Industrial Aerodynamics，1981，8：157-175.

[11] KATSUMAURA A, KATAGIRI J, MARUKAWA H. Effects of side ratio on characteristics of across-wind and torsional responses of high-rise buildings [J]. Journal of Wind Engineering and Industrial Aerodynamics，2001，89：1433-1444.

[12] ZHOU Y, KAREEM A, GU M. Mode shape corrections for wind load effects[J]. Journal of Engineering Mechanics，2002，128(1)：15-23.

[13] LIANG S, LI Q S, LIU S, et al. Torsional dynamic wind loads on rectangular tall buildings[J]. Engineering Structures，2004，26：129-137.

[14] LIN N, LETCHFORD C, TAMURA Y, et al. Characteristics of wind forces acting on tall buildings[J]. Journal of Wind Engineering and Industrial Aerodynamics，2005，93：217-242.

[15] CHEN X Z, KAREEM A. Coupled dynamic analysis and equivalent static wind loads on buildings with three-dimensional modes[J]. Journal of Structural Engineering，2005，131(7)：1071-1082.

[16] LIANG B, TAMURA Y, SUGANUMA S. Simulation of wind-induced lateral-torsional motion of tall buildings[J]. Computer and Structures，1997，63(3)：601-606.

[17] 章李刚，楼文娟，申屠团兵. 不规则结构扭转风荷载[J]. 浙江大学学报(工学版)，2011，45(6)：1094-1098.

[18] 李春祥，李锦华，顾新花. 非同轴质量偏心结构平扭耦合风振响应的研究[J]. 振动与冲击，2011，30(4)：

68-80.

[19] ISLAM M S，ELLINGWOOD B，COROTIS R B. Wind-induced response of structurally asymmetric high-rise buildings［J］. Journal of Structural Engineering，1992，118：207-222.

[20] KAN C L，CHOPRA A K. Elastic earthquake analysis of a class of torsionally coupled buildings［J］. Journal of the Structural Division，1977，103：821-837.

[21] KAN C L，CHOPRA A K. Elastic earthquake analysis of torsionally coupled multistorey buildings［J］. Earthquake Engineering and Structural Dynamics，1977，5：821-837.

[22] 张效松. 开口薄壁杆件横截面几何性质计算［J］. 力学与实践，2010，32(4)：87-90.

[23] 包世华，周坚. 薄壁杆件结构力学［M］. 北京：中国建筑工业出版社，2006.

[24] 唐意. 高层建筑弯扭耦合风致振动及静力等效风荷载研究［D］. 上海：同济大学，2006.

附　　录

本章动力方程中的矩阵如下：

1. 质量矩阵

$$\boldsymbol{M} = \begin{bmatrix} m_1 & \cdots & 0 & \cdots & 0 \\ \vdots & & \vdots & & \vdots \\ 0 & \cdots & m_i & \cdots & 0 \\ \vdots & & \vdots & & \vdots \\ 0 & \cdots & 0 & \cdots & m_n \end{bmatrix}, \quad \boldsymbol{J} = \begin{bmatrix} J_1 & \cdots & 0 & \cdots & 0 \\ \vdots & & \vdots & & \vdots \\ 0 & \cdots & J_i & \cdots & 0 \\ \vdots & & \vdots & & \vdots \\ 0 & \cdots & 0 & \cdots & J_n \end{bmatrix}$$

$$\boldsymbol{M}_{xr} = \boldsymbol{M}_{rx} = -\begin{bmatrix} m_1 y_{m,1} & \cdots & 0 & \cdots & 0 \\ \vdots & & \vdots & & \vdots \\ 0 & \cdots & m_i y_{m,i} & \cdots & 0 \\ \vdots & & \vdots & & \vdots \\ 0 & \cdots & 0 & \cdots & m_n y_{m,n} \end{bmatrix}$$

$$\boldsymbol{M}_{yr} = \boldsymbol{M}_{ry} = \begin{bmatrix} m_1 x_{m,1} & \cdots & 0 & \cdots & 0 \\ \vdots & & \vdots & & \vdots \\ 0 & \cdots & m_i x_{m,i} & \cdots & 0 \\ \vdots & & \vdots & & \vdots \\ 0 & \cdots & 0 & \cdots & m_n x_{m,n} \end{bmatrix}$$

上述矩阵中 m_i 为 i 层楼层的质量，J_i 为 i 层楼层的转动惯量，$x_{m,i}$ 与 $y_{m,i}$ 为 i 层楼层质量中心的坐标。

2. 过渡矩阵

$$T_\gamma = \begin{bmatrix} \dfrac{6k_{\omega,1}}{h_1^2}+\dfrac{k_{d,1}}{10} & -\dfrac{6k_{\omega,2}}{h_2^2}-\dfrac{k_{d,2}}{10} & \dfrac{6k_{\omega,2}}{h_2^2}+\dfrac{k_{d,2}}{10} & \cdots & 0 & \cdots & 0 & \cdots & 0 \\[2mm] 0 & \cdots & -\dfrac{6k_{\omega,i}}{h_i^2}-\dfrac{k_{d,i}}{10} & \dfrac{6k_{\omega,i}}{h_i^2}-\dfrac{k_{d,i}}{10} & \dfrac{6k_{\omega,i+1}}{h_{i+1}^2}+\dfrac{k_{d,i+1}}{10} & 0 & \cdots & 0 & \cdots \\[2mm] \vdots & & \vdots & \vdots & \vdots & & \vdots & & \vdots \\[2mm] 0 & \cdots & 0 & \cdots & 0 & \cdots & -\dfrac{6k_{\omega,n}}{h_n^2}-\dfrac{k_{d,n}}{10} & \cdots & \dfrac{6k_{\omega,n}}{h_n^2}+\dfrac{k_{d,n}}{10} \end{bmatrix}$$

$$T_{\gamma'} = \begin{bmatrix} \dfrac{4k_{\omega,1}}{h_1}+\dfrac{4k_{\omega,2}}{h_2}+\dfrac{2k_{d,1}h_1}{15} & \dfrac{2k_{\omega,2}}{h_2}-\dfrac{k_{d,2}h_2}{30} & \dfrac{2k_{d,2}h_2}{15} & \cdots & 0 & \cdots & 0 & \cdots & 0 \\[2mm] 0 & \cdots & -\dfrac{2k_{\omega,i}}{h_i}-\dfrac{k_{d,i}h_i}{30} & \dfrac{4k_{\omega,i}}{h_i}+\dfrac{4k_{\omega,i+1}}{h_{i+1}}+\dfrac{2k_{d,i}h_i}{15} & \dfrac{2k_{\omega,i+1}}{h_{i+1}}-\dfrac{k_{d,i+1}h_{i+1}}{30} & 0 & \cdots & 0 & \cdots \\[2mm] \vdots & & \vdots & \vdots & \dfrac{2k_{d,i+1}h_{i+1}}{15} & & \vdots & & \vdots \\[2mm] 0 & \cdots & 0 & \cdots & 0 & \cdots & \dfrac{2k_{\omega,n}}{h_n}-\dfrac{k_{d,n}h_n}{30} & \cdots & \dfrac{4k_{\omega,n}}{h_n}+\dfrac{2k_{d,n}h_n}{15} \end{bmatrix}$$

$$T_\beta = \begin{bmatrix} 4\left(\dfrac{k_{y,1}}{h_1}+\dfrac{k_{y,2}}{h_2}\right) & \dfrac{2k_{y,2}}{h_2} & \cdots & 0 & \cdots & 0 & \cdots & 0 \\[2mm] 0 & \cdots & \dfrac{2k_{y,i}}{h_i} & 4\left(\dfrac{k_{y,i}}{h_i}+\dfrac{k_{y,i+1}}{h_{i+1}}\right) & \dfrac{2k_{y,i+1}}{h_{i+1}} & 0 & \cdots & 0 \\[2mm] \vdots & & \vdots & \vdots & \vdots & & \vdots & \vdots \\[2mm] 0 & \cdots & 0 & \cdots & 0 & \cdots & \dfrac{2k_{y,n}}{h_{n-1}} & \dfrac{4k_{y,n}}{h_n} \end{bmatrix}$$

$$T_{uu} = \begin{bmatrix} 6\left(\dfrac{k_{y,1}}{h_1^2} - \dfrac{k_{y,2}}{h_2^2}\right) & \dfrac{6k_{y,2}}{h_2^2} & \cdots & 0 & \cdots & 0 & \cdots & 0 & 0 \\ \vdots & & & & & & & & \vdots \\ -\dfrac{6k_{y,i}}{h_i^2} & 0 & \cdots & 6\left(\dfrac{k_{y,i}}{h_i^2} - \dfrac{k_{y,i+1}}{h_{i+1}^2}\right) & \dfrac{6k_{y,i+1}}{h_{i+1}^2} & 0 & \cdots & 0 & 0 \\ \vdots & & & & & & & & \vdots \\ 0 & 0 & \cdots & 0 & \cdots & 0 & \cdots & -\dfrac{6k_{y,n}}{h_n^2} & \dfrac{6k_{y,n}}{h_n^2} \end{bmatrix}$$

$$T_{ur} = \begin{bmatrix} 6\left(\dfrac{k_{y,1}Y_{r,1}}{h_1^2} - \dfrac{k_{y,2}Y_{r,2}}{h_2^2}\right) & \dfrac{6k_{y,2}Y_{r,2}}{h_2^2} & \cdots & 0 & \cdots & 0 & \cdots & 0 & 0 \\ \vdots & & & & & & & & \vdots \\ -\dfrac{6k_{y,i}Y_{r,i}}{h_i^2} & 0 & \cdots & 6\left(\dfrac{k_{y,i}Y_{r,i}}{h_i^2} - \dfrac{k_{y,i+1}Y_{r,i+1}}{h_{i+1}^2}\right) & \dfrac{6k_{y,i+1}Y_{r,i+1}}{h_{i+1}^2} & 0 & \cdots & 0 & 0 \\ \vdots & & & & & & & & \vdots \\ 0 & 0 & \cdots & 0 & \cdots & 0 & \cdots & -\dfrac{6k_{y,n}Y_{r,n}}{h_n^2} & \dfrac{6k_{y,n}Y_{r,n}}{h_n^2} \end{bmatrix}$$

$$T_{ur'} = \begin{bmatrix} 4\left(\dfrac{k_{y,1}Y_{r,1}}{h_1} + \dfrac{k_{y,2}Y_{r,2}}{h_2}\right) & \dfrac{2k_{y,2}Y_{r,2}}{h_2} & \cdots & 0 & \cdots & 0 & \cdots & 0 & 0 \\ \vdots & & & & & & & & \vdots \\ \dfrac{2k_{y,i}Y_{r,i}}{h_i} & 0 & \cdots & 4\left(\dfrac{k_{y,i}Y_{r,i}}{h_i} + \dfrac{k_{y,i+1}Y_{r,i+1}}{h_{i+1}}\right) & \dfrac{2k_{y,i+1}Y_{r,i+1}}{h_{i+1}} & 0 & \cdots & 0 & 0 \\ \vdots & & & & & & & & \vdots \\ 0 & 0 & \cdots & 0 & \cdots & 0 & \cdots & \dfrac{2k_{y,n}Y_{r,n}}{h_n} & \dfrac{4k_{y,n}Y_{r,n}}{h_n} \end{bmatrix}$$

$$T_\alpha = \begin{bmatrix} 4\left(\dfrac{k_{x,1}}{h_1}+\dfrac{k_{x,2}}{h_2}\right) & \dfrac{2k_{x,2}}{h_2} & \cdots & 0 & \cdots & 0 \\ \dfrac{2k_{x,2}}{h_2} & \ddots & & & & \vdots \\ \vdots & & \dfrac{2k_{x,i}}{h_i} & 4\left(\dfrac{k_{x,i}}{h_i}+\dfrac{k_{x,i+1}}{h_{i+1}}\right) & \dfrac{2k_{x,i+1}}{h_{i+1}} & \vdots \\ 0 & & \cdots & \ddots & \cdots & 0 \\ \vdots & & & & & 2\dfrac{k_{x,n}}{h_{n-1}} \\ 0 & \cdots & 0 & \cdots & 0 & \dfrac{4k_{x,n}}{h_n} \end{bmatrix}$$

$$T_{w} = \begin{bmatrix} 6\left(\dfrac{k_{x,1}}{h_1^2}-\dfrac{k_{x,2}}{h_2^2}\right) & \dfrac{6k_{x,2}}{h_2^2} & \cdots & 0 & \cdots & 0 \\ \dfrac{6k_{x,2}}{h_2^2} & \ddots & & & & \vdots \\ \vdots & & -\dfrac{6k_{x,i}}{h_i^2} & 6\left(\dfrac{k_{x,i}}{h_i^2}-\dfrac{k_{x,i+1}}{h_{i+1}^2}\right) & \dfrac{6k_{x,i+1}}{h_{i+1}^2} & \vdots \\ 0 & & \cdots & \ddots & \cdots & 0 \\ \vdots & & & & & \dfrac{6k_{x,n}}{h_n^2} \\ 0 & \cdots & 0 & \cdots & -\dfrac{6k_{x,n}}{h_n^2} & \dfrac{6k_{x,n}}{h_n^2} \end{bmatrix}$$

$$T_{vr} = \begin{bmatrix} 6\left(\dfrac{k_{x,1}x_{r,1}}{h_1^2}-\dfrac{k_{x,2}x_{r,2}}{h_2^2}\right) & \dfrac{6k_{x,2}x_{r,2}}{h_2^2} & \cdots & 0 & \cdots & 0 \\ \dfrac{6k_{x,2}x_{r,2}}{h_2^2} & \ddots & & & & \vdots \\ \vdots & & -\dfrac{6k_{x,i}x_{r,i}}{h_i^2} & 6\left(\dfrac{k_{x,i}x_{r,i}}{h_i^2}-\dfrac{k_{x,i+1}x_{r,i+1}}{h_{i+1}^2}\right) & \dfrac{6k_{x,i+1}x_{r,i+1}}{h_{i+1}^2} & \vdots \\ 0 & & \cdots & \ddots & \cdots & 0 \\ \vdots & & & & & \dfrac{6k_{x,n}x_{r,n}}{h_n^2} \\ 0 & \cdots & 0 & \cdots & -\dfrac{6k_{x,n}x_{r,n}}{h_n^2} & \dfrac{6k_{x,n}x_{r,n}}{h_n^2} \end{bmatrix}$$

$$
T_{vr'} = \begin{bmatrix}
4\left(\dfrac{k_{x,1}x_{r,1}}{h_1}+\dfrac{k_{x,2}x_{r,2}}{h_2}\right) & \dfrac{2k_{x,2}x_{r,2}}{h_2} & \cdots & 0 & \cdots & 0 & \cdots & 0 \\[6pt]
\vdots & \vdots & & \vdots & & \vdots & & \vdots \\[4pt]
\dfrac{2k_{x,2}x_{r,2}}{h_2} & 4\left(\dfrac{k_{x,i}x_{r,i}}{h_i}+\dfrac{k_{x,i+1}x_{r,i+1}}{h_{i+1}}\right) & \cdots & \dfrac{2k_{x,i+1}x_{r,i+1}}{h_{i+1}} & \cdots & 0 & \cdots & 0 \\[6pt]
\vdots & \vdots & & \vdots & & \vdots & & \vdots \\[4pt]
0 & \dfrac{2k_{x,i+1}x_{r,i+1}}{h_{i+1}} & \cdots & 4\left(\dfrac{k_{x,i}x_{r,i}}{h_i}+\dfrac{k_{x,i+1}x_{r,i+1}}{h_{i+1}}\right) & \cdots & 0 & \cdots & 0 \\[6pt]
\vdots & \vdots & & \vdots & & \vdots & & \vdots \\[4pt]
0 & 0 & \cdots & 0 & \cdots & \dfrac{2k_{x,n}x_{r,n}}{h_n} & \cdots & \dfrac{4k_{x,n}x_{r,n}}{h_n}
\end{bmatrix}
$$

3. 刚度矩阵

$$
S_{uu} = \begin{bmatrix}
6\left(\dfrac{k_{y,1}}{h_1^2}-\dfrac{k_{y,2}}{h_2^2}\right) & -\dfrac{6k_{y,2}}{h_2^2} & \cdots & 0 & \cdots & 0 & \cdots & 0 \\[6pt]
\vdots & \vdots & & \vdots & & \vdots & & \vdots \\[4pt]
\dfrac{6k_{y,2}}{h_2^2} & 6\left(\dfrac{k_{y,i}}{h_i^2}-\dfrac{k_{y,i+1}}{h_{i+1}^2}\right) & \cdots & -\dfrac{6k_{y,i+1}}{h_{i+1}^2} & \cdots & 0 & \cdots & 0 \\[6pt]
\vdots & \vdots & & \vdots & & \vdots & & \vdots \\[4pt]
0 & \dfrac{6k_{y,i}}{h_i^2} & \cdots & 6\left(\dfrac{k_{y,i}}{h_i^2}-\dfrac{k_{y,i+1}}{h_{i+1}^2}\right) & \cdots & 0 & \cdots & 0 \\[6pt]
\vdots & \vdots & & \vdots & & \vdots & & \vdots \\[4pt]
0 & 0 & \cdots & 0 & \cdots & \dfrac{6k_{y,n}}{h_n^2} & \cdots & \dfrac{6k_{y,n}}{h_n^2}
\end{bmatrix}
$$

$$
K_{uu} = \begin{bmatrix}
12\left(\dfrac{k_{y,1}}{h_1^3}+\dfrac{k_{y,2}}{h_2^3}\right) & -\dfrac{12k_{y,2}}{h_2^3} & \cdots & 0 & \cdots & 0 & \cdots & 0 \\[6pt]
\vdots & \vdots & & \vdots & & \vdots & & \vdots \\[4pt]
-\dfrac{12k_{y,2}}{h_2^3} & 12\left(\dfrac{k_{y,i}}{h_i^3}+\dfrac{k_{y,i+1}}{h_{i+1}^3}\right) & \cdots & -\dfrac{12k_{y,i+1}}{h_{i+1}^3} & \cdots & 0 & \cdots & 0 \\[6pt]
\vdots & \vdots & & \vdots & & \vdots & & \vdots \\[4pt]
0 & -\dfrac{12k_{y,i}}{h_i^3} & \cdots & 12\left(\dfrac{k_{y,i}}{h_i^3}+\dfrac{k_{y,i+1}}{h_{i+1}^3}\right) & \cdots & 0 & \cdots & 0 \\[6pt]
\vdots & \vdots & & \vdots & & \vdots & & \vdots \\[4pt]
0 & 0 & \cdots & 0 & \cdots & -\dfrac{12k_{y,n}}{h_n^3} & \cdots & \dfrac{12k_{y,n}}{h_n^3}
\end{bmatrix}
$$

$$K_{ur'} = \begin{bmatrix} 6\left(\dfrac{k_{y,1}Y_{r,1}}{h_1^2} - \dfrac{k_{y,2}Y_{r,2}}{h_2^2}\right) & -\dfrac{6k_{y,2}Y_{r,2}}{h_2^2} & \cdots & 0 & \cdots & 0 & \cdots & 0 \\[2mm] \cdots & \cdots & \cdots & \cdots & \cdots & \cdots & \cdots & \cdots \\[2mm] 0 & 0 & \cdots & 6\left(\dfrac{k_{y,i}Y_{r,i}}{h_i^2} - \dfrac{k_{y,i+1}Y_{r,i+1}}{h_{i+1}^2}\right) & \cdots & 0 & \cdots & 0 \\[2mm] 0 & 0 & \cdots & -\dfrac{6k_{y,i+1}Y_{r,i+1}}{h_{i+1}^2} & \cdots & 0 & \cdots & 0 \\[2mm] \cdots & \cdots & \cdots & \cdots & \cdots & \cdots & \cdots & \cdots \\[2mm] 0 & 0 & \cdots & 0 & \cdots & -\dfrac{6k_{y,n}Y_{r,n}}{h_n^2} & \cdots & \dfrac{6k_{y,n}Y_{r,n}}{h_n^2} \end{bmatrix}$$

$$K_{ur} = \begin{bmatrix} 12\left(\dfrac{k_{y,1}Y_{r,1}}{h_1^3} - \dfrac{k_{y,2}Y_{r,2}}{h_2^3}\right) & -\dfrac{12k_{y,2}Y_{r,2}}{h_2^3} & \cdots & 0 & \cdots & 0 & \cdots & 0 \\[2mm] \cdots & \cdots & \cdots & \cdots & \cdots & \cdots & \cdots & \cdots \\[2mm] 0 & 0 & \cdots & -\dfrac{12k_{y,i}Y_{r,i}}{h_i^3} & \cdots & 0 & \cdots & 0 \\[2mm] 0 & 0 & \cdots & 12\left(\dfrac{k_{y,i}Y_{r,i}}{h_i^3} + \dfrac{k_{y,i+1}Y_{r,i+1}}{h_{i+1}^3}\right) & \cdots & -\dfrac{12k_{y,i+1}Y_{r,i+1}}{h_{i+1}^3} & \cdots & 0 \\[2mm] \cdots & \cdots & \cdots & \cdots & \cdots & \cdots & \cdots & \cdots \\[2mm] 0 & 0 & \cdots & 0 & \cdots & \dfrac{12k_{y,n}Y_{r,n}}{h_n^3} & \cdots & \dfrac{12k_{y,n}Y_{r,n}}{h_n^3} \end{bmatrix}$$

$$S_{w} = \begin{bmatrix} 6\left(\dfrac{k_{x,1}}{h_1^2} - \dfrac{k_{x,2}}{h_2^2}\right) & -\dfrac{6k_{x,2}}{h_2^2} & \cdots & 0 & \cdots & 0 & \cdots & 0 \\[2mm] \cdots & \cdots & \cdots & \cdots & \cdots & \cdots & \cdots & \cdots \\[2mm] 0 & 0 & \cdots & -\dfrac{6k_{x,i}}{h_i^2} & \cdots & 0 & \cdots & 0 \\[2mm] 0 & 0 & \cdots & 6\left(\dfrac{k_{x,i}}{h_i^2} - \dfrac{k_{x,i+1}}{h_{i+1}^2}\right) & \cdots & -\dfrac{6k_{x,i+1}}{h_{i+1}^2} & \cdots & 0 \\[2mm] \cdots & \cdots & \cdots & \cdots & \cdots & \cdots & \cdots & \cdots \\[2mm] 0 & 0 & \cdots & 0 & \cdots & \dfrac{6k_{x,n}}{h_n^2} & \cdots & \dfrac{6k_{x,n}}{h_n^2} \end{bmatrix}$$

$$
\boldsymbol{K}_{vv}=
\begin{bmatrix}
12\left(\dfrac{k_{x,1}}{h_1^3}+\dfrac{k_{x,2}}{h_2^3}\right) & -\dfrac{12k_{x,2}}{h_2^3} & \cdots & 0 & \cdots & 0 & \cdots & 0 \\
-\dfrac{12k_{x,2}}{h_2^3} & \cdots & \cdots & 0 & \cdots & 0 & \cdots & 0 \\
\vdots & & \cdots & -\dfrac{12k_{x,i}}{h_i^3} & \cdots & 0 & \cdots & 0 \\
0 & \cdots & -\dfrac{12k_{x,i}}{h_i^3} & 12\left(\dfrac{k_{x,i}}{h_i^3}+\dfrac{k_{x,i+1}}{h_{i+1}^3}\right) & \cdots & -\dfrac{12k_{x,i+1}}{h_{i+1}^3} & \cdots & 0 \\
\vdots & \cdots & \cdots & \cdots & \ddots & \cdots & \cdots & \vdots \\
0 & \cdots & 0 & -\dfrac{12k_{x,i+1}}{h_{i+1}^3} & \cdots & \cdots & \cdots & -\dfrac{12k_{x,n}}{h_n^3} \\
0 & \cdots & 0 & \cdots & 0 & \cdots & -\dfrac{12k_{x,n}}{h_n^3} & \dfrac{12k_{x,n}}{h_n^3}
\end{bmatrix}
$$

$$
\boldsymbol{K}_{vr'}=
\begin{bmatrix}
6\left(\dfrac{k_{x,1}x_{r,1}}{h_1^3}-\dfrac{k_{x,2}x_{r,2}}{h_2^2}\right) & -\dfrac{6k_{x,2}x_{r,2}}{h_2^2} & \cdots & 0 & \cdots & 0 & \cdots & 0 \\
0 & \cdots & \cdots & \dfrac{6k_{x,i}x_{r,i}}{h_i^2} & \cdots & 0 & \cdots & 0 \\
\vdots & \cdots & \cdots & \cdots & \cdots & \cdots & \cdots & \vdots \\
0 & \cdots & \dfrac{6k_{x,i}x_{r,i}}{h_i^2} & 6\left(\dfrac{k_{x,i}x_{r,i}}{h_i^2}-\dfrac{k_{x,i+1}x_{r,i+1}}{h_{i+1}^2}\right) & \cdots & -\dfrac{6k_{x,i+1}x_{r,i+1}}{h_{i+1}^2} & \cdots & 0 \\
\vdots & \cdots & \cdots & \cdots & \ddots & \cdots & \cdots & \vdots \\
0 & \cdots & 0 & \cdots & 0 & \cdots & \cdots & \dfrac{6k_{x,n}x_{r,n}}{h_n^2} \\
0 & \cdots & 0 & \cdots & 0 & \cdots & \dfrac{6k_{x,n}x_{r,n}}{h_n^2} & \dfrac{6k_{x,n}x_{r,n}}{h_n^2}
\end{bmatrix}
$$

$$
\boldsymbol{K}_{vr}=
\begin{bmatrix}
12\left(\dfrac{k_{x,1}x_{r,1}}{h_1^3}-\dfrac{k_{x,2}x_{r,2}}{h_2^3}\right) & -\dfrac{12k_{x,2}x_{r,2}}{h_2^3} & \cdots & 0 & \cdots & 0 & \cdots & 0 \\
0 & \cdots & \cdots & -\dfrac{12k_{x,i}x_{r,i}}{h_i^3} & \cdots & 0 & \cdots & 0 \\
\vdots & \cdots & \cdots & \cdots & \cdots & \cdots & \cdots & \vdots \\
0 & \cdots & -\dfrac{12k_{x,i}x_{r,i}}{h_i^3} & 12\left(\dfrac{k_{x,i}x_{r,i}}{h_i^3}+\dfrac{k_{x,i+1}x_{r,i+1}}{h_{i+1}^3}\right) & \cdots & -\dfrac{12k_{x,i+1}x_{r,i+1}}{h_{i+1}^3} & \cdots & 0 \\
\vdots & \cdots & \cdots & \cdots & \ddots & \cdots & \cdots & \vdots \\
0 & \cdots & 0 & \cdots & 0 & \cdots & \cdots & -\dfrac{12k_{x,n}x_{r,n}}{h_n^3} \\
0 & \cdots & 0 & \cdots & 0 & \cdots & -\dfrac{12k_{x,n}x_{r,n}}{h_n^3} & \dfrac{12k_{x,n}x_{r,n}}{h_n^3}
\end{bmatrix}
$$

$$
\boldsymbol{K}_{rr1} =
\begin{bmatrix}
\dfrac{12k_{\omega,1}}{h_1^3} + \dfrac{12k_{\omega,2}}{h_2^3} + \dfrac{6k_{d,1}}{5h_1} + \dfrac{6k_{d,2}}{5h_2} & -\dfrac{12k_{\omega,2}}{h_2^3} - \dfrac{6k_{d,2}}{5h_2} & \cdots & 0 & \cdots & 0 & \cdots \\[2ex]
\cdots & \cdots & \cdots & \cdots & \cdots & \cdots & \cdots \\[1ex]
0 & 0 & \cdots & \dfrac{12k_{\omega,i}}{h_i^3} + \dfrac{12k_{\omega,i+1}}{h_{i+1}^3} + \dfrac{6k_{d,i}}{5h_i} + \dfrac{6k_{d,i+1}}{5h_{i+1}} & -\dfrac{12k_{\omega,i+1}}{h_{i+1}^3} - \dfrac{6k_{d,i+1}}{5h_{i+1}} & \cdots & -\dfrac{12k_{\omega,i}}{h_i^3} - \dfrac{6k_{d,i}}{5h_i} \\[2ex]
\cdots & \cdots & \cdots & \cdots & \cdots & \cdots & \cdots \\[1ex]
0 & 0 & \cdots & 0 & 0 & \cdots & \dfrac{12k_{\omega,n}}{h_n^3} + \dfrac{6k_{d,n}}{5h_n}
\end{bmatrix}
$$

$$
\boldsymbol{K}_{rr2} =
\begin{bmatrix}
12\left(\dfrac{k_{x,1}x_{r,1}^2 + k_{y,1}y_{r,1}^2}{h_1^3} + \dfrac{k_{x,2}x_{r,2}^2 + k_{y,2}y_{r,2}^2}{h_2^3}\right) & -12\,\dfrac{k_{x,2}x_{r,2}^2 + k_{y,2}y_{r,2}^2}{h_2^3} & \cdots & 0 & \cdots & 0 \\[2ex]
\cdots & \cdots & \cdots & \cdots & \cdots & \cdots \\[1ex]
0 & 0 & \cdots & -12\,\dfrac{k_{x,i}x_{r,i}^2 + k_{y,i}y_{r,i}^2}{h_i^3} & \cdots & 0
\end{bmatrix}
$$

152

$$
\boldsymbol{K}_{r'1} =
\begin{bmatrix}
12\left(\dfrac{k_{x,i}x_{r,i}^2+k_{y,i}y_{r,i}^2}{h_i^3}+\dfrac{k_{x,i+1}x_{r,i+1}^2+k_{y,i+1}y_{r,i+1}^2}{h_{i+1}^3}\right) & 0 & \cdots & 0 & \cdots & -12\dfrac{k_{x,i+1}x_{r,i+1}^2+k_{y,i+1}y_{r,i+1}^2}{h_{i+1}^3} & 0 & \cdots & 0 & \cdots & 0 \\
0 & \cdots & & \cdots & & 0 & \cdots & & \cdots & & 0 \\
\vdots & & & & & \vdots & & & & & \vdots \\
0 & \cdots & & \cdots & & 0 & \cdots & & \cdots & & -12\dfrac{k_{y,n}y_{r,n}^2+k_{x,n}x_{r,n}^2}{h_n^3} \\
\vdots & & & & & \vdots & & & & & \vdots \\
& & & & & & & & & & 12\dfrac{k_{y,n}y_{r,n}^2+k_{x,n}x_{r,n}^2}{h_n^3}
\end{bmatrix}
$$

$$
\begin{bmatrix}
-\left(\dfrac{6k_{\omega,1}}{h_1^2}-\dfrac{6k_{\omega,2}}{h_2^2}+\dfrac{k_{d,1}}{10}-\dfrac{k_{d,2}}{10}\right) & \dfrac{6k_{\omega,2}}{h_2^2}+\dfrac{k_{d,2}}{10} & \cdots & 0 & \cdots & 0 \\
0 & \cdots & & 0 & \cdots & 0 \\
\vdots & & & \vdots & & \vdots \\
-\left(\dfrac{6k_{\omega,i}}{h_i^2}-\dfrac{6k_{\omega,i+1}}{h_{i+1}^2}+\dfrac{k_{d,i}}{10}-\dfrac{k_{d,i+1}}{10}\right) & \dfrac{6k_{\omega,i+1}}{h_{i+1}^2}+\dfrac{k_{d,i+1}}{10} & \cdots & -\dfrac{6k_{\omega,i}}{h_i^2}-\dfrac{k_{d,i}}{10} & \cdots & 0 \\
0 & \cdots & & 0 & \cdots & 0 \\
-\dfrac{6k_{\omega,n}}{h_n^2}-\dfrac{k_{d,n}}{10} & 0 & \cdots & -\dfrac{6k_{\omega,n}}{h_n^2}-\dfrac{k_{d,n}}{10} & \cdots & -\dfrac{6k_{\omega,n}}{h_n^2}-\dfrac{k_{d,n}}{10}
\end{bmatrix}
$$

$$
K_{r'2}=\begin{bmatrix}
-6\left(\dfrac{k_{x,1}x_{r,1}^2+k_{y,1}y_{r,1}^2}{h_1^2}-\dfrac{k_{x,2}x_{r,2}^2+k_{y,2}y_{r,2}^2}{h_2^2}\right) & 6\dfrac{k_{x,2}x_{r,2}^2+k_{y,2}y_{r,2}^2}{h_2^2} & \cdots & 0 & \cdots & 0 & \cdots & 0 \\[2em]
\vdots & \vdots & & \vdots & & \vdots & & \vdots \\[2em]
-6\left(\dfrac{k_{x,i}x_{r,i}^2+k_{y,i}y_{r,i}^2}{h_i^2}-\dfrac{k_{x,i+1}x_{r,i+1}^2+k_{y,i+1}y_{r,i+1}^2}{h_{i+1}^2}\right) & 0 & \cdots & 6\dfrac{k_{x,i+1}x_{r,i+1}^2+k_{y,i+1}y_{r,i+1}^2}{h_{i+1}^2} & \cdots & -6\dfrac{k_{x,i}x_{r,i}^2+k_{y,i}y_{r,i}^2}{h_i^2} & \cdots & 0 \\[2em]
0 & \cdots & & 0 & \cdots & 0 & \cdots & -6\dfrac{k_{y,n}y_{r,n}^2+k_{x,n}x_{r,n}^2}{h_n^2} \\[2em]
0 & \cdots & & 0 & \cdots & 0 & \cdots & -6\dfrac{k_{y,n}y_{r,n}^2+k_{x,n}x_{r,n}^2}{h_n^2}
\end{bmatrix}
$$

第7章 设置调谐减振器高耸结构风振响应

随着高耸结构的不断增高，结构的基频也越来越低，风荷载逐渐成为影响结构安全性和舒适度的主要因素。通过前几章的分析计算数据可以知道，高柔结构顺风向和横风向都会发生较大的风振响应，为了减少高耸结构风振的不利影响，不少高耸结构安装了调谐减振器来减少结构的振动加速度。例如，台北101大厦就安装了球形质量调谐阻尼器来减小振动荷载。

在一般的减振分析中均没有考虑风重耦合效应带来的影响，本章在前面的基础上对设置调谐减振器的高耸结构进行研究。本章内容分为两大部分：一部分是对没有考虑风重耦合效应的高耸结构进行减振分析计算，特别是针对特定风谱进行分析，通过这项工作可以找出减振器减振的基本规律；另一部分是在计入风重耦合效应的高耸结构减振分析中，找出风重耦合效应对减振设计的影响。

目前调谐减振器的种类较多，常见的有质量调谐阻尼器和液体调谐阻尼器，本章以液柱式振动吸振器（liquid column vibration absorber，LCVA）为例来分析考虑风重耦合效应下高耸结构的减振效率。下面先介绍基本资料。

7.1 液体调谐阻尼器背景资料

液体调谐阻尼器（tuned liquid damper，TLD）作为一种重要的结构振动控制装置被广泛地应用于航天、船舶、建筑等领域。

与固体质量调谐阻尼器（tuned mass damper，TMD）类似，TLD也由质量器件、弹簧器件和阻尼器件组成，只不过组成的部件不像TMD那样明确。在TLD中，质量器件由液体本身的质量承担，弹簧一般由重力或压缩气体承担，阻尼依靠与容器的撞击或摩擦产生耗散力。因此，液体调谐阻尼器与固体质量调谐阻尼器在原理上是相同的，在表现形式上差异很大。由于液体的特点，TLD往往表现为非线性，因此，在具体的分析上具有一定的复杂性。

最早使用 TLD 的是航天和航海领域，如卫星旋转抑制、减轻轮船摇晃的水舱等。1970 年，美国 Vandiver 等[1]国家首先利用固定式海洋平台的储液罐作为 TLD 进行了动力反应分析，验证了 TLD 的减振作用。1980 年，Modi 等首次提出将 TLD 用于地面构筑物的减振。1987 年，Sato 提出将 TLD 用于建筑结构，同年第一个设置 TLD 减振器的建筑物日本长崎机场指挥塔建成，这个减振器用于抗风振，此工程仅用了 1 吨水，重量占塔重的 0.59%，结构的等效阻尼比增加到 4.7%，并且在实际使用中效果良好。随后国内外学者对 TLD 在各方面做了详尽的研究，基本上解决了理论方面的各种问题[2-21]。

TLD 与 TMD 相比有很多优点：第一是经济，不用定型设备，一般在土建工程上加少量成本就可以实现；第二是安装简单，水箱等可以方便地安置于结构上；第三是维护方便，便于平时检修；第四是多用途，水箱还可作为储水之用。

TLD 有两种形式：一种是储水的圆柱形或矩形水箱；还有一种是由水平管和竖向管组成的 U 形水箱，称为液柱式调谐阻尼器（tuned liquid column damper，TLCD）。TLCD 作用受力明确，减振效率高。本章的主要研究工作就是针对这种减振器而展开的。

7.1.1　TLCD 原理的研究

1989 年，日本人 Fujikazu Sakai 在南京的一次会议上提出了 TLCD 的概念[22]，阻尼器的水箱制成 U 形管，水平管设置节流孔提供阻尼，竖向液柱产生回复力。TLCD 示意图如图 7.1.1 所示。

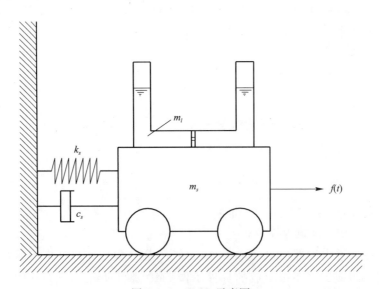

图 7.1.1　TLCD 示意图

TLCD 的液体运动方程建立较早，1991 年，国内的瞿伟廉[23]等利用拉格朗日公式推导了动力方程。

$$\begin{bmatrix} m_s + m_l & \alpha m_l \\ \alpha m_l & m_l \end{bmatrix} \begin{Bmatrix} \ddot{u}_s \\ \ddot{y} \end{Bmatrix} + \begin{bmatrix} c_s & 0 \\ 0 & c_{eq} \end{bmatrix} \begin{Bmatrix} \dot{u}_s \\ \dot{y} \end{Bmatrix} + \begin{bmatrix} k_s & 0 \\ 0 & k_l \end{bmatrix} \begin{Bmatrix} u_s \\ y \end{Bmatrix} = \begin{Bmatrix} f \\ 0 \end{Bmatrix} \tag{7.1.1}$$

式中，α 为质量比；u_s 为主结构位移；y 为液体位移；m_s、c_s、k_s 分别为主结构的质量、阻尼系数和刚度；m_l 为液体质量；c_{eq} 为 TLCD 线性等效阻尼系数；$k_l = 2\rho A g$，其中，ρ 为液体密度，g 为重力加速度，A 为 U 形管截面面积。

通过水平管小孔产生的阻尼是非线性阻尼，1994 年 Idelchik 所著的水力学阻力系数手册上[24]有详细的论述。液体通过带孔水平管时，水头损失系数 η 可以由式(7.1.2)决定。

$$\eta = \left[\left(1 - \frac{A_o}{A_p} \right) + 0.707 \left(1 - \frac{A_o}{A_p} \right)^{0.375} \right]^2 \left(\frac{A_o}{A_p} \right)^2 \tag{7.1.2}$$

式中，A_o 是水平管上小孔的面积；A_p 是水平管总的截面面积。

式(7.1.1)只体现管内液体运动的宏观现象，但缺乏对管内液体流动更精确化的描述。泰国的 Chaiviyawong 分别于 2007 年、2008 年[25,26]利用流体流迹线方法对控制方程进行了更精确的研究。

很容易看出式(7.1.1)是进行的线性化处理，而减振器实际的工作是非线性的，对此，2009 年，Jong-Cheng Wu[27]将采用数值计算得到的结果与线性化计算结果进行了对比，对 K.M.Shum 给出了考虑非线性问题的封闭解[28]。

TLCD 的理论研究主要集中在被动控制的参数优化上，早期的研究主要通过简谐荷载分析最优减振器参数[29]，2000 年，Swaroop 等针对风荷载情况进行了参数优化[30]。近几年来也有一些研究者做了其他方面的尝试。例如，Rama Debbarma 考虑了荷载等非确定性参数[31]。Kyung-Won Min 等对一栋 76 层建筑的 TLCD 控制效果做了 benchmark 评价[32]。

TLCD 主要应用于高耸结构的减振，Balendra 等在 1995 年研究了 TLCD 控制高塔风致振动[33]，对不同塔的位移和加速度给出了优化参数；1998 年、1999 年[34,35]又研究了具有锥形截面的剪切型和弯曲型高耸建筑，得到了弯曲型结构在使用 TLCD 后具有更大的加速度减振效率的结论，且加速度减振率随着体型锥度减小而增大。

7.1.2　TLCD 实验工作

实验结果是验证理论分析是否正确的一个方法。但在 TLCD 领域，与理论研究相比，实验报道相对较少。

Swaroop 在 2001 年通过实验研究了 U 形水箱体系运动中的"拍"现象[36]，为更好地理解这种现象背后的作用机理提供了分析。2003 年，Swaroop[37]通过在振动台的结构上加 TLCD 模拟结构的运动，来检验原计算模型是否正确。在实验设计中，用电磁阀提供减振所需的最优阻尼比，通过实验得到了最优质量比、最优阻尼比等。本书将这些数据与理论分析结果进行了比较，还比较了半主动控制和被动控制减振效率，推论出采用半主动控制减振效率提高了 15% ~ 25%。

2005 年，台湾淡江大学的 Jong-Cheng Wu 对均匀管子的 TLC 阻尼值进行了实验标定[38]。如图 7.1.2 所示，实验中制定了四组具有不同频率的 TLCD，同时每组有不同的开孔率。实验结果与理论分析一致，即液体质量、水平管占总管的比例与水柱自振频率无关，也与水头损失无关。

图 7.1.2　TLCD 阻尼值标定(图片来自文献[38])

2006 年，晏辉在其硕士论文中[39]也给出了实验数据和理论计算的比较结果，两者有差异，但不大，认为主要原因在于竖向水管产生了晃动，而理论分析对此没有加以考虑。

韩国 Sung-Kyung Lee 等发表了带有 TLCD 结构实时实验的文章[40]，图 7.1.3 所示为实验装置示意图，该实验采用一半理论计算一半实验验证的方法，即水箱由振动台运动而运动，传感器获得水箱和振动台的作用力，研究人员再根据主结构的运动模型计算下一步振动台应该进行的动作，从而使 TLCD 产生与安置在实际结构上相同的振动效果。这为风致振动结构校验实时振动状况实验提供了新的思路。

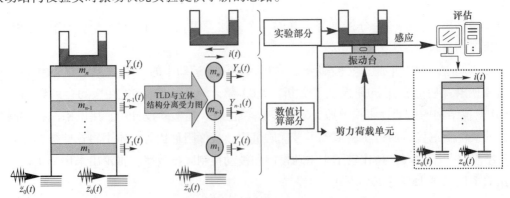

图 7.1.3　TLCD 振动台直接模拟实验(图片来自文献[40])

在实际应用中，U 形水箱水平管和竖向管的截面面积通常不同，从下面的分析中可以看到并非两种管子横截面面积相同时才能达到最佳的减振效果，在工程上将这种非等截面面积的减振器称为液柱式振动吸振器(LCVA)。

尽管经过多年的研究理论日趋成熟，但是 LCVA 在工程应用上还鲜见报道。为了进一步研究这种减振器对高耸结构风振的减振效果，本章在前人的基础上对以下方面进行进一步研究：特定风谱下水箱参数的分析、柔性高耸结构计入重力作用下的计算方法、结构刚度对减振效率的影响等。

7.2　设置 LCVA 高耸结构顺风向减振分析

高耸结构的风振以一阶振型为主，将调谐减振器设置在顶部比设置在其他地方能获得更好的减振效果。图 7.2.1 所示为设置 LCVA 高耸结构示意图。本节主要探讨顺风向 LCVA 的减振效率，通过建立运动方程、求解传递函数、求得位移或加速度的均方差来判别减振器的减振效率。

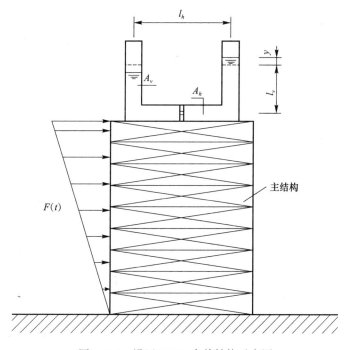

图 7.2.1　设置 LCVA 高耸结构示意图

7.2.1 水箱与主结构动力方程

为了方便分析，本节先对水体进行分析。本节用拉格朗日方程来推导运动方程，设竖向水箱水位移动坐标为 y，结构顶端位移坐标为 u_n，则拉格朗日方程可以表示为

$$\frac{\mathrm{d}}{\mathrm{d}t}\left[\frac{\partial(T-V)}{\partial \dot{y}}\right] - \frac{\partial(T-V)}{\partial y} = Q \tag{7.2.1}$$

式中，T 为系统动能；V 为系统势能；Q 为非保守力。

体系上的动能可以分为左边竖水箱、水平管和右边竖水箱三个部分的动能，即

$$T = T_{LV} + T_H + T_{RV} \tag{7.2.2}$$

其中，

$$T_{LV} = T_{RV} = \frac{1}{2}\rho l_v A_v \left(\dot{y}^2 + \dot{u}_n^2\right) \tag{7.2.3a}$$

$$T_H = \frac{1}{2}\rho l_h A_h \left(\dot{y}_h + \dot{u}_n\right)^2 \tag{7.2.3b}$$

系统势能为

$$V = \frac{1}{2}\rho g A \left(l_v - y\right)^2 + \frac{1}{2}\rho g A \left(l_v + y\right)^2 - 2\frac{1}{2}\rho g A l_v^2 = \rho g A_v y^2 \tag{7.2.4}$$

水平管内的摩擦力可以写成

$$Q = -\frac{\eta_h \rho A_h}{2}\dot{y}_h \left|\dot{y}_h\right| \tag{7.2.5}$$

根据质量守恒定律，水平管内液体位移与管内竖向水箱液体位移的关系为

$$y_h = \frac{A_v}{A_h}y \tag{7.2.6}$$

利用以上各式可以得到液体运动方程为

$$\rho l_h A_v \ddot{u}_n + \rho\left(2l_v A_v + l_h \frac{A_v^2}{A_h}\right)\ddot{y} + \frac{\eta_h \rho A_v^2}{2A_h}\dot{y}\left|\dot{y}\right| + 2\rho g A_v y = 0 \tag{7.2.7}$$

根据相关文献，非线性阻尼利用耗能等价原理可以简化成等效线性阻尼，因此，式(7.2.7)可以简化为

$$\frac{l_h}{l_v}\ddot{u}_n + \left(2 + r_l \frac{A_v}{A_h}\right)\ddot{y} + \frac{4}{3\pi}\frac{\eta_h A_v}{A_h}\omega|Y|\dot{y} + \frac{2g}{l_v}y = -\frac{l_h}{l_v}\ddot{u}_n \tag{7.2.8}$$

式中，ω 为结构振动频率。

记 $r_l = \dfrac{l_h}{l_v}$，$r_A = \dfrac{A_v}{A_h}$，则

$$\frac{r_l}{2 + r_l r_A}\ddot{u}_n + \ddot{y} + 2\xi_l \omega_l \dot{y} + \omega_l^2 y = 0 \tag{7.2.9}$$

式中，ξ_l 为减振器等效阻力系数，ω_l 为减振器固有频率，设液体振幅度为 $|Y|$，则

$$\xi_l = \frac{2}{3\pi} \frac{\eta_h r_A}{l_v(2 + r_l r_A)} \frac{\omega}{\omega_l} |Y| , \quad \omega_l = \sqrt{\frac{2g}{l_v(2 + r_l r_A)}}$$

计入 TLCD 的影响后，主结构运动方程可以写成

$$(1 + \mu \varphi_n^2) \ddot{q} + \frac{\mu \varphi_n}{\dfrac{2}{r_l} + \dfrac{1}{r_A}} \ddot{y} + 2\xi_s \omega_s \dot{q} + \omega_s^2 q = F_{01} \tag{7.2.10}$$

式中，q 为广义坐标；φ_n 为原结构第一振型顶部点振型系数；ξ_s 为原结构阻尼系数；ω_s 为原结构第一振型频率；μ 为水箱内液体质量与结构一阶广义质量之比，即

$$\mu = \frac{\rho(2l_v A_v + l_h A_h)\varphi_n^2}{M_1^*} \tag{7.2.11}$$

其中，M_1^* 为一阶振型的广义质量。

7.2.2　脉动风荷载作用下的结构响应

风荷载中的脉动部分是随机荷载，要对随机荷载作用下的结构进行减振前后的效果对比，必须得到结构响应的功率谱，以获得响应值的方差。计算结构位移功率谱，首先要得到结构的传递函数，对一般的高层结构已有成熟的公式。下面推导设置 LCVA 结构的传递函数。

由于减振水箱中液体阻尼力是非线性的，其值与结构的振动频率和振幅相关，因此，在一般的分析中均将方程线性化，近似地处理液体阻尼项，而线性化后的阻尼比又与频率及振幅相关，文献[12]、文献[13]通过求解等截面 LCVA 四次方程得到封闭解，下面用这种方法求解传递函数。

在简谐荷载的作用下方程(7.2.8)和方程(7.2.10)的解可以写成：$q = H_q \mathrm{e}^{i\omega t}$，$y = H_y \mathrm{e}^{i\omega t}$，代入式(7.2.8)，可得

$$-\frac{r_l \varphi_n \omega^2}{2 + r_l r_A} H_q + \left[\omega_l^2 - \omega^2 + \frac{4}{3\pi} \frac{\eta_h r_A}{l_v(2 + r_l r_A)} \omega^2 |H_y| i \right] H_y = 0$$

设 $\theta_l = \dfrac{\omega}{\omega_l}$，简化为

$$H_q = (A + B|H_y|i)H_y \tag{7.2.12}$$

设 $A = \dfrac{(1 - \theta_l^2)(2 + r_l r_A)}{r_l \theta_l^2}$，$B = \dfrac{4}{3\pi} \dfrac{\eta_h r_A}{l_v r_l}$。式(7.2.12)求模可以得到

$$|H_q|^2 = A^2 |H_y|^2 + B^2 |H_y|^4 \tag{7.2.13}$$

同样将简谐荷载的解代入式(7.2.10)，并设 $\theta_s = \dfrac{\omega}{\omega_s}$，可得

$$(C + Ei)H_q + FH_y = \frac{1}{\omega_s^2} \tag{7.2.14}$$

其中，$C = 1 - (1 + \mu \varphi_n^2)\theta_s^2$，$E = 2\xi_s \theta_s$，$F = -\dfrac{\mu \theta_s^2 \varphi_n}{\dfrac{2}{r_l} + \dfrac{1}{r_A}}$。

对式(7.2.14)取模，并将式(7.2.12)代入可以得到

$$(B^2C^2 + B^2E^2)|H_y|^4 - 2EBF|H_y|^3 + [(AC+F)^2 + A^2E^2]|H_y|^2 - \frac{1}{\omega_s^4} = 0 \qquad (7.2.15)$$

求得 $|H_y|^2$ 并代入式(7.2.13)即可得到传递函数，有了传递函数就可以得到位移的响应，即

$$S_q(\omega) = |H_q(\omega)|^2 S_{F0}(\omega) \qquad (7.2.16)$$

7.2.3 LCVA 参数特征分析

求得 $S_q(\omega)$ 后就可以获得位移、速度和加速度均方差。对于随机脉动风荷载，可以采用减振率反映结构安装减振器后的减振效果，这里位移减振率 β_u 可以定义为

$$\beta_u = \frac{\sigma_{u0} - \sigma_{u1}}{\sigma_{u0}} = 1 - \sqrt{\frac{\int_{-\infty}^{\infty} S_{ql}(\omega)\,d\omega}{\int_{-\infty}^{\infty} S_{q0}(\omega)\,d\omega}} \qquad (7.2.17a)$$

式中，σ 代表脉动值的均方差；下标 0 表示原结构；下标 l 表示安装 TLCD 的结构。

同样地，速度和加速度减振率为

$$\beta_v = \frac{\sigma_{v0} - \sigma_{vl}}{\sigma_{v0}} = 1 - \sqrt{\frac{\int_{-\infty}^{\infty} \omega^2 S_{ql}(\omega)\,d\omega}{\int_{-\infty}^{\infty} \omega^2 S_{q0}(\omega)\,d\omega}} \qquad (7.2.17b)$$

$$\beta_a = \frac{\sigma_{a0} - \sigma_{al}}{\sigma_{a0}} = 1 - \sqrt{\frac{\int_{-\infty}^{\infty} \omega^4 S_{ql}(\omega)\,d\omega}{\int_{-\infty}^{\infty} \omega^4 S_{q0}(\omega)\,d\omega}} \qquad (7.2.17c)$$

减振率反映了结构的减振效果，其值越大减振效果就越好。

LCVA 水箱的多个参数与减振效果相关，包括小孔处水头损失系数 η、管子的长度比 r_l、管子的面积比 r_A、LCVA 液体和主结构一阶广义质量比 μ。而这些参数有些对水箱的减振影响较大，有些影响很小。这里要强调的是本文中定义的质量比是指液体质量与结构广义质量之比，不同于实际质量比。例如，$\mu = 0.06$ 时，实际减振器水体质量也只占到整栋建筑质量的 1.6%。下面分别对这四种参数进行计算分析。

1. 质量比和水头损失系数

在 LCVA 中水头损失系数 η 是一个重要参数，其值直接影响到结构的减振效果。为了分析 η 与位移减振率的关系，算例设定结构物的楼层高度为 3m，共 40 层，总高度为 120m，10m 处的风速为 20m/s，结构的第一振型的阻尼比 $\xi_s = 0.01$，一阶圆频率为 4.5rad/s。LCVA 的固有圆频率 $\omega_l = 2$rad/s，管子的面积比 $r_A = 1$，管子的长度比 $r_l = 20$。图 7.2.2 所示是计算的结果，从图中可以看到，加速度的减振效率比位移减振效率高，而且质量比越大减振效率越高。同时还可以看到，随着管内水头损失值的增大，减振效果先

加强后减小。这是由于阻尼比较小时，对减振器的振动抑制不明显，因此，阻尼比增大后减振效果逐步呈现，但是当阻尼比达到一定值后，由于阻尼的限制作用，管子内的水与管子之间相对运动的幅值减小，因此减振效果也随之减小。

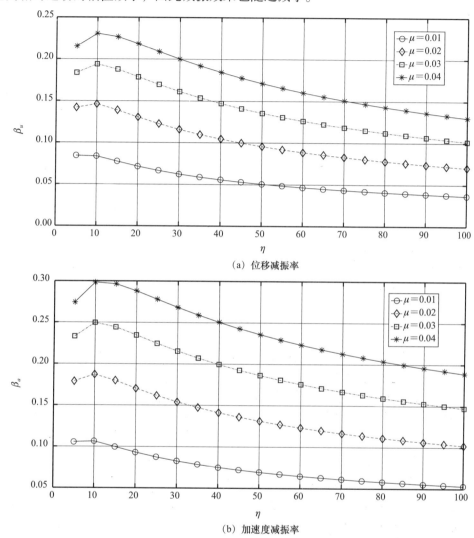

（a）位移减振率

（b）加速度减振率

图 7.2.2　LCVA 的减振率与水头损失系数之间的关系

2. LCVA 的管子长度比和截面面积比

管子的长度比和面积比是两个重要参数。如图 7.2.3 所示，本算例中，LCVA 的水头损失系数 $\eta = 5$，质量比 $= 0.03$，其他条件与前面相同。从该算例中可以看到两个规律：一个是减振率随着管子长度比增大而增大，这是显而易见的，因为惯性力主要是在水平管的水体上产生，加大水平管长度的比例可以增加惯性力，促使水体和主结构之间做相对运动，从而增大减振效果；另一个是减振率先是随着管子截面面积比增大而增大，但到一定

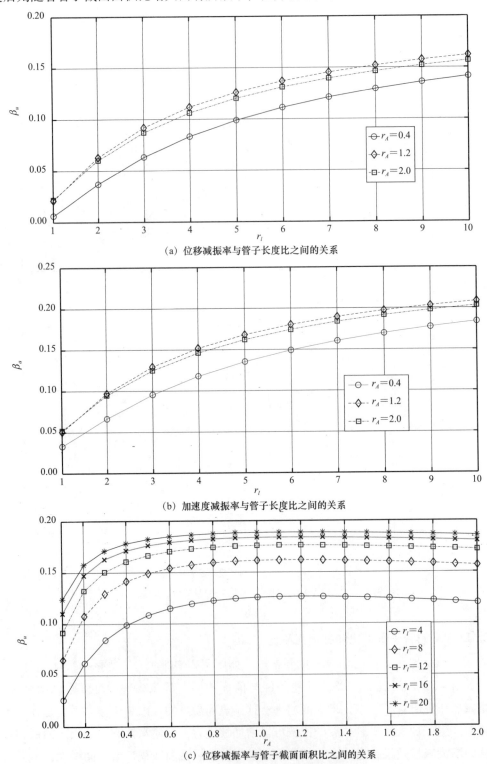

程度后则随着管子截面面积比增大而有所减小，但降幅不大。

(a) 位移减振率与管子长度比之间的关系

(b) 加速度减振率与管子长度比之间的关系

(c) 位移减振率与管子截面面积比之间的关系

图 7.2.3　主结构减振率与 LCVA 管子参数的关系

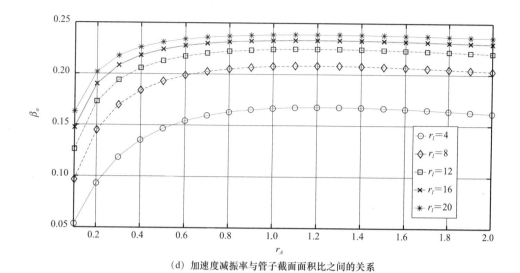

（d）加速度减振率与管子截面面积比之间的关系

图 7.2.3　（续）

3. 主结构参数

前面分析的是 TLCD 本身的参数特征，但一个减振器件的减振效果往往与主结构的本身特性有直接关系，如果主结构刚度很大或内阻尼本身很大，加上减振器后的效果就不明显，这时就没有必要设置减振器。相反，如果主结构刚度小且本身阻尼很小，这时加上减振器后就可能起到很好的效果。本部分主要分析主结构的阻尼比和刚度对减振效果的影响。

在本例计算中，建筑物楼层平面尺寸仍采用 20m × 20m，楼层的高度为 3m，总高度为 120m，减振器的参数如下：$l_v = 1m$，$l_h = 20m$，$A_v = A_h = 1m^2$，$\eta = 5$。为了表示主结构一阶频率与 LCVA 的频率关系，这里将频率比定义为

$$\gamma = \frac{\omega_s}{\omega_l} \tag{7.2.18}$$

图 7.2.4 所示是主结构有不同固有频率和阻尼比的情况下，γ 和 μ 变化形成的曲面图，很显然，只有当 γ 等于 1 时，曲面刚好处于凸面处，也就是说，只有当 LCVA 的频率等于主结构的一阶频率时，减振器才能够最大限度地减振。这是由于 LCVA 在主结构的共振区上能够最大限度地吸取主结构振动能量。曲面图中的另外一个方向是质量比，显然随着质量比的增大，减振效果增大。

图 7.2.4 列举了八种不同情况，图 7.2.4（a）~（d）中，主结构固有频率变化而阻尼比不变，可以看到低固有频率的结构可以获得较好的减振效果，但是固有频率对减振效果影响很小。图 7.2.4（e）~（g）中，主结构固有频率不变而阻尼比变化。从图中可知，随着结构自身阻尼的增加，LCVA 的减振率下降很明显。这说明 LCVA 安装在钢结构等小阻尼结构上可以取得明显效果，而在刚度较大的混凝土结构上应用意义不大。

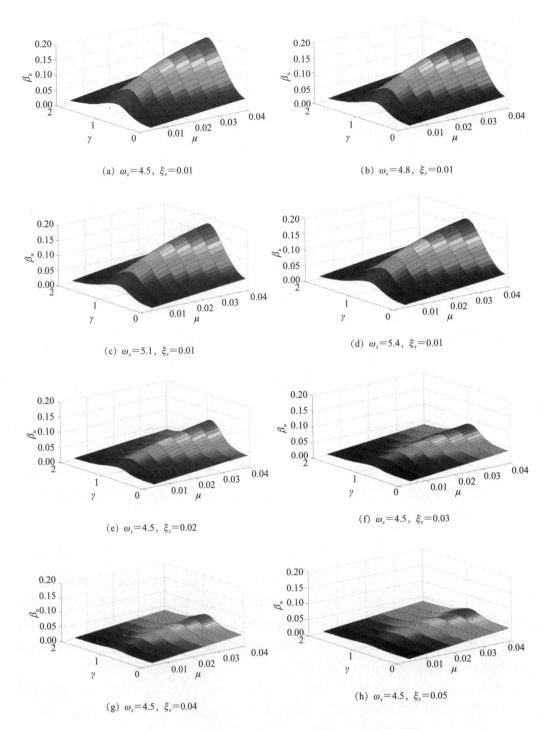

(a) ω_s=4.5，ξ_s=0.01

(b) ω_s=4.8，ξ_s=0.01

(c) ω_s=5.1，ξ_s=0.01

(d) ω_s=5.4，ξ_s=0.01

(e) ω_s=4.5，ξ_s=0.02

(f) ω_s=4.5，ξ_s=0.03

(g) ω_s=4.5，ξ_s=0.04

(h) ω_s=4.5，ξ_s=0.05

图 7.2.4　位移减振率与频率比和质量比之间的关系图

4. 减振水箱参数优化

前面分析了 LCVA 参数对减振效果的影响，实际上有些参数并不是独立的。例如，水箱液体和结构一阶广义质量比 μ 和水箱竖直管的水面高度、管子长度比和截面面积比均有关系，这些参数是制约关系的，并受到实际尺寸和结构负重能力的影响。例如，质量比 μ 不能过大，否则会造成结构的负担，同时 μ 值也受到屋顶面积的限制；又如，由于水平管有一定的管径，LCVA 的竖向水管高度不能小于水平管的截面高度；同样，水平管的长度也要受到顶层楼面长度的限制。因此，在这些参数中，μ、l_v、r_l、ω_s 和 ξ_s 都是受到限制的，一般情况下，$l_v = 1\mathrm{m}$，这是为了在构造上保证水平管有一定高度的前提下竖管仍高于水平管。

在下面算例中，在不同的 r_l、ω_s、ξ_s 条件下，通过数值计算得到结构最优选项和位移减振比。由于篇幅关系，下面只列出 $\omega_s = 4.5$ 时两张不同主结构阻尼比情况下的优化表（见表 7.2.1 和表 7.2.2）。

表 7.2.1　LCVA 的参数优化 1 $(\xi_s = 0.01)$

r_l	$\mu = 0.01$	$\mu = 0.02$	$\mu = 0.03$	$\mu = 0.04$	$\mu = 0.05$	$\mu = 0.06$
4	0.0320	0.0597	0.0838	0.1049	0.1239	0.1411
8	0.0393	0.0713	0.0980	0.1207	0.1406	0.1582
12	0.0424	0.0761	0.1036	0.1269	0.1469	0.1649
16	0.0441	0.0787	0.1066	0.1301	0.1503	0.1680
20	0.0451	0.0803	0.1085	0.1321	0.1523	0.1701
24	0.0459	0.0814	0.1098	0.1334	0.1537	0.1714
28	0.0464	0.0822	0.1107	0.1344	0.1547	0.1724

表 7.2.2　LCVA 的参数优化 2 $(\xi_s = 0.02)$

r_l	$\mu = 0.01$	$\mu = 0.02$	$\mu = 0.03$	$\mu = 0.04$	$\mu = 0.05$	$\mu = 0.06$
4	0.0159	0.0317	0.0466	0.0606	0.0740	0.0866
8	0.0186	0.0365	0.0529	0.0682	0.0824	0.0958
12	0.0198	0.0385	0.0555	0.0712	0.0858	0.0994
16	0.0204	0.0396	0.0569	0.0729	0.0876	0.1013
20	0.0208	0.0403	0.0578	0.0739	0.0887	0.1025
24	0.0211	0.0407	0.0585	0.0746	0.0895	0.1033
28	0.0213	0.0411	0.0589	0.0751	0.0900	0.1039

从表中可以看到，随着 r_l 及 μ 的增大，位移减振率增大，增大 μ 的效果显然要好于增大 r_l 的效果，这里要注意的就是质量比达到 0.06 时，水体的质量也只占到整栋建筑质量的 1.6%，因此，减振效率还是比较高的。但是和前面分析的一样，一旦主体结构的阻尼比增加到 0.02 以上，减振效率就很快下降，使用 LCVA 效率不高。

计算表明，在限定水平管长度、质量比、管子长度比的情况下，在取得最优解时，水管截面面积比 r_A 均等于 0.7，也就是说，最优解时竖管截面面积为水平管截面面积的 0.7 倍，等截面 TLCD 并不能取得最好的减振效果，这也是本书要分析非等截面 LCVA 的原因。同时计算结果也表明减振率取得最优解时，水头损失系数的差异很大，即限定的质量比、管子长度比越大，最优减振效果时水头损失系数就要取得越大。

上述是顺风向减振规律，也同样适用于横风向设置减振器的情况，分析表明，要使减振器效率达到最优状态，必须使减振器的固有频率与主结构的固有频率一致，限于本书主题是讨论结构的风重耦合效应，因此这里就不再展开。

7.3 计入风重耦合效应高耸结构顺风向 LCVA 减振分析

一般情况下高耸结构均有较大的刚度，风重耦合效应不明显。本部分要讨论的问题是在前面的基础上，刚度较小高耸结构考虑重力因素时，实际动力特性不同的结构，以及刚性较大的结构，LCVA 的减振规律也会有所不同。下面先给出计算方法，再进行计算比较。

7.3.1 主结构运动方程

柔性高耸结构的特点是刚度弱，变形较大，需要考虑几何非线性变形。根据第 2 章的推导，主结构的运动方程可以表示为

$$m \frac{\partial^2 u}{\partial t^2} - J \frac{\partial u^4}{\partial s^2 \partial t^2} + k_b \frac{\partial^4 u}{\partial s^4} - mg \frac{\partial u}{\partial s} + mg(H-s) \frac{\partial^2 u}{\partial s^2} + f_{NL} = f \qquad (7.3.1)$$

方程左边最后一项为非线性项，详见第 2 章。

按照第 3 章非线性方程的处理方法，主结构风荷载对高层结构的主要影响是第一振型，设原结构第一振型为 $\{\varphi\}$，第一振型频率为 ω_{1s}。将主结构计入水箱影响，并按照第 3 章的方法将结构弱非线性方程线性化后，可以得到

$$\left[1 + \frac{1}{M_1^*} \left(\mu_1 + \frac{3}{4} \mu_3 |Q|^2 \right) + \mu \varphi_n^2 \right] \ddot{\tilde{q}}_1 + 2\xi_s \omega_s \dot{\tilde{q}}_1 + \omega_s^2 \left\{ 1 - \left[\frac{\varepsilon_1}{K_1^*} + \frac{3}{4} \frac{\mu_3}{M_1^*} |Q|^2 \right] \right\} \tilde{q}_1$$

$$+ \left[\frac{\mu \varphi_n}{2/r_l + 1/r_A} \right] \ddot{\tilde{y}} = \frac{\tilde{f}^*}{M_1^*} \qquad (7.3.2)$$

式中(7.3.2)有关字母的含义详见第 3 章，这里 μ 为水箱内液体质量与结构广义质量之比，即

$$\mu = \frac{2\rho(2l_v A_v + l_h A_h) \varphi_n^2}{M_1^* h}, \quad M_1^* = \sum_{i=1}^{n} \varphi_i^2 M_i$$

7.3.2　传递函数封闭解

由于方程中涉及主结构的非线性和减振水箱阻尼的非线性问题，因此，求解主结构传递函数的封闭解相对复杂些，但基本方法还是和前面相同。在简谐荷载的作用下，方程(7.2.9)和方程(7.3.2)的解 $q = H_q e^{i\omega t}$，$y = H_y e^{i\omega t}$，代入式(7.3.2)，并设 $\theta_s = \dfrac{\omega}{\omega_s}$，整理得

$$\left\{ 1 - \left[\frac{\varepsilon_1}{K_1^*} + \frac{3}{4}\frac{\mu_3}{M_1^*}|Q|^2 \right] - \left[1 + \mu\varphi_n^2 + \frac{1}{M_1^*}\left(\mu_1 + \frac{3}{4}\mu_3|H_q|^2 \right) \right]\theta_s^2 - 2\xi_s\theta_s i \right\} H_q$$
$$- \frac{\mu\theta_s^2\varphi_n}{\dfrac{2}{r_l} + \dfrac{1}{r_A}} H_y = \frac{1}{\omega_s^2} \tag{7.3.3}$$

记 $C = 1 - \dfrac{\varepsilon_1}{K_1^*} - \left(1 + \mu\varphi_n^2 + \dfrac{\mu_1}{M_1^*} \right)\theta_s^2$，$D = -\dfrac{3}{4}\dfrac{\mu_3}{M_1^*} - \dfrac{3}{4}\dfrac{\mu_3}{M_1^*}\theta_s^2$，$E = 2\xi_s\theta_s$，

$F = -\dfrac{\mu\theta_s^2\varphi_n}{\dfrac{2}{r_l} + \dfrac{1}{r_A}}$，将式(7.2.12)和式(7.2.13)代入式(7.3.3)可得

$$B^6 D^2 |H_y|^{12} + 3A^2 B^4 D^2 |H_y|^{10} + (3A^4 B^2 D^2 + 2B^4 CD)|H_y|^8 + (4A^2 B^2 CD + 2AB^2 DF + A^6 D^2)|H_y|^6$$
$$+ (2A^4 CD + 2A^3 DF + B^2 C^2 + B^2 E^2)|H_y|^4 - 2BEF|H_y|^3 + \left[(AC + F)^2 + A^2 E^2 \right]|H_y|^2 = 1/\omega_s^4 \tag{7.3.4}$$

式(7.3.4)可以通过 Newton-Raphson 法迭代求解，得到 $|H_y|$ 后代入式(7.2.13)即可得到主结构的频率响应函数。

7.3.3　风重耦合影响参数分析

关于水箱减振的基本规律 7.2 节已经做了分析，本节主要分析主结构计入风重耦合效应后的变化，这里主要讨论四个影响减振器减振效率的重要参数：质量比、LCVA 水头损失系数、LCVA 管子张度比、LCVA 管子截面面积比。

本节算例条件为：主结构质量刚度上下均匀，平面尺寸为 40m×40m，层高为 3m，共 100 层，每层重量 4500000N，结构一阶振型阻尼比为 0.01，地貌为 B 类地区，地面以上 10m 处平均风速为 20m/s。这个结构刚度比 7.2 节算例的结构柔性更大。水箱的主要参数为：竖管高 2.5m，横截面面积为 1.96m²，水平管长 37.5m，横截面面积为 1.57m²，水头损失系数为 1。

1. 质量比

图 7.3.1 所示为不同质量比下主结构重刚比与顶部位移减振率关系图，图中显示当主结构重刚比较小时，主结构计入风重耦合效应的结构减振率要高于未计入风重耦合效应的；当主结构重刚比较大时，主结构计入风重耦合效应的结构减振率要低于未计入风重耦

合效应的。产生上述现象的原因是计入风重耦合效应的主结构基频和未计入风重耦合效应的不同。由前面的分析可知，随着风重耦合效应使主结构基频减小，一般当重刚比较小时风重耦合效应使主结构的基频更接近于减振器固有频率，当主结构重刚比较大时，风重耦合效应反而使主结构的基频偏离减振器固有频率更远，从而使减振器的减振效率得不到发挥。另外，从不同质量比图上可以看出，减振率峰值处对应的重刚比基本处于 $0.5 \sim 0.6$ 之间，质量比对峰值影响不大。

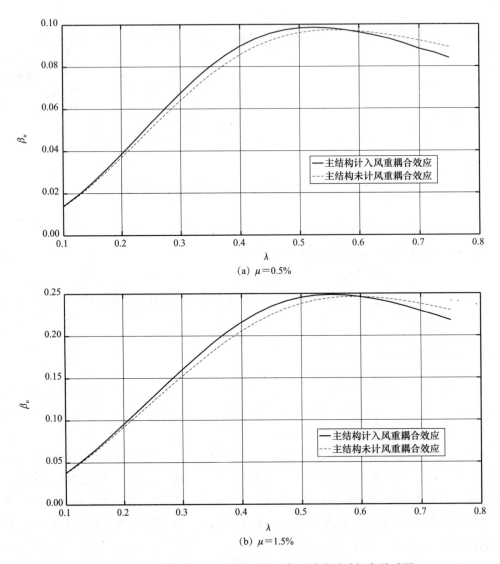

图 7.3.1　不同质量比下主结构重刚比与顶端位移减振率关系图

　　图 7.3.2 所示为不同质量比下主结构重刚比与顶部加速度减振率关系图，其基本形态与图 7.3.1 一致，所不同的是，数值上加速度减振率较大。

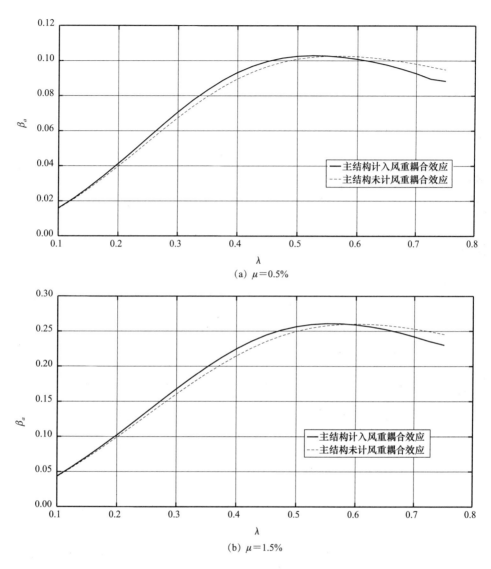

(a) $\mu = 0.5\%$

(b) $\mu = 1.5\%$

图 7.3.2　不同质量比下主结构重刚比与顶端加速度减振率关系图

2. LCVA 水头损失系数

本算例讨论的条件为：LCVA 水箱的竖管高 2.5m，横截面面积为 $1.96m^2$，水平管长 37.5m，横截面面积为 $1.57m^2$。

图 7.3.3 所示为不同 LCVA 水头损失系数下主结构重刚比与顶部位移减振率关系图，其基本规律与前面所述质量比的情况类似，但是在不同水头损失系数的图上，是否计入风重耦合效应，两条曲线的变化是不同的。当水头损失系数较小时，计入风重耦合效应的变化曲线和未计入风重耦合效应的曲线相对差距较大，随着重刚比的增大而增大。两条曲线

峰值位置随着水头损失系数的变化逐渐向重刚比较小处逼近，当水头损失系数较大时，整条曲线就表现为计入风重耦合效应的计算结果比未计入风重耦合效应的要小。

还有一个现象是随着水头损失系数的增大，曲线右侧部分下降速度变快，两条曲线的差异也变大，也就是说，水头损失系数较大时计入风重耦合效应计算的减振率比未计入风重耦合效应的要小，而且随着重刚比增大差距越大。顶部加速度减振率曲线与顶部位移减振率曲线一致，这里不再详述。

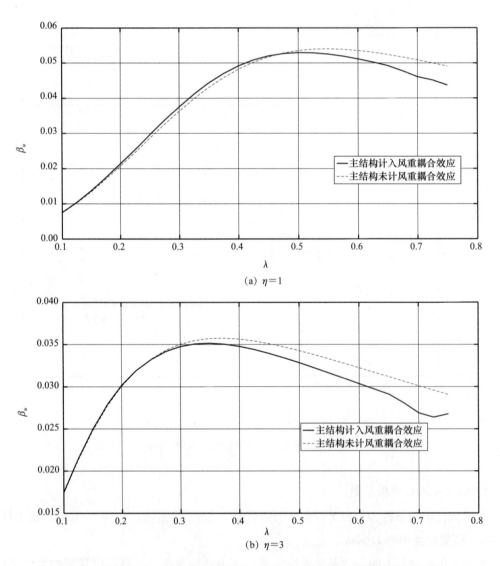

图 7.3.3　不同 LCVA 水头损失系数下主结构重刚比与顶部位移减振率关系图

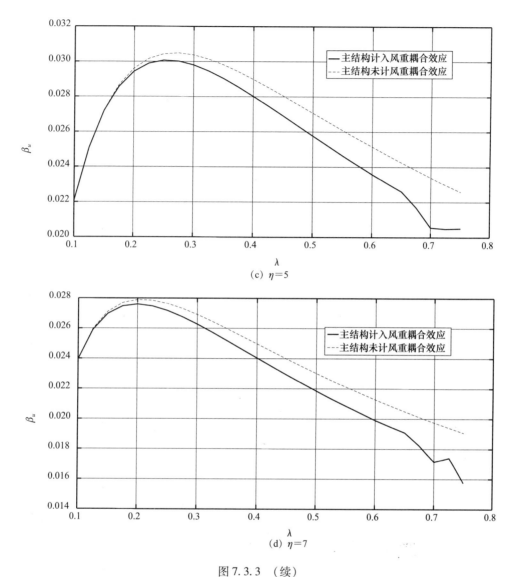

(c) $\eta=5$

(d) $\eta=7$

图 7.3.3　（续）

3. LCVA 管子长度比

本算例讨论的条件为：LCVA 水箱的竖管高 2.5m，竖管横截面面积为 1.96m^2，水平管横截面面积为 1.57m^2，水头损失系数为 1，水体与主结构的质量比为 0.01。

图 7.3.4 所示为不同 LCVA 管子长度比下主结构重刚比与顶部位移减振率关系图。在单张图上的规律和前面相同，不同的是，两条曲线的交叉点随着减振器管子长度比增大而增大，也就是说，当管子长度比较小时，计入风重耦合效应的结构减振率基本上小于未计入风重耦合效应的计算结果，而管子长度比较大时情况刚好相反。

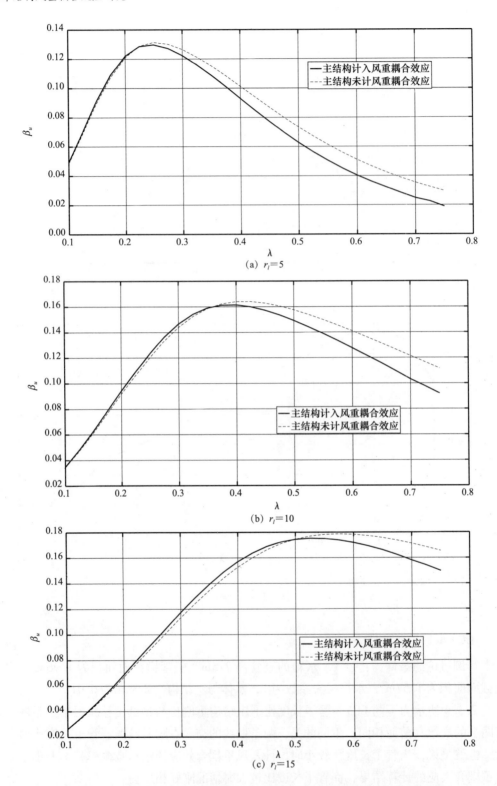

图 7.3.4 不同 LCVA 管子长度比下主结构重刚比与顶部位移减振率关系图

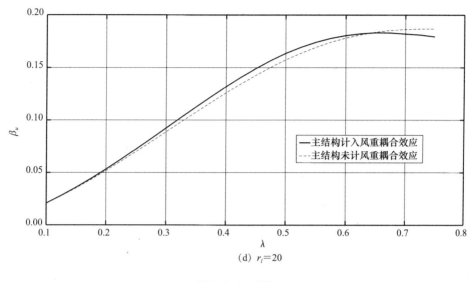

(d) $r_i = 20$

图 7.3.4　（续）

4. LCVA 管子截面面积比

LCVA 管子截面面积比也是减振器的一个重要参数，本算例中采用的管子长度比为 15，其他条件与前面相同。图 7.3.5 所示为不同 LCVA 管子截面面积比下结构重刚比与顶部位移减振率关系图，从图中可以看到，基本规律与前面管子长度比一致，这里就不再展开。

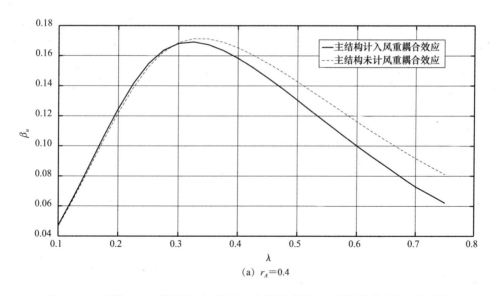

(a) $r_A = 0.4$

图 7.3.5　不同 LCVA 管子截面面积比下主结构重刚比与顶部位移减振率关系图

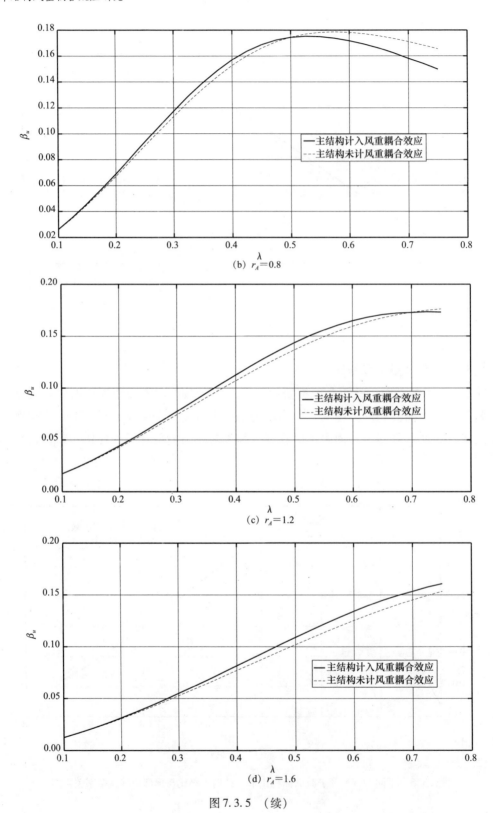

图 7.3.5 （续）

从前面四个参数的分析中可以看到，减振率达到较优值时是否计入风重耦合效应差异较小，否则差异较大。在一些情况下两种方法的计算结果会产生较大差异，未考虑风重耦合效应的结构会被误以为有较大减振率，容易造成结构设计不安全。

7.4　计入风重耦合效应高耸结构横风向 LCVA 减振分析

LCVA 的减振作用不仅可以应用于顺风向减振，也可以应用于横风向和扭转向减振。高耸结构横向风振会对舒适性造成很大影响，LCVA 在减小横向风振引起的加速度方面应用广泛，本节将进一步分析风重耦合效应在 LCVA 横向风减振方面的影响。

7.4.1　求解方法

与顺风向类似，只要获得传递函数即可求得结构各个响应量。横风向主结构的运动方程可以写为

$$\left(1+\frac{3\nu_1}{4M_1^*}|Q|^2+\mu\varphi_n^2\right)\ddot{\tilde{q}}_1+2\xi_s\omega_s\dot{\tilde{q}}_1+\omega_s^2\left\{1-\frac{1}{K_1^*}\frac{3}{4}\nu_1|Q|^2\right\}\tilde{q}_1+\left[\frac{\mu\varphi_n}{2/r_l+1/r_A}\right]\ddot{\tilde{y}}=\frac{\tilde{f}^*}{M_1^*}$$

$$(7.4.1)$$

记 $C=1-(1+\mu\varphi_n^2)\theta_s^2$，$D=-\frac{3}{4}\frac{\nu_1}{K_1^*}-\frac{3}{4}\frac{\nu_1}{M_1^*}\theta_s^2$，$E=2\xi_s\theta_s$，$F=-\frac{\mu\theta_s^2\varphi_n}{\frac{2}{r_l}+\frac{1}{r_A}}$。

将 C、D、E、F 代入式(7.3.4)求解即可获得传递函数。

7.4.2　风重耦合影响参数分析

风重耦合效应主要与结构的重刚比有比较密切的关系，这里均以结构重刚比为主要参变量来分析减振系数的变化，要注意，这里的重刚比是指横向的重刚比。本节的计算条件同前，主结构平面深宽比为 1。由于本节的计算结果与 7.3 节基本一致，下面直接给出计算结果。

1. 质量比

图 7.4.1 所示为不同质量比下顶部位移减振率与主结构重刚比计算结果，可以看出基本规律与顺风向一致，这里不再展开叙述。

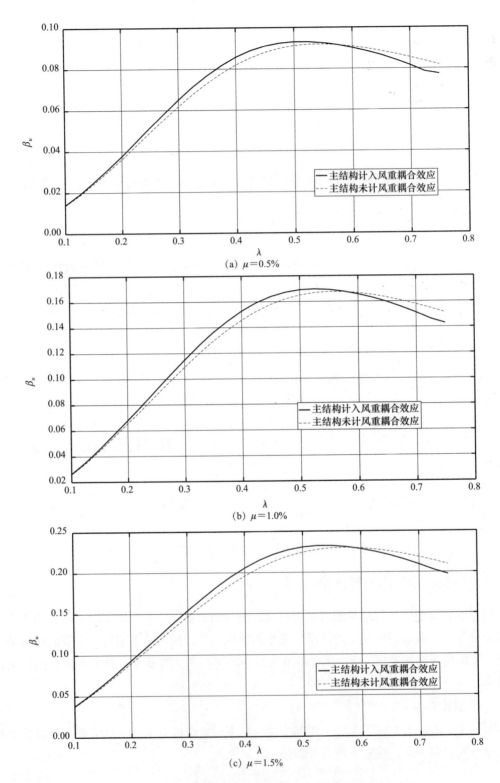

(a) μ＝0.5%

(b) μ＝1.0%

(c) μ＝1.5%

图 7.4.1　不同质量比下顶部位移减振率与主结构重刚比关系图

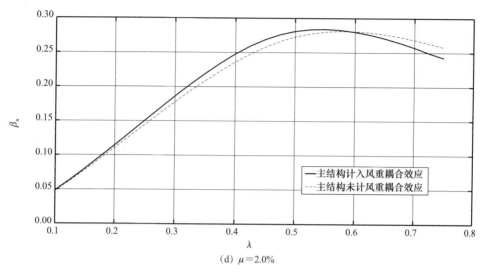

(d) $\mu = 2.0\%$

图 7.4.1　(续)

2. LCVA 水头损失系数

图 7.4.2 所示为不同 LCVA 水头损失系数下顶部位移减振率与主结构重刚比关系图，可以看出基本规律与顺风向一致，这里不再展开叙述。和顺风向不同的是，横风向两条曲线相对来说比较接近，也就是说，是否考虑风重耦合效应对计算结果的影响没有顺风向大。

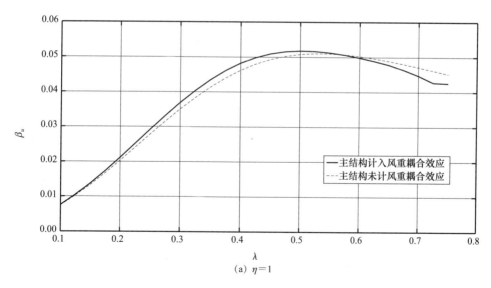

(a) $\eta = 1$

图 7.4.2　不同 LCVA 水头损失系数下顶部位移减振率与主结构重刚比关系图

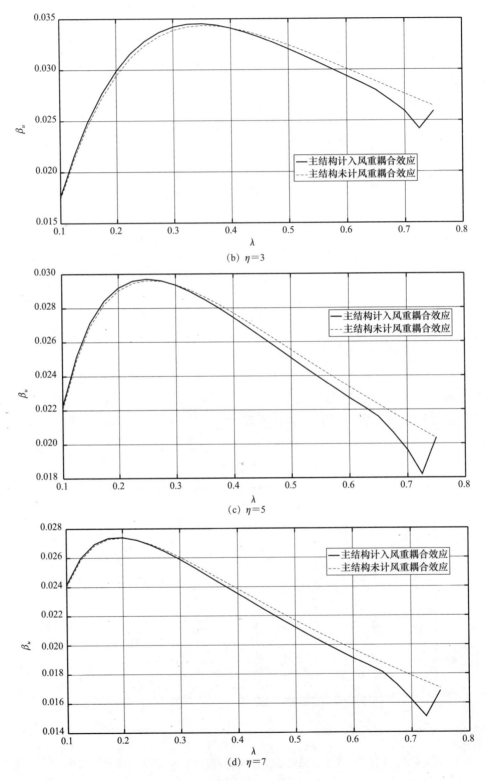

(b) $\eta = 3$

(c) $\eta = 5$

(d) $\eta = 7$

图 7.4.2 （续）

3. LCVA 管子长度比

图 7.4.3 所示为不同 LCVA 管子长度比下顶部位移减振率与主结构重刚比关系图，其基本规律和顺风向一致，这里不再展开叙述。

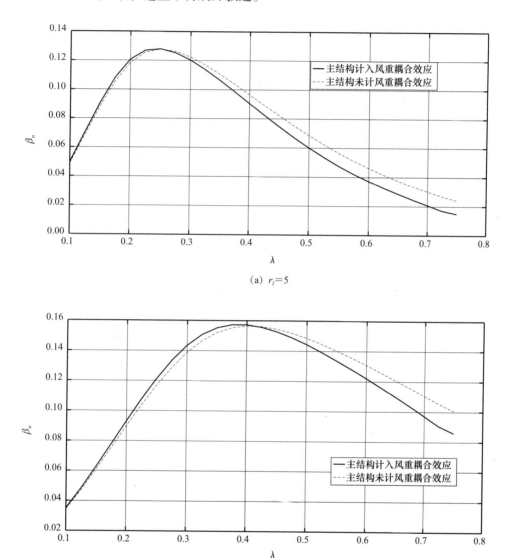

(a) $r_l = 5$

(b) $r_l = 10$

图 7.4.3 不同 LCVA 管子长度比下顶部位移减振率与主结构重刚比关系图

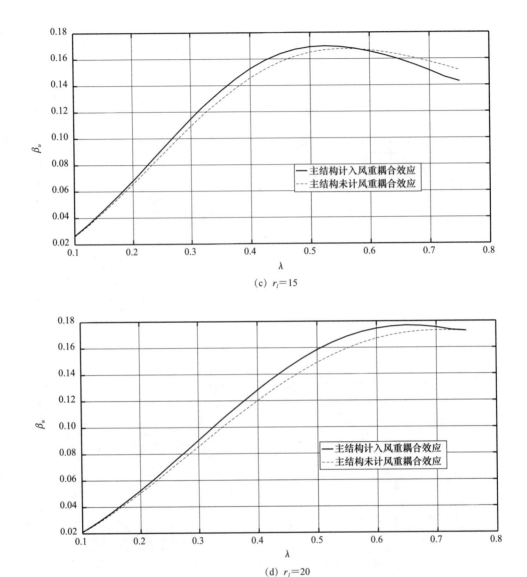

(c) $r_l=15$

(d) $r_l=20$

图 7.4.3 （续）

4. LCVA 管子截面面积比

图 7.4.4 所示为不同 LCVA 管子截面面积比下顶部位移减振率与主结构重刚比关系图，和顺风向有所不同的是，对不同管子截面面积比，是否计入风重耦合效应曲线形状变化不大。也就是说，不同的 LCVA 管子截面面积比下，横风向的风重耦合效应对顶部位移减振率影响不大。

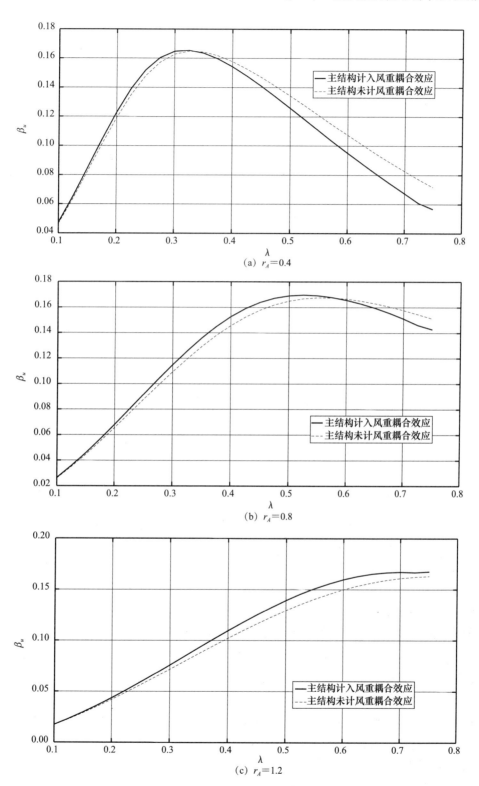

(a) $r_A = 0.4$

(b) $r_A = 0.8$

(c) $r_A = 1.2$

图 7.4.4　不同 LCVA 管子截面面积比下顶部位移减振率与主结构重刚比关系图

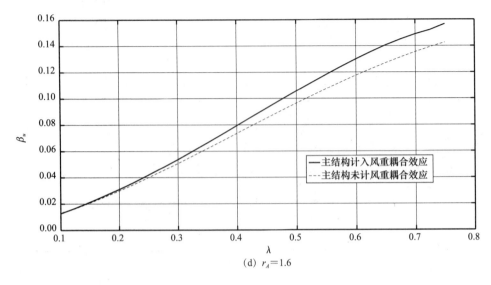

(d) $r_A = 1.6$

图 7.4.4 （续）

7.5 小 结

本章主要讨论了设置 LCVA 的高耸结构上设置的 LCVA 建筑在风振控制中起到的效果，通过运动方程的建立、计算方法的探讨，较为全面地分析了 LCVA 参数对减振效果的影响程度，特别是分析柔性高耸结构计入风重耦合效应后的减振规律。总结本章的成果，主要结论如下：

（1）LCVA 的减振效果与主结构本身动力特性密切相关，一般钢结构等轻柔结构易采用这种减振阻尼器，而刚度和阻尼较大的建筑物设置 LCVA 效果不明显。

（2）LCVA 的液体与主结构的质量比越大、管子长度比越大，减振效果越好，建议在满足构造要求的前提下将这些参数尽可能设计得大些。

（3）主结构刚度较大时，管内的水头损失系数及管子的截面面积比与减振率存在最优解，在优化设计时需要找出相应的解。在优化分析中，管子的截面面积比 r_A 一般要小于 1 时才能得到最优解，这也说明了高层结构风振控制采用非等截面的 LCVA 具有更好的优化效果。但对于刚度柔弱的结构，随着管内水头损失系数的增加，减振率呈单边下降趋势，这表明对于柔性高耸结构应采用阻尼较小的水平管。

（4）结构在风荷载作用下，LCVA 要起到比较好的减振效果就必须与主结构频率一致，这样水箱水体运动与主结构产生共振，主结构的能量才能最大幅度地传递到水体，通过水体运动消耗能量，从而起到最大的减振效果。

（5）在减振效果计算中是否计入主结构风重耦合效应对结果有一定影响。一般而言，若计算时不计入风重耦合效应，在主结构重刚比较小时计算结果偏小，而在主结构重刚比较大时计算结果偏大。

（6）结构风重耦合效应对 LCVA 在顺风向和横风向下的减振效果影响基本一致。

（7）减振器的动力性能参数及水体和主结构的质量比对计算中是否计入风重耦合效应会产生或大或小的影响，为了保证结构设计的安全性，对于重刚比较大的结构必须在计算中考虑风重耦合效应，建议采用比现行规范更严格的条件，即重刚比超过 0.2 时，在高耸结构减振计算中必须进行风重耦合计算。

参 考 文 献

[1] VANDIVER J K MIFOME S. Effect of liquid storage tanks on dynamic response of offshore platform [J]. Applied Ocean Research. 1979, 1(2): 67-74.

[2] TAMURA Y, FUJII K, OHTSUKI T, et al. Effectiveness of tuned liquid damper under wind excitation[J]. Engineering Structures, 1995, 17: 609-621.

[3] FEDIW A A, ISYUMOV N, VICKERY B J. Performance of a tuned sloshing water damper[J]. Journal of Wind Engineering and Industrial Aerodynamics, 1995, 56: 237-247.

[4] TAIT M J, EL DAMATTY A A, ISYUMOV N, el al. Numerical flow models to simulate tuned liquid dampers(TLD) with slat screens[J]. Journal of Fluids and Structures, 2005, 20: 1007-1023.

[5] YU Y K, YOON S W, KIM S D. Experimental evaluation of a tuned liquid damper system[J]. Structure and Buildings, 2004, 157: 251-261.

[6] TAIT M J. Modelling and preliminary design of a structure-TLD system[J]. Engineering Structures, 2008, 30: 2644-2655.

[7] KAREAM A, SUN W J. Stochastic response of structures with fluid-containing appendages[J]. Journal of Sound and Vibration, 1987, 119(3): 389-408.

[8] SHIMIZU T, HAYAMA S. Nonlinear responses of sloshing based on the shallow water wave theory[J]. JSME International Journal, 1987, 30(263): 806-813.

[9] TAMURA Y, KOHSAKA R, NAKAMURA O, et al. Wind-induced response of an airport tower-efficiency of tuned liquid damper[J]. Journal of Wind Engineering and Industrial Aerodynamics, 1996, 65(1-3): 121-131.

[10] WON A J J., PIRES J A, HAROUN M A. Stochastic seismic performance evaluation of tuned liquid column dampers [J]. Earthquake Engineering and Structural Dynamics, 1996, 25(11): 1259-1274.

[11] LI H N, MA B C. Seismic response reduction for fixed offshore platform by tuned liquid damper [J]. China Ocean

Engineering, 1997, 11(2): 119-125.

[12] ARMENIO V, ROCCA M L. On the analysis of sloshing of water in rectangular containers: Numerical'study and experimental validation[J]. Ocean Engineering, 1996, 23(8): 705-739.

[13] WARNITCHAI P, PINKAEW T. Modelling of liquid sloshing in rectangular tanks with flow-dampening devices [J]. Engineering Structures, 1998, 20(7): 593-600.

[14] LI H N, JIA Y, LU J. Simulation of dynamic liquid pressure for tuned liquid damper[J]. Journal of Engineering Mechanics, ASCE, 2000, 126(12): 1303-1305.

[15] REED D, YEH H, YU J, et al. Tuned liquid dampers under large amplitude excitation[J]. Journal of Wind Engineering and Industrial Aerodynamics, 1998, (74-76): 923-930.

[16] REED D, YU J, YEH H, et al. Investigation of tuned liquid damper under large amplitude excitation [J]. Journal of Engineering Mechanics, ASCE, 1998, 124(4): 405-413.

[17] YU J K. Nonlinear characteristics of tuned liquid dampers[D]. Seattle: University of Washington, 1997.

[18] BANERJI P, MURUDI M, SHAH A H, et al. Tuned liquid dampers for controlling earthquake response of structures [J]. Earthquake Engineering and Structural Dynamics, 2000, 29(5): 587-602.

[19] SHANKAR K, BALENDRA T. Application of energy flow method to vibration control of buildings with multiple tuned liquid dampers[J]. Journal of Wind engineering and Industrial Aerodynamics, 2002, 90(12-15): 1893-1906.

[20] FRANDSEN J B. Numerical predictions of tuned liquid tank structural system[J]. Joural of Fluids and Structures, 2005, 20(3): 309-329.

[21] LEE S K, PARK E C, MIN K W, et al. Real-time hybrid shaking table testing method for the performance evaluation of a tuned liquid column damper controlling seismic response of building structures[J]. Journal of Sound and Vibration, 2007, 302(3): 596-612.

[22] SAKAI F, TAKAEDA S, TAMAKI T. Tuned liquid column damper-new type device for suppression of building vibration [C]//Proc. International Conference on High-rise Building, Nanjing, China, 1989: 926-931.

[23] 瞿伟廉, 高层建筑和高耸结构的风振控制设计[M]. 武汉: 武汉测绘科技大学出版社, 1991.

[24] IDELCHIK I E. Handbook of Hydraulic Resistance[M]. 3rd ed. Connecticut: Begell House, 1994.

[25] CHAIVIYAWONG P, WEBSTER W C, PINKAEW T, el al. Simulation of characteristics of tuned liquid column using a potential-flow method[J]. Engineering Structures, 2007, 29: 132-144.

[26] CHAIVIYAWONG P, LIMKATANYU S, PINKAEW T. Simulation of characteristics of tuned liquid column using a elliptical flow path estimation method[C]//The 14th World Conference on Earthquake Engineering, Beijing, China, October 12-17, 2008.

[27] WU J C, CHANG C H, Lin Y Y. Optimal designs for non-uniform tuned liquid column dampers in horizontal motion [J]. Journal of Sound and Vibration, 2009, 329: 104-122.

[28] SHUM K M, Closed form optimal solution of a tuned liquid column damper for suppressing harmonic vibration of structures [J]. Engineering Structures, 2009, 31: 94-92.

[29] GAO H, KWOK K C S, SAMALI B. Optimization of tuned liquid column dampers[J]. Engineering Structures, 1997, 19(6): 476-486.

[30] SWAROOP K, YALLA S M, KAREEM A, et al. Optimum absorber parameters for tuned liquid column dampers[J]. Journal of Structural Engineering, 2000, 126(8): 906-915.

[31] DEBARMA R, CHAKRABORTY S, GHOSH S K. Optimum design of tuned liquid column dampers under stochastic earthquake load considering uncertain bounded system parameters [J]. International Journal of Mechanical Sciences, 2010, 25: 1385-1393.

［32］MIN K W, KIM H S, LEE S H, et al. Performance evaluation of tuned liquid column dampers for response control of a 76-story benchmark building［J］. Engineering Structures, 2005, 27: 1101-1112.

［33］BALENDRA T, WANG C M, CHEONG H F. Effectiveness of tuned liquid column dampers for vibration control of towers ［J］. Engineering Structures, 1995, 17(9): 668-675.

［34］BALENDRA T, WANG C M, RAKESH G. Vibration control of tapered buildings using TLCD［J］. Journal of Wind Engineering and Industrial Aerodynamics, 1998, 77-78: 245-257.

［35］BALENDRA T, WANG C M, RAKESH G. Vibration control of various types of buildings using TLCD［J］. Journal of Wind Engineering and Industrial Aerodynamics, 1999, 83(1-3): 197-208.

［36］SWAROOP K, YALLA S M, KAREEM A. Beat phenomenon in combined structure-liquid damper system［J］. Engineering Structure, 2001, 23: 622-630.

［37］SWAROOP K, YALLA S M, KAREEM A. Semiactive tuned liquid column dampers: Experiment study［J］. Journal of Structural Engineering, 2003, 129(7): 962-971.

［38］WU J C. Experimental calibration and head loss prediction of tuned liquid column damper［J］. Tamkang Journal of Science and Engineering, 2005, 8: 319-325.

［39］晏辉. 液柱式振动吸振器(LCVA)在结构振动中的研究［D］. 武汉: 华中科技大学, 2006.

［40］LEE S K, LEE S H, MIN K W, et al. Experimental Lmplementation of a building structure with a tuned liquid column damper based on the real-time hybrid testing method［C］//The 8th International Conference on Motion and Vibration Control (MOVIC2006), 2006: 50-55.

第8章 成果回顾与展望

8.1 工 作 总 结

本书建立了高耸结构的计算方程，给出了风重耦合的计算方法，分析了顺风向、横风向和三维结构的风重耦合效应规律，对高耸结构风重耦合效应的产生原因、作用机制和影响的规律做了较为全面的分析。总结起来，主要做了以下几方面的工作，并得到一些规律性的结论。

1. 顺风向结构动力方程及随机响应分析

根据柔性高耸结构在风荷载作用下正常工作状态的特点，在结构振动过程中考虑了几何非线性因素，建立悬臂梁模型，推导了悬臂梁几何非线性动力方程。从方程中可以看出风重耦合效应有线性项的因素，也有非线性项的因素，其中线性项影响较大，非线性项是高阶项，只有结构变形较大时，才会起到明显作用。本书证明该方程在使用范围内计算精度可以满足要求。

顺风向响应计算中结构动力方程可以分解为平均风方程和脉动风方程。其中，平均风响应可以用 Newton-Raphson 方法求解。脉动风方程复杂，各项系数中包含了平均风的影响，用线性方程的振型对脉动方程进行分解，并忽略次要因素，可以得到一个非线性方程，用等效线性法即可求解。由此得到结构等价质量、等价刚度和等价固有频率。

2. 顺风向风重耦合效应及其等效静力荷载

将计入风重耦合效应的计算结果和传统计算结果进行对比，可以发现传统计算结果结构响应偏小、结构固有频率偏大，重力对悬臂结构而言相当于减小了结构的刚度。计算表明，重刚比是影响结构风重耦合效应的一个最重要因素，重刚比越大风重耦合效应越明显，在规范限定范围内，风重耦合效应增大系数与结构重刚比成正比。

风重耦合效应对结构固有频率影响较小，结构阻尼比和平均风荷载对结构固有频率影响也很小。风重耦合效应对位移等结构响应影响比较大，除了地面粗糙度对其影响不明显外，结构阻尼比和平均风荷载的影响比较明显。计算结果表明，位移响应的变化系数随固有阻尼比的增大而减小，而平均风荷载对位移响应变化系数的影响是多方面的：当结构重刚比较小时，影响比较小，但位移响应变化系数随着平均风速增大而增大；当重刚比较大时，影响就比较大，位移响应变化系数随着平均风风速增大而减小。

顺风向的等效静力风荷载由三部分组成：背景风荷载分量、惯性力风荷载分量和重力风荷载分量，三者中重力风荷载最小，其值随着结构重刚比增大而增大。风重耦合效应会影响惯性力风荷载分量和重力风荷载分量。风振系数是规范中确定等效静力风荷载的重要指标，计入风重耦合效应后风振系数随重刚比增大呈加速增大趋势，风振系数变化系数沿着高度分布(中下部为负值，上部为正值)。在各影响因素中，地貌系数影响较大，基本风压影响次之，结构阻尼比响应影响最小。

3. 横风向风重耦合效应及其等效静力荷载

横向风荷载是由尾流激励、来流紊流及气动弹性激励引起的。横风向计算方法和顺风向类似。计算表明，横风向风重耦合效应比顺风向显著，随结构重刚比呈非线性增大趋势，而且基本上随着地貌系数、平均风增大而增大。横风向风重耦合效应还与横截面深宽比有关，在深宽比为 0.5 ~ 2 时，其变化趋势是中间部分大、两端小。

风重耦合效应使结构横风向等效静力风荷载又增加了附加重力等效风荷载分量，其性质和惯性力项有一致性，可以采用与惯性力相同的峰值系数。计算表明，横风向等效静力风荷载由于风重耦合效应的变化当重刚比较小时主要在底部，当重刚比较大时，不但底部分布值明显增大，而且其他部分增大也较明显。

4. 超高层建筑的风重耦合效应三维计算方法与参数影响

一般超高层建筑在风荷载作用下，每层有三个自由度，利用层单元，根据几何关系、物理关系和力的平衡关系可以得到结构的有限元方程，通过该方程可以求解超高层结构的各阶频率和振型。在风荷载作用下，结构计入风重耦合效应时在顺风向的和横风向的响应量要大于不考虑风重耦合效应的响应量，而扭转向的情况与此相反。对于不同偏心率的结构，风重耦合效应大小并不相同，偏心率较小时，偏心位置的角度对风重耦合效应影响不是很大，而随着偏心率的增大，角度影响就很明显。

5. 高耸结构 LCVA 减振及其风重耦合效应的影响

高耸结构中风荷载成了结构的主控荷载，质量调谐减振器在高耸结构中应用普遍。本文以 LCVA 为例进行分析，结果表明一般钢结构等轻柔结构宜采用这种减振阻尼器，而刚度和阻尼较大的建筑物设置 LCVA 效果不明显。参数分析表明，LCVA 与主结构的质量比越大、管子的长度比越大越能起到减振作用。同时主结构刚度较大时，管内的水头损失系数及管子的截面面积比与减振率存在最优解，管子的截面面积比 r_A 一般要小于 1 时才能得到最优解。但对于刚度柔弱的结构，随着管内的水头损失系数的增加，减振率呈单边下降趋势。为了取得最优的减振效果，建议 LCVA 的固有频率与主结构频率一致。

风重耦合效应对减振效果是有影响的，其主要机制是改变了主结构的固有频率，因此，其对减振率的影响有大有小，一般情况下重刚比较小时对减振率起增大作用，当重刚比较大时起减小作用。

6. 对高耸结构风重耦合效应的刚度限制条件建议

根据本书计算结果和工程误差要求，提出比现有规范更加严格的限制条件：结构整体重刚比大于 0.3 时需要进行风重耦合效应验算，同时对横风向风振必须进行动力失稳计算，以确保特定条件下的结构稳定性。

8.2　创　新　点

高耸结构的风重耦合效应是前人研究基本没有涉及过的内容，本书的研究工作在这方面做了一些探索，主要在以下方面做了创新：

（1）第一次提出了高耸结构风重耦合效应研究的必要性，推导了计入重力后结构单侧动力微分方程，在此基础上给出了该方程的差分形式并用于时程计算。通过振型分解和方程等效线性化给出了随机风振响应计算方法，为风重耦合问题的分析奠定了基础。

（2）推导了计入风重耦合效应顺风向和横风向高耸结构等效静力风荷载的公式，在背景风荷载分量和惯性力风荷载分量之外，提出了重力风荷载分量概念，为工程设计考虑风重耦合效应提供了实用方法。

（3）推导了一般工程中计入重力的超高层建筑三维振动有限元方程，通过刚度凝聚以较少未知数求得偏心结构的动力响应，该方程所编写的程序为一般工程分析风重耦合效应的影响提供有力的工具。

（4）书中详细分析了结构特征参数及风力参数对风重耦合效应的影响，也涉及了结构减振设计中风重耦合的分析，列出一般规律性经验为结构概念设计阶段判断重力影响提供依据。

8.3　研究工作展望

本书发展了高耸结构的计算理论，对风重耦合效应研究做了较为系统的工作，高耸结构的风重耦合效应研究处于起步阶段，今后可以在以下几个方面进一步开展研究：

（1）高耸结构由于其柔弱性，气弹效应很明显，本书在顺风向研究中采用随机理论计算结构的抖振，未考虑气弹效应的影响，尤其是对实际工程中形体复杂的三维结构。例如，有些高耸结构中间开洞，风重耦合效应、气弹效应对结构的影响机制更加复杂。由于风谱的变化必然会影响风重耦合效应大小，因此需要进一步深入研究。

（2）时程计算是保证结构设计安全性的一个有效方法，流固耦合数值计算是解决柔性高耸结构问题的最佳手段，并且由此得到的结果可以和风洞试验结果互为补充。在学习期间，作者做了一部分工作，没有列入本书中，今后还要继续研究。

（3）对风重耦合效应的影响给出等效风荷载的修正系数，是解决工程设计问题最有效的方法，但这部分工作仅有理论分析是远远不够的，还需要风洞试验、工程实测等大量数据，因此还需要更多的人投入这个分支的研究。

（4）高耸结构减振措施的应用非常普遍，风重耦合效应是结构设计的不利因素，也可以转化为减振的有利因素，如何创新高效减振机构是结构工程的一个课题。

（5）本书讨论了质量均匀高耸结构的风重耦合效应，其实非规则结构都存在着这一现象，有些顶部设置大质量的结构尤其显著，如高位水塔、输电线塔等。由于结构形式的不同，这些结构风重耦合效应的表现也会与高层建筑有很大不同，这也是今后一个重要的研究方向。